U0290119

极地探险家自述丛书

THE NORTH POLE

Its Discovery in 1909 under the Auspices of the Peary Arctic Club

征服北极点

[美] 罗伯特 · E. 皮里 / 著

(Robert E. Peary)

陈静 / 译

商务印书馆

SINCE 1897 The Commercial Press

Robert E. Peary

The North Pole: Its Discovery in 1909

Under the Auspices of the Peary Club

本书根据弗雷德里克·A.斯托克斯公司

（Frederick A. Stokes Company）1910年版译出

展现在北极的五面旗帜

从左至右

1. 海军联合会旗——乌奎亚
2. 德尔塔·卡帕·艾普希龙大学生联谊会旗——乌塔
3. 携带了 15 年的北极旗——亨森
4. 美国革命女儿会和平旗——伊京瓦
5. 红十字旗——希格鲁

穿戴着真实北极装束的罗伯特·E. 皮里肖像

献给我的夫人

序

几年前，我在华盛顿的一次晚宴上遇见了著名的挪威北极探险家南森（Nansen），他本人是极地冒险的英雄之一；他对我讲："皮里是你们最出色的人；事实上，我认为他总的来说是目前试图抵达北极的人中最优秀的，并且他有很好的机会成为成功的那个人。"我虽不能一字不差地复述他的原话，但大意如此；这些话给了我强烈的印象。当1908年夏天，我作为美国总统登上皮里的船，在后来被证明是他为到达北极点所做的最后一次努力的前夕，祝他好运时，我想起了这些话。一年之后，当我在赤道线上的肯尼亚山北麓宿营，我从一名当地送信人那里收到他已经成功的消息，而且多亏了他，北极点的发现登上了那些功勋的荣誉名单，我们特别以此为傲，因为这些发现是由我们的同胞完成的。

可能很少外人会理解在如皮里这般成就中所承担的几乎难以置信的艰辛和苦难；而且更少有人理解，在这样的壮举可以带有一点成功的机会而去被尝试之前，必须有多少年的细心训练和准备。只有在许多准备年份里的艰苦而耐心的工作后，一次"向极点的冲刺"才能够成功。身体上极大的刚毅和忍耐、钢铁的意志和永不畏缩的勇气、指挥的力量、对冒险的渴望和敏锐而有远见的智慧——所有这些必须进入成功北极探索者的性格；而这些，甚至不止这些，已经进入了成功北极探索者中翘楚的性格，这个人在迄今为止最佳和最勇敢的探索者都失败的地方取得了成功。

皮里中校已经使得文明世界里所有的人成为他的债务人；但是，最重要的是，我们——与他同为美国人——是他的债务人。他已经立下了我们这个时代伟大功勋；他已经为他自己和他的国家赢得最高荣誉。我们欢迎他讲述关于他自己在寒冷北方极尽孤独中赢得胜利的故事。

西奥多·罗斯福

白尼罗河

1910年3月12日

目　录

插图目录

[注：插图的总体规划是基于底片的一种并不常见的紧密关系，为的是提供更多有趣和有价值的结果。很多最重要的图片来自完全未经修补的照片。在其他地方，天际线被标明；不过除了移除污点和其他类似的范围不大的机械缺陷之外，没有做出其他类型的改变。原书中的彩色图版当然是需要特殊对待的例外。——出版者]

前　言

北极之争始于清教徒前辈移民在普利茅斯之石（Plymouth Rock）登陆前差不多100年，由集多项荣誉于一身的英格兰国王亨利八世拉开序幕（1527年）。

1588年，约翰·戴维斯（John Davis）绕过格陵兰岛南部的费尔韦尔角（Cape Farewell），沿海岸线航行800英里抵达桑德森·霍普（Sanderson Hope）。他发现了以他名字命名的海峡，并且为大不列颠赢得了当时是最北端的纪录，72°12′，一个距离地理北极1128英里的地点。许多勇敢的航海家，英国人、法国人、荷兰人、德国人、北欧人和俄国人，追随戴维斯，都寻求跨越北极开辟觊觎已久的通往中国和印度群岛的捷径。竞争是激烈的，并且付出了生命、船只和财富的代价。但是，从亨利八世时代起的三个半世纪里，或者直到1882年［1594—1606年例外，当时通过威廉·巴伦支（Wm. Barents）的努力，荷兰保持着纪录］，大不列颠的旗帜总是在最接近地球顶端的地方飘扬。

在詹姆斯敦（Jamestown）被创建的同一年，同样寻觅通往印度群岛途径的亨利·哈德逊（Henry Hudson）发现了环绕斯匹次卑尔根群岛（Spitzbergen）的扬马延岛（Jan Mayen），并且将人类的视线推进到80°23′。其中最有价值的是，哈德逊带回大量鲸鱼和海象的描述，结果，随后的几年里，这些新的水域挤满了来自每个沿海国家的捕鲸船队。荷兰人尤其受益于哈德逊的发现。17 世纪和 18 世纪期间，他们每年夏天派遣不下 300 艘船和 15000 人到这些北极渔场，并且在北极圈内的斯匹次卑尔根群岛建立了有史以来最著名的夏镇之一，在那里，店铺、货栈、减压装置和制桶作坊等很多类似的行业在鱼汛期欣欣向荣。随着冬季的来临，所有的建筑物被关闭，数千人都返回家园。

哈德逊的纪录保持 165 年未被打破，或者直到 1773 年，当时 J. C. 菲普斯（J. C. Phipps）超越他的最北端 25 英里。今天，与菲普斯的探险联系在一起的最有趣的事实是，特拉法加（Trafalgar）和尼罗河战役的英雄纳尔逊（Nelson）是团队成员，那时他才是个 15 岁的少年。因此那段岁月里最危险和最艰苦职业中最勇敢和最强悍的精神在与北方冰封荒野的斗争中得到运用。

19 世纪前半叶见证了许多被派遣到北极地区的勇敢的船和人。尽管大部分的探险并非直指北极点，更多地致力于发现绕过北美洲——西北航道和绕过亚洲——东北航道到达印度群岛的路线，它们中的很多都暗地里与对北极的争夺相交织，并且成为它的最终发现的必要部分。英国投入了一批又一批的探险队伍，配备其海军中最有能力和力量的成员，来对抗似乎在每条路线上阻挡她对通向东方的北极路径的野心的海冰。

1819 年，帕里（Parry）穿越许多错综复杂的航道，征服了格陵兰和白令海之间二分之一的距离，赢得由英国议会颁发给首位穿越格林尼治西经 110° 的航海家的 5000 英镑奖金。他也是首位穿越地磁北极以北的航海家，他只是大致定位，并且由此最先汇报了观察到罗盘指针指向南方的奇特体验。

基于帕里的重大成就，英国政府派他指挥另两个寻找西北航道的探险队。在勘查和发现方面，这两次稍后探险的成果并不丰富，不过由此收获在冰上作业方面的经验却给了帕里变革所有在北极航海方面的方法的结论。

到这时为止，所有接近北极的尝试都是在船上进行的。1827 年，帕里提出了一项从陆上基地步行到北极的计划。他得到了政府的援助，第四次派他前往北极，并且提供了装备精良的船只和能干的官员及水手。他带了不少驯鹿到他在斯匹次卑尔根群岛的基地，打算用这些动物来拉雪橇。然而这个计划被证明是不可行的，他被迫依靠他水手的肌肉来拖拉他的两把沉重的雪橇，那些实际上是钢滑板上的小艇。带着 28 名水手在 6 月 23 日离开斯匹次卑尔根群岛，他向北进发。不过夏日的阳光已经解冻了浮冰，这支队伍不断地发现，为了渡过大片的未结冰水面，必须把滑板从他们的小艇上取下。在 30 天不间断的跋涉之后，帕里到达了 82°45′，距他营地以北大约 150 英里，地理上距离北极点 435 英里。在这里他发现，在他团队休整时，冰块的漂浮每天把他往回推，差不多跟他们每天能够行进的距离相抵。撤退因此被迫开始。

帕里的成就，标志着极地探险的一个新时代，引起了巨大的轰动。他立刻被国王授以爵位，同时英国民众把他们曾不约而同地作为对成功的衡量授予每位从北方返回探索者的所有荣誉和掌声。在计划和装备的创造性上，帕里仅仅为南森和皮里所匹敌和超越。

在早期，很少有人足够富有到用他们自己的钱包支付北极探险的费用，实际上，每个探险者都由他所奉命的政府来提供经费。然而在 1829 年，伦敦郡长菲力克斯·布思（Felix Booth）给了在前次探险中仅仅是略有所获的英国海军军官约翰·罗斯（John Ross）上校一艘小型明轮汽船胜利号，使他加入到西北航道的竞赛中。罗斯的助手包括他的侄子詹姆斯·克拉克·罗斯（James Clark Ross），作为大副他年轻而精心充沛，后来他在地球另一端赢得了殊荣。这次使用汽船对冰海探险的尝试失败了，归咎于糟糕的引擎或者不合格的技师，不过在所有其他方面，罗斯家族成就辉煌。在他们五年外出期间，1829—1834年，他们在布西亚半岛（Boothia Felix）获得了重要发现，不过最有价值的是他们对地磁北极的确切定位，以及他们带回的一系列引人注目的磁力和气象观测结果。

从来没有一队启程驶向未知的水手比1845年约翰·富兰克林（John Franklin）爵士的探险队抱有更美好的期待或者是更多成功的预感。毁灭他们的可怕悲剧，与困惑整个世界多年并且仍没有得到彻底解释的有关他们失踪的谜团一起，形成了北极历史上最令人生畏的故事。富兰克林在1827年被授予爵位，与帕里在同一年，理由是他曾在科珀曼河（Coppermine）与大鱼河（Great Fish）之间的北美洲海岸上由雪鞋和独木舟引导的宝贵且极其广泛的探险，同样是当帕里在北方赢得名声的那几年期间。在这期间，富兰克林曾担任了七年的塔斯马尼亚（Tasmania）总督。他作为组织者的杰出名望和能力，使他在59岁的年龄仍然成为政府精心筹备多年的北极探险的不二人选。富兰克林的名望和经验，加上在北方服役多年的克罗泽（Crozier）及其他副手，再加上他刚从南极地区的一次不同寻常的成功航行中返回的出色舰船恐惧号（Terror）和厄瑞玻斯号（Erebus），还有他华美的装备，将英国人的热情激发到顶点，使他们确信旷日持久的西北航道之争即将拨云见日。

有超过一年的时间，这队人马一切顺利。到1846年9月，富兰克林已经驾驶轮船几乎可以看到他曾在20年前探索过的海岸，并且穿越了众所周知的前往白令海的航线。当奖赏已唾手可得时，在威廉王地（King William Land）以北几英里的地方，船只被冬季的冰块围困。随后的6月，富兰克林死了；冰块依旧难以穿越，并且整个一年都没有松开它的魔掌。1848年7月，接过指挥权的克罗泽被迫放弃船只，带着被连续3个北极冬季折磨的衰弱无力的105名幸存者徒步走向巴克河（Back River）。他们走了多远我们可能永远无法知道。

与此同时，当富兰克林在1848年未能返回——他只预备了三年的给养，英国开始担心起来，派遣了数支救援探险队，由海路从白令海到大西洋，由陆路从加拿大往北，但是所有努力都未能换回富兰克林的消息，直到1854年，当时雷（Rae）在威廉王地附近落入一些爱斯基摩猎人手中，他们告诉他几年前两艘船只被围困以及所有船员饥饿而死的情况。

1857年，不满于这份有关她丈夫命运的空洞和间接报道的富兰克林夫人，支付一笔费用装备了一支由利奥波德·麦克林托克（Leopold McClinkock）指挥的搜寻队伍，这是世界上已知的最出色和最坚韧的冰上旅行者。1859年，麦克林托克证实了爱斯基摩人的悲伤传闻，他在威廉王地上发现了日期为1848年4月的记录，上面讲述了富兰克林之死和船只的被弃。他还在爱斯基摩人中发现银盘和团队的其他遗物；在别的地方他看见富兰克林的小船在雪橇上，里面有两具骸骨以及衣物和巧克力；在另一处他发现了帐篷和旗帜；还有一个地方他获得最可怕的发现，一具俯卧的人类白骨，仿佛证实了一名爱斯基摩妇女的诚实，她宣称曾在1848年晚些时候看见40名幸存者，她说“他们在行走时倒下而死去”。

成为富兰克林曾擦肩而过的首位打通西北航道者的荣誉落在了罗

伯特·麦克卢尔（Robert McClure）（1850—1853年）和理查德·柯林森（Richard Collinson）（1850—1855年）身上，他们指挥两艘轮船北上穿越白令海峡去搜寻富兰克林。麦克卢尔在巴罗海峡（Barrow Straight）失去他的轮船后，步行征服西北航道，不过柯林森把他的舰船安全带回英国。西北航道再没有被征服，直到1903—1906年，罗尔德·阿蒙森（Roald Amundsen）驾驶一艘配汽油发动机的小型单桅帆船约阿号（Gjoa）从大西洋航行到太平洋。

美国捕鲸者每年都曾到远远北于戴维斯海峡（Davis Straight）、巴芬湾（Baffin Bay）和白令海的地方冒险，不过美国未曾积极参与北极探险，直到富兰克林的悲剧失踪唤起的同情引发亨利·格林内尔（Henry Grinnell）和乔治·皮博迪（George Peabody）派遣伊莱沙·肯特·凯恩（Elisha Kent Kane）掌管的前进号（Advance）在史密斯海峡（Smith Sound）以北搜寻富兰克林。尽管缺乏经验，导致了坏血病、伤亡事故、物资匮乏和船只损失，凯恩的成绩（1853—1855年）依然出色。他发现并进入了形成极地海洋航道的开端的凯恩湾（Kane Basin），探索了这片新海域的两岸并且描绘了由此被称为通往北极的美洲路径。

16年后（1871年），另一个美国人查尔斯·弗朗西斯·霍尔（Charles Francis Hall）曾通过一次成功搜寻富兰克林更多踪迹和遗物而获得更多北极经验，驾驶北极星号（Polaris）通过凯恩湾和肯尼迪海峡（Kennedy Channel），还驶过他发现的霍尔湾（Hall Basin）和罗伯逊海峡（Robeson Channel），进入了极地海洋，由此完成了由凯恩开始的水路的探索。他把他的舰船带到了史无前例（对于轮船来说）82°11′的纬度。不过如此绚丽地开始的霍尔探险，却在11月突然终结于他源自一次长途雪橇旅行导致的过度疲劳的惨死。

第二年当冰块开始移动时，他的团队寻求返航，但是北极星号被一大片难以通过的浮冰死死夹住。在两个月的漂浮之后，部分船员以及一些爱斯基摩男人和妇女在一场猛烈的秋季风暴期间，受惊于浮冰吱嘎的碎裂声，在一大块浮冰上宿营，不久以后就与轮船分离。有五个月时间，从 12 月到 4 月，他们在这块寒冷和孤单的冰筏上生存，它带着他们安全地漂移了 1300 英里直到拉布拉多（Labrador），在那里他们被雌虎号（Tigress）救起。在冬季期间，其中一名爱斯基摩妇女给这支队伍带来了一名婴儿，于是他们的人数在这次艰险经历中反而增加了。与此同时，北极星号搁浅在格陵兰海滩上，那些留在船上的人最终也获救了。

1875 年，大英帝国沿着现在所知的美洲路径向北极开始了一次精心准备的进发，两艘装备精良的轮船在乔治·内尔斯（George Nares）的指挥下被派遣。他成功地驾驶警戒号（Alert）到达北极星号四年前曾穿越的地点以北 14 英里的地方。在冬季到来前，奥尔德里奇（Aldrich）在陆地上抵达 82°48′，距离北极比帕里 48 年前的足迹所至近了 3 英里，翌年春天，马卡姆（Markham）在极地海洋上抵达了 83°20′。其他队伍在海岸线上探索了几百英里。不过纳尔斯没能应付好坏血病，这使他的 36 名队员伤残，也有可能是严重的冻伤，这使一名队员付出生命代价并有其他人受伤。

对这个地区的下一次探险是在美国政府的资助下开始的，这是由美国陆军上尉——现在是少将——A.W. 格里利（A. W. Greely）指挥的，目标是在富兰克林夫人湾（Lady Franklin Bay）建立美国极地站（1881 年）。格里利在康格堡（Fort Conger）的两年期间，持续地对埃尔斯米尔地（Ellesmere）和格陵兰海岸进行全面探索，并且在他的两名副手洛克伍德

（Lockwood）和布雷纳德（Brainard）的协助下，尽力夺走了英国人曾保持300年的纪录。格里利的刻度定在了83°24′，超出英国人4英里。由于承诺在1883年抵达的救援船未能与他取得联系，也没有在康格堡以南的预定地点卸下补给品，1883—1884年的冬天在极度的艰苦和恐惧中度过。当援助最终到达萨宾角（Sabine Cape）的营地时，只有七个人还活着。

当重要事件在格陵兰附近发生的同时，在西伯利亚以北那片北极地区也出现了有趣的进展。当1867年一名美国捕鲸者托马斯·朗（Thomas Long）汇报了新的陆地，位于白令海峡西北约500英里处的兰格尔地（Wrangell Land），许多人惊呼这个发现相当于从亚洲跨越北极延伸至格陵兰的假想大陆的边缘，因为白令海峡附近的土著由于他们有关跨越赤道的冰封大陆地的传说长久以来一直使探险者们感到兴奋。如此多的对新陆地的索求被做出，以至于美国海军中校德隆（De Long）决定探索并利用它作为前往北极点的基地。不过他的轮船珍妮特号（Jannette）被浮冰困住（1879年9月），并被夹带着漂过了被假设是新大陆的地点。有接近两年的时间，德隆的队伍始终是无助的囚徒，直到1881年6月，船被压坏并沉没，迫使船员们在距离新西伯利亚群岛（New Siberian Islands）150英里的汪洋中的浮冰上避难。他们保留了几艘小船、雪橇以及少许补给品和水。在难以置信的艰辛与困苦之后，掌管其中一艘小船的轮机长G.W. 梅尔维尔（G. W. Melville）带着九名水手在9月26日抵达勒拿河（Lena）边的俄罗斯村庄。所有其他人都死了，一些人随着小船的沉没而葬身大海，而包括德隆在内的其他人则在抵达荒芜的西伯利亚海岸后饿死。

三年之后，一些爱斯基摩人发现被冲刷到格陵兰东南海岸的一些破损的饼干盒，还有据说是德隆亲笔写的存货清单。这些遗物从沉船地点开始的漫长漂浮必然经过或者非常接近北极，这一惊人情况引发了对北极地区可能洋流的大量推测。曾最先横跨格陵兰冰盖的南森主张，引导这些遗物的漫长旅程的相同洋流同样会作用于船只。因此他建造了独特的弗拉姆号（Fram）船，特殊的设计使她在被浮冰压迫时不会被挤碎，而会被抬起并留在冰面上；他在船上带了五年的补给，并且使得她在靠近珍妮特号沉船点的北纬78°50′东经134°冻结在浮冰中（1893年9月25日）。在18个月快结束的时候，船已向北极点前进了314英里，1895年3月14日，南森和一名伙伴约翰森带着独木舟、狗、雪橇和三个月的补给品按计划离开船向北极点进发。在23天里，两个人征服了到北极的三分之一距离，抵达86°12′。继续前行可能意味着必死无疑，所以他们转向返回。当他们的表停了，上天引导他们，两人强健的体魄支撑他们穿越大雾、风暴以及不可避免的饥饿，直到8月末他们才抵达弗朗兹·约瑟夫地（Franz Josef Land）。在那里他们建起了小石屋，捕杀熊作为冬季的肉食。1896年5月，他们恢复南行，这时他们幸运地遇见了当时正在探索群岛（Archipelago）的英国人杰克逊（Jackson）。

与此同时，南森离开后的弗拉姆号继续她跨越上界的曲折漂泊。她一度曾接近北极到85°57′的纬度——只比南森的最远点少了15英里。最终在1896年8月，在炸药的帮助下，她脱离了浮冰的围抱，加速回航，在几天前刚登陆的南森的欢迎下适时抵达。

南森被杰克逊营救所在的弗朗兹·约瑟夫地，曾很多次充当冲击北极的基地。正是从它的最北端，著名的意大利王室年轻成员阿布鲁齐（Abruzzi）公爵发起了由卡尼（Cagni）率领的队伍，在1901年从南森手中为拉丁竞赛赢得了最北点的荣誉，86°34′。

这片陆地由很多岛屿组成，被1872—1874年奥匈帝国北极探险队的领头人魏普雷希特（Weyprecht）和派尔（Payer）冠以奥匈帝国皇帝的名字，他们发现并首先探索了这个群岛。

1897年7月，安德烈（Andree）两名同伴正是从斯匹次卑尔根群岛乘坐热气球驶向北极，从此再无音讯，除了掉落在离出发点几英里的大海上的三个信号标。

西北航道最初在1878—1879年由阿道夫·埃里克·诺登舍尔德（Adolph Erik Nordenskjold）完成。一步一步地，精力充沛的探索者，大部分是俄罗斯人，已经绘制了欧洲和西伯利亚北极海岸的地图，直到所有的陆岬和岛屿都差不多被描绘。

早已因为格陵兰岛、新地岛（Nova Zembla）和北亚的重要研究而声名卓著的诺登舍尔德在不到两个月的时间内驾驶蒸汽捕鲸船维加号（Vega）从挪威特罗姆瑟（Tromsoe）到亚洲最东部的半岛。不过在距离白令海峡刚过100英里的时候，其间的浮冰阻挡了他在一个季节内从大西洋通往太平洋的希望，并紧紧抓牢他有10个月时间。

没有一份完整的极地探险实录不提及威廉·巴伦支（1594—1596年），他为阿姆斯特丹的荷兰人三次尝试征服新地岛周围的东北航道；还有威廉·巴芬（Wm. Baffin），他发现了巴芬湾和史密斯海峡（1616年）；还有老威廉·斯科斯比（Wm. Scoresby, Sr.），他驾船抵达北纬81°30′东经19′（1806年），这一纪录直到被帕里超越；还有小威廉·斯科斯比（Wm. Scoresby, Jr.），他改变了对东格陵兰的所有看法（1822年）并且做出了有价值的科学观测，最后还有1869—1870年的德国北极探险队。后者的一艘船被冰块挤碎并沉没。船员们逃生到一块浮冰上，他们在北极冬季的黑暗中沿格陵兰海岸到弗雷德里克施塔尔（Frederiksthaal）漂浮了1300英里。

上面的简要概述只给出这些国家在探索北方冰雪世界和到达地球顶点上花费的巨大财力和人力的一个不充分概念。所有到达极点的努力都失败了，纵使不可限量的金钱、能量和血汗的奉献在将近四个世纪里曾被不遗余力地倾注。但是奉献并不是没有回报。那些在竞争中拿生命冒险的人并不单单为赢得竞赛——首先撞线——的雄心所驱使，还是为了尽一份力，用约翰·富兰克林爵士的话说，“为了科学疆界的延伸”。除了新的地理发现之外，探险的成绩带回了有关动植物、风向和洋流、深海温度、水深点、地球磁性、化石和岩石样本、潮汐数据等的丰富信息，这些已经充实了科学的许多分支，并且大大增加了人类知识总量。

1886年一次简短的格陵兰夏日之旅激发了美国海军土木工程师罗伯特·E. 皮里对极地问题的兴趣。皮里数年前以班级第二名毕业于鲍德温学院（Bowdoin College），这个位置意味着在一所以其毕业生的优良学识和智能而闻名的教育机构中不同寻常的精神活力。他立刻意识到这个数百名雄心勃勃、无所畏惧的男人求之不得的目标只可能通过一种新的进攻方式来赢取。

皮里尽力应付的首个北极问题是当时被认为在重要性上仅次于征服北极的问题；也就是，确定格陵兰的岛屿性质以及它向北延伸的范围。1891年在他初次格陵兰探险中，他经历了一次事故，在他身体承受痛苦的同时还消磨他的耐心，在这里被提及是由于它刻画了他刚毅的精神和身体特性。当时他的船凯特号（Kite）正在冰原上寻找离开格陵兰海岸的路线，一块浮冰楔入了船舵，导致舵轮倒转。一条轮辐把皮里的腿轧在窗扉上，使他不能自己脱身直到两根腿骨都被折断。团队怂恿他返回美国过冬，下一年再恢复他的探险。但是皮里坚持在原先计划的麦考密克湾（McCormick Bay）登陆，他声明他朋友的钱已经投资在这项计划，他必须向他们“履行诺言”。在凉爽空气的帮助下，皮里夫人辛勤的护理迅速恢复了他的力量，在紧接着他为爱斯基摩人安排的圣诞节庆典上，他甚至穿雪鞋行进胜过了所有当地人和他自己的队员！

随后的5月，他带着一名伙伴阿斯楚普（Astrup）登上了覆盖格陵兰内陆的大冰盖海拔5000到8000英尺的顶峰，并且向北行进500英里越过一片人类足迹从未踏上的地区，那里气温在零下10°到零下50°之间，最后在1892年7月4日到达由他发现并命名的独立湾（Independence Bay）。想象一下从台地下降进入一块洋溢着绚丽花朵和嗡嗡蜂语的小山谷时他的惊喜，在那里还有麝香牛在悠闲地吃草。

这次雪橇旅行界定了格陵兰的北延伸，确凿地证实了它是一个岛屿而不是一块绵延至北极点的大陆，三年之后，他又复制了另一次非凡的冰盖横越。因观念之大胆和成果之辉煌，这两次格陵兰横越在北极历史上是无与伦比的。回想南森历史性的格陵兰横越，皮里功绩的量级可以更好地被鉴别，那是在北极圈之下，皮里的纬度以南1000英里，在那里格陵兰只有250英里宽。

皮里现在把注意力指向北极点，比任何人在西半球曾穿越的地点在地理上向北远396英里。为了沿美洲路径到达那里，他必须从格里利的83°24′起向北开辟出每英里的处女小径。没有人曾在如此之北的距离进行拓荒。马卡姆和其他人通过推进旗标不到100英里而赢得持久的名声，帕里曾开拓了150英里，而南森从他的船前进128英里。

在格陵兰的经历使皮里确信，如有可能的话比以前更坚定，跨越这最后且最难对付的障碍的唯一方式就是适应爱斯基摩人的生活方式、食物、雪屋和穿戴，他们通过数世纪的经验已经学会了与严苛的北极气候搏斗的最有效方法；此外还有利用北方土地上的野味，北极驯鹿、麝香牛等等，在他的探险中已经被证明是相当充裕的，这样借助新鲜的肉食，保持他队员的健康和好脾气来度过令人沮丧的冬夜；最后还要训练爱斯基摩人成为他的雪橇队员。

在他 1898—1902 年持续四年的首次北极探险中，皮里未能接近北极点 343 英里以内。随后每一年密实的浮冰阻挡了通往极地海洋的航道，迫使他在距离北极点大约 700 英里的地方建立基地，或者说在纳尔斯的总部以南 200 英里，一个离北极点过大的距离，不可能在一个短暂季节里去征服。在这次尝试期间，通过超越在格陵兰所创非凡纪录的在距离和克服物理障碍方面的雪橇行进成绩，他探索并描绘格陵兰及其西部和北部岛屿的数百英里的海岸线。

在下次尝试中，皮里通过设计和建造罗斯福号（Roosevelt）来保证抵达极地海洋，它不可抵挡的构架可以摧枯拉朽地直达北极海滨上的预想港口。从这里，他创下了到达 87°6′ 的 1906 年的精彩行进，一项新的世界纪录。从未结冰大水道来的不同寻常狂暴的大风从他那里夺走了北极点，差一点还要了他的命。

引致北极点及其周围深海被发现的最后一次皮里探险的故事在当前这本书中由皮里中校来讲述。从格里利的最远点起的 396 英里按如下顺序被征服：1900 年，30 英里；1902 年，23 英里；1906 年 169 英里；1909 年，174 英里。

每次行动都事先安排的细致缜密的再好证据都不如给出这样的事实，尽管皮里在他的几次探险中总计曾带过几百人跟着他去北方，他把他们都带回来了，并且身体状况良好，只有两个例外，他们在领队完全没有责任的事故中丢掉性命。与此截然相反的是因疾病、冰冻、沉船和饥饿而意外死亡的长长名单，在公众概念里，北极已经成为悲剧和死亡的同义词。

由此罗伯特·E. 皮里被赞誉专为冰冷北方的探险和通过来之不易的北极点发现而推动科学发展而生。四个世纪努力的奖赏最终给予所有曾发动的进攻中最持久和最系统的一个。皮里之所以能成功来自于长期的经验，这给予他一种对要克服的困难的深入理解，还来之于精神力量和体力的卓越组合——使他能够找到方式跨越所有障碍的足智多谋、永不言败的韧性和勇气以及大自然赋予极少数人的强健体质。

人们都说皮里的辉煌成就属于世界并且为所有人类所共享。不过我作为他的同胞，知道他这么多年如何跟挫败和嘲笑做斗争，知道他在可能会压垮不够坚定肩膀的财政负担下如何坚持，对他“最后得偿所愿”感到由衷的喜悦，一个美国人终于可以跟哈德逊（Hudson）、麦哲伦（Magellan）和哥伦布（Columbus）相提并论。

吉尔伯特·H. 格罗夫纳

（Gilbert H. Grosvenor）

国家地理学会

美国华盛顿特区

1910 年 8 月 30 日

北　极

1909年在皮里北极俱乐部赞助下的发现

展示极地海洋与不同大陆关系的星形投影

第1章　计　划

把征服北极比作赢下一盘象棋似无不妥，在其中，所有通向有利结局的不同步骤远在游戏开始前都预先得到计划。这对我是一场熟悉的游戏——我已经玩了23年的游戏，只是境遇不尽相同。那是真的，我一直被击败，但是随着每次失败关于这场游戏的新鲜知识会到来，包括它的错综复杂、它的重重困难、它的难以捉摸，而且随着每次新鲜的尝试，成功一步一步靠近；以前显得不可能或者充其量是完全没把握的事情，开始呈现可能性的一面，并且最后甚至是很有可能。每次失败在它们的所有环节就其成因被分析，直到变得有可能确信那些成因可以在将来被防范，并且伴随着相当多的好运气，将近四分之一世纪的败局可以转变成一次最终的全面胜利。

真实情况是，许多见多识广的聪明人对这个结论有不同的看法。不过其他许多人都分享我的观点，并且毫不吝惜地提供他们的同情和帮助，终于到现在，我最最纯粹的快乐是了解他们的信心没有被错置，正如过去很多次努力的境遇一样，他们对我的信赖和对我为之付出生命中最美年华的任务的信仰都被充分地验证。

不过虽然就计划和方法而言，北极点的发现确实几乎可以跟一盘棋局相比拟，当然，两者有着明显的区别：在象棋里，头脑在跟头脑竞赛。在北极的探索中，那是人类头脑和毅力跟原始物质环境难以捉摸的蛮荒之力搏斗，它常常在未知或者我们所知甚少的法则和推力下运转，因此很多时候看来任性、捉摸不定和不可预言，没有哪怕一丁点的确定性。因为这个原因，在驶离纽约的那一刻前，虽然有可能对进攻冰封北方的主要行动进行计划，却没有可能预料这个对手的所有行动。倘使这有可能，我 1905—1906 年创造当时最远北方的 87°6′ 纪录的探险将会触及北极点。不过每个熟悉那次探险纪录的人都知道，它的全面胜利受挫于我们强大对手的那些无法预料的行动之一——在那次，持续一季的异常猛烈的大风破坏了极地包裹，使我与支持队伍离散，因为没有足够的补给，以至于当几乎在目标的攻击距离之内时，不得不因为饥饿危险的迫近而返回。当胜利最后看来几乎唾手可得时，我被一次绝不可能被预见的行动所阻挡，而且当我遇上它时，我只能无助地面对它。正如大家所知，我和那些跟着我的人不仅仅被挫败而且还几乎丧命。

不过所有这些现在只是当故事来讲讲。此刻，那是一个不同或者多一些启示的故事，尽管那些华丽失败的纪录都不是没有它们的启示。而这一点看来适合在开始时提出成功建立在多年努力之上，因为力量来自反复的失败，智慧来自早先的错误，经验来自没有经验，而决心来自上面每一点。

也许，考虑到最终事件以如此惊人的方式证明了我曾给出预言，将罗斯福号驶离纽约踏上前往北方的最后旅程两个多月之前发布的行动计划在某些细节上跟行动最终被执行的方式做比较也许会很有趣。

1908 年 5 月初，在一份公开发表的声明中，我描绘了如下的计划：

“我将使用同一艘船，罗斯福号；将在 7 月初离开纽约；将沿着同一路径向北，途径布雷顿角的悉尼（Sydney）、贝尔岛海峡（Strait of Belle Isle）、戴维斯海峡、巴芬湾和史密斯海峡；将使用同样的方法、装备和补给；将组建最低限度的白人队伍，以爱斯基摩人做补充；将跟以前一样在鲸鱼海峡（Whale Sound）地区带上这些爱斯基摩人和狗，并且跟 1905—1906 年的冬季一样，将全力推进我的船到格兰特地（Grant Land）北岸相同或类似的冬季营地。

“雪橇行进将如往常一样在 2 月开始，不过我的路线将做如下变化：首先，我将沿格兰特地北岸向西远至哥伦比亚角（Cape Columbia），可能会更远，而不是跟我以前一样在摩斯岬（Point Moss）离开这片陆地。

“其次，离开陆地后，我的路线将比以前更偏西北，为的是避开我上次探险中发现的格兰特地北岸与北极点之间东移的浮冰，为它们留出空间。另一个必要的改变将是我的雪橇分队在途中将更加紧密地保持队形，为的是避免队伍的一部分由于浮冰移动而跟剩余的人分离的可能性，那会造成没有充足的补给提供给被拖长的行进队伍，正如前次探险中所发生的那样。

“在我脑海中，我上次探险中在向上游推进和返程时都遭遇到的这条‘大水道’（一道未结冰水面）本质上无疑是这部分北冰洋的一个持久特性。我将把这条‘水道’作为我带着满载雪橇的离岸点，而不是在格兰特地北岸，我有能力做到，对此我深信不疑。如果能够完成，它将缩短到北极点的路线接近 100 英里，并且明显地简化命题。

“在下次探险的回程行进中，我将可能有意做上次我无意中做的事情；那就是，撤退到格陵兰北岸（斜顺着浮冰流向的路线），而不是试图返回到格兰特地北岸（斜对着浮冰的流向）。这一计划的一个附属物可能会是格陵兰北岸上由最先回到船上的支持队伍建立的补给站。”

这项计划的主要特点概括如下：

“第一，史密斯海峡或者‘美洲’路线的利用。这在今天必须被接受为一次坚决的有进取心的上攻北极的所有可能路线中的最佳路线。它的优势是相对于在北冰洋整个外围任何其他已发现的地点离北极点近100英里的陆地基础，返回路上长距离的海岸线，以及在轮船遭遇任何灾祸事件时，安全和不依赖协助地（对我来说）已知撤退路线。

“第二，比北极地区任何其他可能基地控制更大中心极地海及其周围海岸范围的冬季基地的选择。谢里登角（Cape Sheridan）实际上离克罗克地（Crocker Land）、离格陵兰东北岸剩余的未知部分以及离我1906年的‘最接近北极’处是等距的。

“第三，雪橇和爱斯基摩犬的使用。人和爱斯基摩犬是仅有的具有如此调节能力来满足北极旅行广泛要求和偶然性的两种选择。飞艇、汽车、受过训练的北极熊等都是不成熟的，除非是作为一种吸引公众注意的方式。

“第四，极北地区原住民（鲸鱼海峡爱斯基摩人）作为雪橇队伍普通成员的使用。看上去没有必要来详述这一事实，传统上在那个特定地区生活和工作的人必定展现一支严肃的北极队伍人员所具备的最有可能用到的素质。这是我的计划。工作目标是美洲部分的北极地区剩余最大问题的澄清，或者至少按照他们通常的比例进行处理，还有就是为美国巩固事实上在过去三个世纪里曾是世界上所有文明国度努力和竞争目标的伟大的世界战利品。”

这项计划的细节在这里被如此明确地罗列，那是因为它们若被忠实地贯彻将构成北极探险编年史里或许是独一无二的篇章。如果你愿意，请将这项计划跟它被执行的方式相比较。确切地说，正如计划所安排的，探险于 1908 年 7 月 6 日在纽约起航。7 月 17 日驶离悉尼，8 月 18 日离开伊塔（Etah），9 月 5 日抵达罗斯福号的冬季营地谢里登角，与三年前它抵达相同地点的时间不超过一刻钟。整个冬季都忙碌于狩猎、各种方面的旅行、制作我们的雪橇装备以及从罗斯福号沿格兰特地北岸运送补给品到哥伦比亚角，那里将是我们离开陆地向北极挺进的地点。

雪橇分队从 1909 年 2 月 15 日至 22 日离开罗斯福号，在哥伦比亚角集结，随后在 3 月 1 日探险队离开哥伦比亚角，穿越极地海洋向北极进发。84° 纬线在 3 月 18 日被穿越，86° 在 3 月 23 日，意大利人的纪录在下一天被超越，88° 纬线在 4 月 2 日，89° 在 4 月 4 日，而北极点在 4 月 6 日上午 10 点被触及。我花了 30 个小时留在北极点，随同的有马特·亨森（Matt Henson）、乌塔（Ootah），1906 年曾跟着我到达当时的“最远北方”87°6′ 的忠实的爱斯基摩人以及其他三名在以前的历次探险中同样跟我在一起的爱斯基摩人。我们六人在 4 月 7 日离开众所期待的“北纬 90°”踏上回程，于 4 月 23 日在哥伦比亚角重回陆地。

需要注意的是，虽然从哥伦比亚角到北极的旅程花费了 37 天，（尽管只有 27 次行进）我们从北极返回哥伦比亚角只用了 16 天。这次回程旅行的破例速度要归功于我们仅仅需要沿原路返回，而不是开辟新的路线，还因为我们幸运地没有遭遇任何延迟。良好的浮冰和气候环境同样有所贡献，更不必说成功的喜悦让我们疲惫不堪的双腿插上翅膀这一事实。不过爱斯基摩人乌塔有他自己的解释。他说：“魔鬼睡着了或者跟他的老婆闹矛盾，否则我们绝不可能这么顺利地回来。”

在这样的比较中需要被注意的是，事实上做出必要时偏离该计划的唯一特色在于返回格兰特地海岸的哥伦比亚角，而不是像我在1906年曾做的，在更向东的格陵兰北岸。做出这一改变有充足的理由，在它们适当的位置将得到解释。这项纪录上只有一个阴影——实际上是一次悲剧。当然我是指罗斯·G. 马文（Ross G. Marvin）教授令人惋惜的死。他在4月10日溺亡，北极点被触及的四天之后，在哥伦比亚角以北45英里的地方，当时他正指挥着一支支持队伍从北纬86°38′折返。除了这次令人悲伤的意外，这次探险的经历是完美无瑕的。我们返回时跟离开时一样，在我们自己的船里，历经磨难却完好无损，处于良好的健康状态并且拥有全面胜利的纪录。

在所有这些幸事中也有一个教训——这个教训如此明显以至于指出来或许有些多余。这项计划，被如此仔细地设计并且被如此忠实于细节地贯彻，是由若干要素构成，缺少任何一个对胜利都可能是毁灭性的。没有我们忠诚的爱斯基摩人的帮助，我们几乎不可能成功；即便有了他们，倘使我们没有对他们工作和忍耐能力的了解以及多年的相识教会他们信任我的信心，都不能成功。没有为我们的雪橇提供牵引力的爱斯基摩犬，我们肯定也不可能成功，它们使我们能够在全然没有任何其他动力可以用所需速度和稳定性来移动我们的补给品的地方运送它们。没有雪橇形式的改善，使我有能力去建造它并且结合它的构造、力量、轻便及易于牵引使雪橇犬的沉重任务变得远比它本来可能的轻松，我们或许也不可能成功。假使没有我足够幸运地偶然发现的一种改进形式的热水器这样一件如此简单的事情，我们甚至都有可能会失败。在它的帮助下，我们能够在十分钟内融化冰块来泡茶。在我们前一次旅行中，这个过程曾花费一小时。茶在这样一次推进旅程中是一种不可或缺的必需品，而这个小发明每天可以节省一或一个半小时，当我们正在旅程中向北极奋进时，时间恰是成功的本质所在。

成功在于努力工作，这是真理。不过对于所有这一切，我要真正欣慰地表达的是，哪怕我们失败了，我应该不会因为疏忽了什么而对自己有所责备。多年的经验曾教会我对每一个可能预案都有所准备，每一个弱点都得到保护，每一个预防措施都被采纳。我曾花了四分之一个世纪参与北极的竞赛。我已经 53 岁，没有一个曾经尝试从事北极地区工作的人超越这个年龄，也许约翰・富兰克林爵士是唯一的例外。我有点过了我力量的巅峰期，也许稍稍缺乏更加年轻年岁里生机勃勃的灵动和锐气，刚刚过了大多数人把费力的事情留给年轻一代的时间；不过这些劣势或许完全被经受过磨练的坚定毅力、对自身以及对如何保存我的力量的完美了解所抵消。我知道这是我在伟大北极棋盘上的最后一局棋。要么这次赢，要么永远被击败。

北方的诱惑啊！那真是奇妙而有魅力的东西。不止一次我从伟大的冰冻天地回来，历经磨难、满身疲倦且困惑不已，有时候甚至伤筋动骨，告诉自己我已经完成了在那里的最后旅行，渴望属于我的类型的社会，文明所带来的舒适环境以及家所拥有的平和与宁静。但是莫名其妙地，不出几个月这种似曾相识的焦虑感就向我袭来。文明社会开始失去它对我的热情。我开始向往白色苍莽、跟浮冰和狂风的搏斗、长长的北极黑夜、长长的北极白昼、一小撮与我成为多年朋友的古怪而忠诚的爱斯基摩人以及白色偏远北方的沉寂和广漠。于是我回去了，一次又一次，直到最后，我多年的梦想成为现实。

第2章　准　备

许许多多的人曾问，何时我开始有了要抵达北极点的想法。那个问题难以回答。不可能指出某天或某月，说，“那时我第一次有了这个想法。”北极梦是从与它毫无关联的早期工作开始的逐渐和几乎无意识的演变。我对北极工作的兴趣要回溯到 1885 年，当时作为一个年轻人，我的想象力通过阅读诺登舍尔德在格陵兰腹地的大量探险故事而被激发。这些研究完全占据了我的头脑，导致我第二年进行格陵兰夏日单人旅行。在我自身潜意识里的某个地方，甚至在很久以前，可能渐渐领悟到某一天我或许会到达北极的愿望。当然那是北方的诱惑，人们所谓的“北极狂热”，那时已经进入我的血脉，而我开始有一种宿命感，感觉我存在的理由和目的就是为了解开北极的冰封堡垒之谜。

不过北极作为探险目标的实际正名一直到 1898 年都未能具体化，当时皮里北极俱乐部的首次探险向北进发，带着公开承认的抵达北纬 90° 的意向——如果那有可能的话。从那时起，我已经在六个不同的年份完成六次不同的尝试，为的是抵达那个梦寐以求的地点。雪橇季节，当这样的“冲刺”成为可能的时候，从大约 2 月中旬一直延伸到 6 月中旬。2 月中旬以前那里没有足够的光线，而在 6 月中旬以后，那里可能有太多的未结冰水面。

在我为赢得奖赏而做出的前六次尝试期间，相继取得了83°52′、84°17′和87°6′的纬度，最后那次使“最远北方”的纪录归还给美国，有一段时间那曾被南森夺走，随后从他手中转到阿布鲁齐公爵。

要书写这最后的成功探险的故事，有必要回溯到我1905—1906年前一次探险的返回。在罗斯福号进入港口之前，也在我抵达纽约之前，我正在计划另一次前往北方的旅行，假使我可以获得必要的资金——还有保持我的健康——我打算尽可能早地起航。物理学中有一条原理，有重量的物体沿最小阻力的路线移动；不过那条原理似乎不适用于人的愿望。曾经放置在我道路上的每个障碍，无论身体上还是精神上的，无论是未结冰的“水道”还是人类环境的对立，最终都被当作完成我生命中——如果我能活足够久——既定目标的一次激励。

在我1906年回来之后，收到了来自皮里北极俱乐部主席杰塞普先生的巨大鼓舞，他曾对我前几次的探险慷慨解囊，而且我曾以他的名字将世界上陆地的最北端——83°39′纬度——命名为莫里斯·K. 杰塞普角（Cape Morris K. Jesup）。他曾多次说到，他将“看着我完成”另一次北方之旅。他的承诺意味着我应该不需要从或多或少有些不情愿的世界里恳请所有的钱。

1906—1907年冬天和1907年春天被用于向世界展示前次任务的成果和尽可能大的吸引朋友们对另一次探险的兴趣的工作。我们有船，在1905年花费了约10万美金；不过我们还需要75000美金用于新的锅炉及其他改变、装备和运营费用。尽管大量必要的资金由皮里北极俱乐部的成员和朋友们提供，一笔非常可观的数量来自于全国各地从100美金到5美金甚至1美金的捐献。这些馈赠所获得感激一点不少于那些大额的，因为它们展示了馈赠者的友谊和兴趣，并且向我证明了虽然探险是由私人资助，但在精神上却是国家大事这样一个事实的普遍认识。

最终，实际的和承诺的资金数额足够大，容许我们为罗斯福号签订新锅炉的合同，并且定购她构架中的特定改装来使她更有效地适应另一次航行：诸如扩大船员的住处、给前桅增加梯形帆以及稍微改变一下内部装修。船的大部分特征早已证明它们本身非常适应于打造她的目标，无需额外的改变。

经验告诉我怎样预估在北方的延迟；不过在国内船舶承包商令人恼怒的延迟从未曾进入过我计算的方案内。该项关于罗斯福号的工作合同在冬季签署，要求在 1907 年 7 月 1 日前完工。重复的口头承诺被加入到合约协议保证这项工作应该在那个日期前确定可以完成；不过事实恰恰相反，新的锅炉一直没有完工和安装，直到 9 月份，因此彻底否决了在 1907 年夏天北行的任何可能性。

承包商的食言以及随之而来整整一年的拖延对我是重大的打击。这意味着我必须在更老一岁的年龄着手处理这个难题；这将在未来进一步置这次探险的开端于任何在一年中所有有可能发生的不可预见性；而且这意味着希冀的苦涩被推延了。

在那一天当我断然不可能在那一年向北航行成为不幸的事实，我的感觉跟当年我被迫从 87°6′ 折回时的感觉很像，只有华而不实的“最远北方”，取代了我几乎付出毕生精力去达成的伟大奖赏。幸运的是，我并不知道命运之神那时候正在握紧拳头准备另一次更加粉碎性的打击。

正当我试图耐着性子熬过非正常的延迟，我遭遇到在我全部北极工作中最沉重的不幸——我朋友莫里斯 · K. 杰塞普的去世。没有他所承诺的帮助，未来的探险看来是不可能的。也许可以完全出自真心地说，迄今为止皮里北极俱乐部的奠基和延续以及这项工作的成功应归功于他甚于任何其他人。对于他，我们不仅仅失去一个在财政上是这项工作中流砥柱的人，我个人也失去了一位绝对信任的亲密伙伴。有一段时间，看来这似乎是一切的终结；所有投入到这项计划的努力和金钱都已浪费。杰塞普先生之死，加上承包商违约所造成的延迟，起初看上去是一次彻底瘫痪性的挫折。

雪上加霜的是，从不缺少善意者想让我明白一年的拖延和杰塞普先生之死是预示我永不能找到北极点的先兆。

然而，当我打起精神直面形势，我认识到这个项目太大了，不可能胎死腹中；作为如此大计划的事情也绝不允许落空。这种感觉引领我度过许多疲劳的低谷和对从哪里获取剩余的探险资金全然一无所知的状态。冬季末和 1908 年春季初期对于关心探险成败的每个人来说都不只是一段忧伤的日子。

罗斯福号的修整和改装已经耗尽俱乐部金库里的资金。我们仍旧需要金钱来用于购买补给和装备、船员的薪水和运营费用。杰塞普先生已经走了；这个国家还没有从去年秋天的经济危机中恢复；每个人都很穷。

接着，在这最低谷潮向开始转变。杰塞普夫人从悲痛中分心送来一张数额不小的支票，使我们能够订购需要时间来准备的必要特殊补给品和装备。

托马斯·H. 哈伯德（Thomas H. Hubbard）将军接受了俱乐部主席职位，并且在他本已相当慷慨的捐赠上追加了第二笔大额支票。亨利·帕里什（Henry Parish）、安东·A. 雷文（Anton A. Raven）、赫伯特·L. 布里奇

乔治·A.沃德威尔，轮机长

班克斯·斯科特，大管轮

罗伯特·A.巴特莱特，船长

托马斯·古舒，大副

查尔斯·珀西，膳务员

曼（Herbert L. Bridgman）——俱乐部的“老门卫”——这些从组织初创时起就与杰塞普先生并肩而立的人，现在更坚定不移地保持俱乐部组织结构的完好无损；其他人站了出来，危机过去了。不过金钱仍旧来之不易。这是我清醒时每时每刻思想的主题；甚至在睡梦里，它也不会让我休息，而是接二连三的嘲笑和难以捉摸的梦境。这是一段执拗、无趣和绝望的日子，我毕生的希望一天又一天起起又落落。

随后意外地拨云见日了，我收到来自马萨诸塞州的大造纸商泽纳斯·克兰（Zenas Crane）先生一封非常友好的信件，他曾赞助前一次的探险，不过我从没见过他。克兰先生写道，他深感兴趣；这项计划理应得到每个关心大事件和国家荣誉的人的支持，他还邀请我去看他，如果我方便的话。我可以。我去了。他给了一张 1 万美金的支票，并且许诺如果需要的话可以给更多。这个承诺被遵守，而不久以后他接受了俱乐部副主席的职位。这 1 万美金在当时对我的意义简直只有在莎士比亚的笔下才能完全写清楚。

罗斯·G. 马文教授，助手

乔治·波鲁普，助手

唐纳德·B. 麦克米兰，助手

J.W. 古塞尔医生，船医

从这时起，资金缓慢但稳定地到来，再加上严格节约和对必需与非必需的充分了解，最终累积到允许购买必要补给品和装备的数额。

在整个这段等待的时间里，一小股“奇思妙想”信件的洪流从全国各地源源而来。有数量大到难以置信的人仅仅是展示发明和方案，采纳这些绝对可以保证北极点的发现。很自然，在同时代创新思想趋势的观点里，飞行器在名册中占据高处。被担保可以在任何种类冰面上辗过的汽车紧随其后。有人有一艘潜水艇，他确信可以获得成功，尽管他没有解释在我们行进到北极点之下以后，怎样从浮冰下面钻出来。

还有另一个人想要向我们兜售可携带锯木机。那是他雄心勃勃的想法，这应该被安置在中心极地海洋的海岸上，我将使用它塑造木材来建造一条木制隧道，跨越极地海洋的冰面直到北极点。另一个人提议在那个人将装配锯木机的地方安装一个中央汤站，一长串的软管会从这里跨过冰面，这样在冰上为北极奋斗的偏远队伍可以被来自中央站点的热汤温暖和鼓舞。

或许所有收集品的精华由一位想要我扮演“人体加农炮弹”角色的发明家提供。他没有透露他发明的细节，显然担心我会窃取它，不过意思是这样的：如果我可以把机器带到那里，并且可以使它瞄准正确的方向，最后可以保持足够长时间，它将必定把我射向北极点。这肯定是一个一根筋的人。他一心想要把我射向北极，以至于他似乎完全不关心我在降落过程中会发生什么或者我应该怎样回来。

许多不能捐赠现金的探险队的朋友们送来了有用于队员们的舒适或消遣装备。这些物品中包括一张台球桌、各种棋牌器具和数不清的书籍。探险队的一名成员曾对新闻记者说，本来我们并没有很多读物，罗斯福号起航前的一小段时间内，船上塞进了大量书籍、杂志和报纸，毫不夸张地说，这些都是用货车载来的。它们遍布在每间船舱和库房里，餐桌上、甲板上——到处都是。不过公众的馈赠是很受用的，那些书籍和杂志里有不少好东西可读。

当罗斯福号起航的日子到来时，我们有了每件在装备方面绝对需要的东西，包括很多盒圣诞糖果，船上的每个人都有，来自皮里夫人的一份礼物。

对我最大的满足感是，这整支探险队伍，加上船只，从头到脚都是美国的。我们没有如其他探险队的情况一样，购买一条纽芬兰或挪威猎海豹船，然后修理一番满足我们的企图。罗斯福号是在美国造船厂用美国木材建造的，由一家美国公司用美国金属装载发动机，并且按照美国设计方案建造。即使是补给品中最琐碎的物品都是来自美国供应商。至于人员，差不多也可以这样说。尽管巴特莱特（Robert A. Bartlett）船长和船员是纽芬兰人，纽芬兰人是我们的隔壁邻居并且本质上是我们的同胞。这次探险在一艘美国制造的船上向北航行，沿着美洲路线，在美国人的指挥下，来尽可能地保卫美国的战利品。罗斯福号是基于对北极航行要求的理解来建造的，这些理解是通过一个美国人之前六次进入北极的航海旅行的经验获得的。

在这最后和成功探险的人事方面我是极其幸运的，因为只要从曾是前次探险成员的人中选取。在北极的一个季节是性格的巨大测试。在北极圈以上共同度过六个月后，一个人可以比在城市里相识一辈子更好地了解另一个人。有某种东西——我不知道怎样称呼它——在那些冰封天地里，让一个人直面他自己和他的同伴们；如果他是个男人，男性气概就会显现；

而如果他是个胆小鬼，很快就会显露怯意。

所有人中第一位和最有价值的是巴特莱特，罗斯福号的主人，他的能力在 1905—1906 年的探险中得到证明。罗伯特·A. 巴特莱特，“鲍勃船长”，正如我们亲切地称呼他那样，出身于一个能吃苦耐劳的纽芬兰航海家族，长期与北极工作联系在一起。我们上次向北航行时他 33 岁。蓝眼睛、棕色头发、粗壮并且有着钢铁般肌肉的巴特莱特，无论掌舵罗斯福号在浮冰中凿出一条航道，或者拖着雪橇在冰面上跌跌撞撞蹒跚而行，又或者化解船员的难题，永远是一样的——不知疲倦、诚心诚意、满腔热情、像罗盘一样可靠。

马修·A. 亨森，我的黑人助手，从 1887 年我第二次尼加拉瓜之旅起就如影随形地跟着我。我曾带着他跟我一起参与每一次北方探险，除了 1886 年的第一次，并且几乎没有例外地参与每次我的“最远”雪橇旅行。我给他的这个位置，首先是因为他的工作能力和适应性；其次在于他的忠诚。他分担了我的北极工作中所有的重体力劳动。他现在大约四十岁，可以更好地应付雪橇，很有可能是比其他任何活着的人更好的驱狗者，除了一些最优秀的爱斯基摩猎手之外。

罗斯·G. 马文，我的秘书和助手，在这次探险中丢掉性命；乔治·A. 沃德威尔（George A. Wardwell），轮机长；珀西（Percy），膳务员；还有墨菲（Murphy），水手长，以前都曾跟随我。1905—1906 年探险队的船医沃尔夫（Wolf）博士已经做出了职业安排，阻止他再次去北方，而他的位置被来自宾夕法尼亚州新肯辛顿（New Kensington）的 J.W. 古塞尔（J. W. Goodsell）医生取代。

古塞尔医生是一位古老英国家族的后代，该家族的代表在美洲已经生活了250年。他的曾祖父是康沃利斯（Cornwallis）投降时华盛顿军队中的一名士兵，而他的父亲乔治·H.古塞尔（George H. Goodsell）在海上度过了许多冒险岁月，并在联邦军中参与过整个南北战争的战斗。古塞尔医生1873年出生在宾夕法尼亚州利奇堡（Leechburg）附近。他从俄亥俄州辛辛那提的帕尔迪医学院（Pulte Medical College）获得医学学位，并就此在宾夕法尼亚州新肯辛顿行医，擅长于临床显微镜。他是宾夕法尼亚州顺势医疗协会（Homeopathic Medical Society of Pennsylvania）和美国医学会（American Medical Association）的成员。在他离开去探险时，他是阿勒格尼山谷医学会（Allegheny Valley Medical Society）的主席。他的公开出版物包括《应用于预防医学及更新疗法的直接显微镜检查》和《肺结核及其诊断》。

由于这次探险的范围大于以前的那些，为美国海岸和大地测量局（United States Coast and Geodetic Survey）做更广泛的潮汐观测，并且在条件允许时，横向延伸雪橇旅程，向东至莫里斯·K.杰塞普角，向西至托马斯·哈伯德角（Cape Thomas Hubbard），我扩充了我的野外队伍，或许可以这样称呼它，把来自伍斯特学院（Worcester Academy）的唐纳德·B.麦克米兰（Donald B. MacMillan）先生和来自纽约市的乔治·波鲁普（George Borup）先生加入到探险队中。

麦克米兰是一名船长的儿子，1874年出生在马萨诸塞州普罗温斯敦（Provincetown）。他父亲的船差不多30年以前从波士顿起航，从此再没有音讯。他母亲在随后一年去世，留下这个儿子和其他四个幼儿。在麦克米兰15岁时，他去缅因州弗里波特（Freeport）跟他姐姐住，在那里他在当地高中学习，为进入鲍德温学院做准备，1898年他从我的母校毕业。跟波鲁普一样，麦克米兰擅长于大学体育运动，在鲍德温大学足球队打前卫并且赢得田径队的一个位置。从1898年到1900年，他是缅因州北戈勒姆（North Gorham）的莱维霍尔中学（Levi Hall School）的校长，随后成为宾夕法尼亚州斯沃斯莫尔（Swarthmore）的斯沃斯莫尔预备学校拉丁分校的校长。在这里他一直待到1903年，当时他成为马萨诸塞州伍斯特学院数学和体育训练系的讲师，他一直留在那里直到他跟探险队一起北行。他因若干年前曾搭救数条人命而持有人道协会（Humane Society）的证书，但很难引诱他开口说说这个事迹。

乔治·波鲁普1885年9月2日出生于纽约州新新（Sing Sing）。他在格罗顿中学（Groton School）为耶鲁做准备，在那儿他度过了从1889年到1903年的这几年，并且在1907年从耶鲁毕业。在大学里，他在体育运动方面是突出的，是耶鲁田径队和高尔夫队的成员，并且以作为摔跤选手而出名。毕业后，他花了一年时间在宾夕法尼亚州阿尔图纳（Altoona）的宾州铁路公司（Pennsylvania Railroad Company）的机械工厂做特殊学徒。

我让巴特莱特船长自己选择他的船员和水手人选，唯一的例外是轮机长。

完整的探险队人员名单最终在1908年7月17日罗斯福号离开悉尼时确认，包括如下22人：罗伯特·E.皮里，指挥探险队；罗伯特·A.巴特莱特，罗斯福号船长；乔治·A.沃德威尔，轮机长；J. W.古塞尔医生，船医；罗斯·G.马文教授，助手；唐纳德·B.麦克米兰，助手；乔治·波鲁普，助手；马修·A.亨森，助手；托马斯·古舒（Thomas Gushue），大副；约翰·墨菲，水手长；班克斯·斯科特（Banks Scott），大管轮；查尔斯·珀西，膳务员；威廉·普里查德（William Pritchard），客舱服务员；约翰·康纳斯（John Connors）、约翰·科迪（John Coady）、约翰·巴恩斯（John Barnes）、丹尼斯·墨菲（Dennis Murphy）、乔治·珀西（George Percy），水手；詹姆斯·本特利（James Bently）、帕特里克·乔伊斯（Patrick Joyce）、帕特里克·斯金斯（Patrick Skeans）、约翰·怀斯曼（John Wiseman），消防员。

为探险所备的补给品在数量上是充足的，不过在品种上并不丰富。多年的经验已经给了我想要什么和需要多少的切身了解。为一次严肃的北极探险准备的绝对必需的补给品是有限的，不过它们应该是最优质的。奢侈品在北极工作中没有位置。

北极探险的补给品自然地被分为两个种类：那些为野外雪橇工作准备的；那些为在往返途中船上过冬准备的。为雪橇工作准备的补给品具有特殊的品性，而且必须在保证营养最大化的前提下以最小重量、体积和皮重（那就是，包装的重量）的方式来准备和打包。在严肃的北极雪橇旅行中所需的必需品，而且是仅有的必需品，无论在哪个季节、什么温度或者旅程的持续时间——无论一个月还是半年，只有四种：干肉饼、茶叶、压缩饼干、炼乳。干肉饼是一种精制的浓缩食物，由牛肉、脂肪和果脯组成。它被认为在所有肉食中也许是最浓缩和让人满足的，并且绝对是旷日持久的北极雪橇旅行里不可缺少的。

为船上和冬季营地里准备的食物由标准的商用补给品构成。我的探险队或许因省去一项食物而特殊——那就是肉。对于北极食物的这项重要补充，我总是在当地自行解决。肉食是冬天里狩猎探险——并不是如某些人想象的那样是运动——的目标。

这里有一些最后一次探险中在我们补给清单上的项目和数字：面粉，16000 磅；咖啡，1000 磅；茶叶，800 磅；糖，10000 磅；煤油，3500 加仑；腌肉，7000 磅；饼干，10000 磅；炼乳，100 箱；干肉饼，30000 磅；鱼干，3000 磅；烟丝，1000 磅。

第3章　启　程

1908 年 7 月 6 日下午大约一点钟，罗斯福号从她在纽约东 24 大街尽头的休整码头的锚位向北起航，开始最后的探险。随着船退回到河里，来自数千名聚集在码头上向我们送别的人的欢呼声响彻布莱克威尔岛（Blackwell's Island）；与此同时，游艇船队、拖船和渡船号角齐鸣，致以良好的祝愿。一件有趣的巧合是，我们启程前往地球上最冷地点的那一天大概是纽约近几年最热的一天。那一天里，在大纽约有 13 人死于酷热并有 72 例中暑虚脱被记录，然而我们却要前往一个零下 60° 都不是例外的地区。

罗斯福号甲板上有大约 100 位皮里北极俱乐部的嘉宾跟我们一同启程，其中有几位俱乐部的成员，包括主席托马斯 · H. 哈伯德、副主席泽纳斯 · 克兰和秘书及司库赫伯特 · L. 布里奇曼。

随着我们顺河而下，喧闹声变得越来越大，发电站和工厂的汽笛声混入到内河船的嘟嘟声中向我们致意。在布莱克威尔岛，大量被收容者倾巢出动向我们挥手送别，他们的送别同样值得感激，因为是由为了社会的利益而被社会置于行动限制中的人送出的。不管怎样，他们祝我们顺利。我希望他们都享受现在的自由，并且要是能真的得到它就更好了。在托腾堡（Fort Totten）附近，我们经过了罗斯福总统的海上游艇五月花号

(Mayflower)，她的小信号枪发出离别致敬，同时官员和水手们都一边挥手一边欢呼。肯定从没有一艘船像罗斯福号那样被如此多的振奋人心的送别尾随着启程前往地球的尽头。

就在我们抵达步石灯塔（Stepping Stone Light）前，皮里夫人、皮里北极俱乐部的成员及嘉宾们和我自己都被转移到拖船纳基塔号（Narkeeta）上返回纽约。罗斯福号继续前往位于长岛牡蛎湾（Oyster Bay）的罗斯福总统避暑别墅，在那里，第二天皮里夫人和我将会跟罗斯福总统及夫人一起共进午餐。

西奥多·罗斯福对我来说是最重要的人，也是美国曾出现的最伟大的人。他拥有那种震慑人心的能量和热情，这是所有真实权力和成就的源泉。我们用他的名字给船命名，希望借助他的威名，努力开辟通向地球上最难以触及地点的路线，罗斯福号这个名字似乎是唯一和必然的选择。那作为理想在探险队前树立起力量、坚持、毅力和战胜障碍等特有品质，这些都已经使美国第 26 届总统如此伟大。

在酋长山（Sagamore Hill）那次最后的午宴过程中，罗斯福总统重申了他以前曾多次跟我说的话，那就是他对我的工作诚挚地和深刻地感兴趣，并且相信如果成功是有可能的话我将是成功的那一个。

午宴过后，罗斯福总统及夫人还有他们的三个儿子跟皮里夫人和我一起登上船。布里奇曼先生在甲板上，以皮里北极俱乐部的名义欢迎他们。罗斯福一家在船上停留了约一小时；总统视察了船的每个部分，跟包括船员在内的在场的每位探险队成员握手，甚至认识了我的爱斯基摩犬，北极星及其他几条狗，它们从我在缅因州海边的卡斯科湾（Casco Bay）的小岛上带了下来。当他跨过围栏时，我对他说：“总统先生，我将全力投入我所有的一切——体力的、脑力的和道义的。”而他回答，“我相信你，皮里，并且我相信你的成功——如果这在人类的能力范围之内。”

罗斯福号为等待捕鲸船而在新贝德福德港（New Bedford）停留，并且还在鹰岛（Eagle Island）做了一次短暂停留，那是我们在缅因州海滨的避暑地，我们把沉重的钢制备用舵搬上了船，为预防在将要到来的跟浮冰的激战中发生的故障而带上它。在前次探险中，当时我们没有额外的船舵，我们本也可以用两个。不过，这次事情的最终结果是，当我们有额外的船舵时，我并没有机会去用它。

我们离开鹰岛的时间是预定的，这样皮里夫人和我可以在船到的同一天乘火车抵达悉尼的布雷顿角（Cape Breton）。我对悉尼风景如画的小镇情有独钟。我曾八次从那里开始向北踏上北极的征程。我对小镇的记忆要回溯到 1886 年，当时我跟杰克曼船长一起乘着捕鲸船鹰号去到那里，在煤码头前停留了一两天，为我第一次的北方航行，格陵兰的夏日漫游，装满煤炭，在那次旅行期间，“北极狂热”控制住了我，从此再没有解脱。

从那时起，小镇已经从只有一家体面的旅馆和若干楼房的小定居点发展为繁荣市镇，有 17000 居民、许多工业和一家西半球最大的钢铁厂。我挑选悉尼作为出发点的理由是因为那里的煤矿。这是可以把船装满煤炭的地方中最接近北极地区的。

我的感情，在这最后一次离开悉尼当口，尽管难于描述，却与任何以前的探险开始时不同。当缆绳被解开时，我没有感到一丝不安，因为我知道我已经做了每件可以确保成功的事情，并且每件必要的补给品都已经在船上。在以前的旅行中，我有时候曾感到焦虑，但是贯穿整个这次最后的探险，我没有让任何事情烦扰我。或许这样的自信感觉是因为每种可能的意外情况都已经被预防，或许因为过往所经历的挫折和致命打击已经麻木了我对危险的感觉。

罗斯福号在悉尼加煤后，我们穿过海湾到北悉尼装上最后几项补给品。当我们准备离开那里的码头，我们发现我们搁浅了，不得不停了一个小时左右等潮水涨起，其中一艘捕鲸船被挤在吊柱和码头侧边之间；不过在八次北极行动之后，一个人不会把这样的小事故当作是坏预兆。

7月17日下午大约3点半，我们在耀眼金色阳光下离开北悉尼。当我们通过信号站，他们向我们发信号，“再见，航行顺利”；我们应答，“感谢你们”，并且致了点旗礼。

一艘我们租用来送我们的客人们回到悉尼的小拖船一直尾随罗斯福号直到海港外的低点灯塔；在那儿拖船靠过来，皮里夫人及孩子们和波鲁普上校，还有其他两三位朋友上了拖船。当我五岁的儿子罗伯特向我吻别，他说，“快快回来，爸爸。”在不舍的目光里，我看着小拖船在蓝色的远方越来越小。又一次告别——已经有过太多次了！勇敢而高洁的妻子！你已经跟着我忍受了我所有北极工作的冲击。但是不知怎么地，这次离开比以前任何一次都少了些忧伤。我认为我们都感觉这是最后一次了。

到星星出来的时候，在北悉尼运上船的最后几项补给品都已堆装，至少甲板对于一艘正在启程北航的北极船来说是空得有点不同寻常——除了后甲板之外，那里高高堆起了许多袋煤炭。

然而在船舱里，一切都是凌乱不堪。我的房间被塞满各种东西——乐器、书籍、家具、朋友们的礼物、补给品等——没有空间留给我。在我回来之后，有人问我在海上的第一天我是否在我的船舱里弹奏自动钢琴。我没有，绝妙的理由是我不能够靠近它。那些最初几个时辰的惊心动魄的经历主要跟在我的床铺区域挖掘出一个6英尺长2英尺宽的空间联系在一起，好让我在时间到来时在那里躺下睡觉。

我对我在罗斯福号上的小船舱有特殊的感情。它的尺寸和邻接浴室的舒适是我允许自己的仅有享受。船舱装饰简朴，由相配的黄松木搭建，涂上了白漆。它的方便性是北极地区长期经验的演进。它拥有一个内置的宽床铺、一个普通的写字台、几排书架、一把藤椅、一把办公椅和一个五斗橱，后面那几件家具是皮里夫人为我的舒适所贡献的。挂在自动钢琴上方是杰塞普先生的照片，而在侧壁上是一幅罗斯福总统亲笔签名的照片。然后还有些旗帜，丝绸的是皮里夫人做的，我已经带着它很多年，还有我的大学联谊会德耳塔·卡帕·厄普西隆（Delta Kappa Epsilon）的会旗、海军联合会（Navy League）的会旗和美国革命女儿会（Daughters of the American Revolution）的和平旗帜。那儿还有我在鹰岛上的家的照片和我女儿玛丽用那座岛上的松针做的香枕。

自动钢琴是来自我的朋友H. H.本尼迪克特（H. H. Benedict）的礼物，在我前次航行中成为我愉快的伙伴，而且这次它再度被证明是我最好的快乐来源之一。在我的收藏里至少有两百多首乐曲，不过《浮士德》的曲调在北冰洋上弹奏的比任何其他的都多。进行曲和歌曲也受到欢迎，还有圆舞曲《蓝色多瑙河》；而有时候，当我队伍的情绪相对处在低谷时，我们听我们特别喜爱的拉格泰姆乐曲。

在我的船舱里还有一个相当完整的北极图书馆——就所有后来的航行而言绝对是完整的。这些书中间有各种小说和杂志，赖以消除北极漫漫长夜的单调乏味，我们发现针对这个目的它们是非常有用的。熬夜有时候意味着夜有一两月之长。

出发后第二天，木匠开始修复被挤坏的捕鲸船，用的是我们为此所带的木材。海浪汹涌，船甲板几乎整天都被冲刷。我的同伴们逐渐都在他们的船舱里安定下来；而如果某人犯了思乡病，可以背着他们独自待着。

我们的住舱位于舱面船室的后部，从主桅后面一点到后桅覆盖整个罗斯福号的船宽。中间是机舱，有天窗和锅炉的上风口，两边是船舱和餐室。我自己的舱室占据右舷尾角；向前是亨森的房间，右舷餐室和位于右舷前角的古塞尔医生的房间。左舷尾角是巴特莱特船长的房间，住着他本人和马文，向前依次是轮机长和他助手的舱室，膳务员珀西的舱室以及麦克米兰和波鲁普的舱室；然后大副和水手长在舱面船室左前角，接着是低级船员的左舷餐室。右舷伙食团的成员包括巴特莱特、古塞尔医生、马文、麦克米兰、波鲁普和我自己。

我将不会细述从悉尼到格陵兰约克角的第一阶段旅程，理由是那只是一次当季的舒适夏日巡航，任何正常大小的游艇都可以不冒风险地承担；而且有更多有趣和不寻常的事情可以写。穿过贝尔岛海峡，“船只墓地”，那儿总是有在雾中撞上冰山或者被强劲多变的洋流推上海岸的危险，正如任何会关心他的船的人一样，我整夜都没有睡。但是我禁不住把这次轻松的夏日旅程跟我们在1906年11月的回程对比，当时罗斯福号有一半时间是保持航向的，而剩余的时间是在随波逐流，失去了两个船舵，遭受海浪的猛击，在冰山季节沿拉布拉多海岸缓慢行进，穿越迷雾，并且在离岸仅有投石距离之时无意中发现爱情岬灯塔，只有爱情岬和秃头岬的警报声以及止步于海峡入口不敢尝试通过的大汽船的汽笛声为我领航。

第4章　到达约克角

7月19日星期天，我们派出一艘小船，在爱情岬灯塔上岸，发送电报回家——最后一次。我想知道明年我第一次发送的内容会是什么。

在圣查尔斯角（Cape St. Charles），我们在捕鲸站前抛下锚。前一天有两条鲸鱼被捕获，我立刻购买了其中一条作为狗的食物。这些肉被堆在罗斯福号的后甲板。在拉布拉多海岸有好几家这样的“鲸鱼加工厂”。他们派出一艘在船头装有捕鲸炮的快速钢制蒸汽船。当一条鲸鱼被发现时，他们立刻追赶，而当足够接近时，就向这头巨兽射入装载着一枚爆弹的鱼叉，炸杀它。接着它被用绳子绑在船边，拖入捕鲸站，拉出到木道上，并且在那里被切开，硕大残骸的每个部分都被用于一定的商业目的。

我们在霍克斯港（Harks Harbor）再次停泊，我们的辅助补给船埃里克号（Erik）在那里等着我们，在船上差不多有25吨鲸鱼肉；一两个小时之后，一艘美丽的白色游艇跟进我们。我认出她是纽约游艇俱乐部哈克尼斯（Harkness）的瓦基瓦号（Wakiva）。冬天有两次在纽约港东24大街码头，她曾停在罗斯福号边上，在她的两次航行之间加煤；而现在，一次奇特的机遇，两艘轮船并排停泊在拉布拉多海岸上的偏僻小港口里。没有两艘船可以比这两艘更不相像：一艘洁白如雪，船上的铜制品在阳光下闪闪发光，如离弦之箭一般敏捷而轻灵；另一艘乌黑，缓慢，沉重，几乎如岩石一般牢固——每一艘都为特定目标而建造，并且都适应于那个目标。

哈克尼斯先生和一群朋友，其中包括几位女士，登上罗斯福号，我们女性宾客雅致的衣着进一步强调了我们船的乌黑、力量和不甚干净的环境。

我们在图尔纳维克岛（Turnavik Island）又停了一次，那是属于巴特莱特船长父亲的捕鱼站，我们接纳了一批拉布拉多皮靴，我们应该在北方会用得到。就在抵达这座岛之前，我们遭遇到一次猛烈的暴风雨。那是我记忆中曾经历过的最靠北的暴风雨。

然而我回想起1905年在我们的上行航程里，我们陷入非常剧烈的暴风雨中，如在南方水域航行时遭遇的海湾风暴一般地电闪雷鸣，不过1905年的风暴是在卡伯特海峡（Cabot Strait）附近，远比1908年的那些靠南边。

我们前往约克角的航行风平浪静，甚至缺少三年前相同旅程的小刺激，当时在离圣乔治角（Cape St. George）不远的地方，大家都手忙脚乱于从锅炉的上风口起燃并遍及一面主甲板的火警。也没有像1905年那样在我们旅程的早期受到迷雾的烦扰。事实上，从一开始起每个征兆都是吉利的，甚至让有点迷信的海员们认为我们的运气太好了，或许难以持久，与此同时，我们探险队的一名成员不断地“敲木头”祈求好运，就像他所表达的那样只是作为预防。说他的先见对我们成功有很大关系或许有些轻率，但是无论如何，那舒缓了他的心情。

随着我们保持向北航行，夜晚变得越来越短，也越来越亮，以至于当我们在7月26日午夜过后不久穿过北极圈，我们处在了极昼中。我曾来来回回20余次穿越北极圈，所以那种体验的细微之处对我而言有些迟钝了；不过我队伍中的北极“新手”古塞尔医生、麦克米兰和波鲁普，都相当地激动。他们的感受跟初次穿越赤道的人相同——那可是个大事件。

继续向北航行的罗斯福号现在就要到达北极地区最有趣的地点之一。那是沿着介于北面的凯恩湾和南面的（Melville Bay）湾之间北格陵兰西海岸中段夹在茫茫冰雪中的一块小绿洲。这里与周围地区成鲜明对比的是充沛的动植物，并且在近百年的时间里，有六七支北极探险队曾在这里过冬。这里还是一支爱斯基摩人部落的居住地。

雪鸮，谢里登角

这片小庇护地距离纽约大概3000英里航程，直线距离大约2000英里。它位于北极圈以北约600英里处，大概是从那个重要纬度标记到北极点一半距离。这里在冬天平均有110天漫长的北极夜晚，这段时间内没有光线落入视线范围内，只有月亮和星星的亮光，然而在夏季，太阳在相同数量的日子里每时每刻都是可见的。在这小片土地范围内被发现是驯鹿最佳的栖息地，它们找到了充足的牧草。不过当下我们对这个独特地方的兴趣只在于经过并带上若干这片寒冷地区的居民，他们在我们更远北方的争斗中会帮助到我们。

在我们抵达这片独特的小绿洲前，但是也已经超越北极圈好几百公里，我们来到我们上行旅程中最重要的地点，仿佛标志着我们前面任务的严峻。死在这片蛮荒北地的文明人无不留下他们的坟墓来给予那些后来者们深刻含义；而且随着我们持续向前航行，这些英雄尸骨的无声提醒述说着他们寂静却有力的故事。

在梅尔维尔湾的最南端，我们途经鸭岛（Duck Islands），那里是苏格兰捕鲸者的小墓地，他们是打通梅尔维尔湾航道的先驱者并且在等待浮冰化开时死在那里。这些坟墓的时间要回溯到19世纪早期。从这个地点开始，通往北极的干线上遍布着那些曾陷入跟寒冷和饥饿的可怕战斗的人的坟墓。这些简陋的岩石堆使任何有思想的人认清北极探险的意义。死在那里的人并不比我自己队伍的成员缺少勇气和智慧；他们只是缺少运气。

让我们顺着这条干线看一眼并且思索一下这些纪念物。在北极星湾（North Star Bay）是来自英国船北极星号的一两个人的坟墓，他们1850年在那里过冬。在外面的卡里岛（Cary Island）上是不幸的卡利斯特牛斯（Kallistenius）探险队一员的无名坟墓。再往北，在伊塔是海耶斯（Hayes）

探险队的天文学家桑塔格（Sontag）的坟墓；再上面一点是凯恩队伍里的奥尔森（Ohlsen）。在对岸是格里利的不幸队伍中16人丧生的无标记之地。再往北，在东面或者格陵兰那边是北极星探险队的美国指挥官霍尔的坟墓。在西面或格兰特地那边是1876年英国北极探险队的两三名船员的墓地。而就在靠近谢里登角的中央极地海的海岸上是1876年英国北极探险队的翻译丹麦人彼得森（Petersen）的坟墓。这些坟墓作为以前为赢得奖赏所作努力的无声记录而竖立，并且它们稍稍暗示了那些在追求北极目标中付出在尘世最后时刻的勇敢却不幸的人的数量。

最初我看见鸭岛上捕鲸人的墓地时，我坐在那里，在北极的阳光下，看着那些坟头的木板，清醒地认识到它们所意味的。当我第一次看到桑塔格的坟墓，在伊塔，我小心地重新摆置围绕它的石块，作为向勇敢者的致敬。在萨宾角（Cape Sabine），格里利队伍的葬身之地，我是在七名幸存者在多年以前被带走以后第一个步入石屋废墟的人，并且我是在8月末的一次剧烈雪暴中步入那些废墟，看见了那些不幸者的警示。

通过鸭岛继续上行航程，在1908年靠近约克角，想到那里的座座坟墓，我做梦也想不到我自己队伍中的亲爱成员罗斯·G. 马文教授，他跟我在一桌吃饭并且担任我的秘书，命中注定会把他的名字加入到这份北极牺牲者的长长名单里，而他的坟墓，在深不可测的黑水里，那是在这个地球上最北面的坟墓。

我们在8月第一天抵达约克角。约克角是标志着我的爱斯基摩人，世界上最北面的人类，定居的北极海岸延伸南端的险峻而陡峭的陆岬。就是那个陆岬，它的雪盖当我的船向北航行时很多次被我看见在远处从梅尔维尔湾地平线升起。在陆岬的底部，坐落着最靠南面的爱斯基摩村庄，那标志着一年又一年在这个部落成员与我自己之间相会的地点。

在约克角，我们才到了真正工作的开始。当我抵达那里时，所有文明世界可以产出的装备和辅助设备都在船上了。从那里开始，我将带上工具、材料、人员，北极地区本身将为它们的被征服提供装备。约克角，或者是梅尔维尔湾，是一条分界线，文明世界在一边，北极世界在另一边——北极世界有它的爱斯基摩人、狗、海象、海豹、皮衣和原始经验作为装备。

在我身后是文明世界，现在全无用处，再也不能给予我更多。在我前面横亘着无路可寻的蛮荒之地，要通过它我必须一步步踏出通向目的地的道路。甚至从约克角前往格兰特地北岸上的冬季营地的船上之旅也不是“一帆风顺”；事实上，在较后阶段都完全不是航行；那是与浮冰的挤压、碰撞、闪躲和捶打，总有可能性被这个对手回以重击。这就像熟练的重量级拳手的工作，或者带拳套的古罗马拳击家的工作。

梅尔维尔湾以上，世界，或者说我们所知道的世界，被抛在身后。当离开约克角时，我们已经把文明世界里多种多样的目标兑换为在那些广袤的蛮荒之地有位置的两个目标：人和狗的食物以及数百英里距离的跋涉。

在我身后的现在是属于我的一切，一个男人个人所珍爱的一切，家庭、朋友、家和所有那些将我跟我的同类联结的人类关系。在我身前是——我的梦想，曾驱使我历经 23 年一次又一次面对大北方冰冷拒绝来衡量自己的不可抗拒冲动的目标。

我会成功吗？我会回来吗？成功到达北纬 90° 并不肯定能保证安全返回。我们已经在 1906 年再次穿越“大水道”时了解那一点。在北极，机遇总是对抗着探险者。这个神秘地方高深莫测的守护者看来留有几乎用之

黑雁

叉尾鸥

红喉潜鸟，雄鸟和雌鸟

王绒鸭，公鸭

不尽的王牌，来对付坚持不懈地进入游戏的入侵者。这日子是一条狗过的日子，但是这事业是一个男人的事业。

1908 年 8 月的第一天，随着我们从约克角向北航行，我感觉我现在是真的面对最后的战斗。我生命中的一切似乎都在为这一天做准备。所有我多年的工作和所有我以前的探险都仅仅是为这最后和最高的努力而做预备。曾有人说过，朝向一个给定目标的指向明确的工作是为目标的达成所做的绝佳类型的祈求。如果是这样的话，祈求已经是我的一部分很多年。经过所有失望与挫败的季节，我未曾停止相信这北方的伟大白色秘密最终必将屈从于人类经验和愿望的强求，而且，当我背对世界并且面向那个秘密站在那里，我相信我将获得胜利，不顾所有黑暗和荒凉的力量。

第5章　来自爱斯基摩人的迎接

随着我们靠近约克角，离北极点的实际距离比纽约到佛罗里达州的坦帕（Tampa）还远，当我首先看见我们的爱斯基摩朋友们划着“卡雅克”（海豹皮包裹的独木舟）出来迎接我们时，那带有一种特别的满足感。这里是最南面的爱斯基摩村庄，这并非是永久的定居点，因为这些异族人是游牧民族。某年那里可能有两个家庭；另一年十个；而还有一年完全没有，因为爱斯基摩人很少在一个地方定居一年或两年。

爱斯基摩人划独木舟驶向罗斯福号

当我们临近这个海角，陆岬被很大一片浮冰群围绕和护卫，使得罗斯福号很难靠近海岸；不过早在我们到达这些冰山以前，已经看见这个定居点的猎手们出来迎接我们。他们在纤细的独木舟上如此轻松地掠过水面的场景，是从我们驶离悉尼港之后我所曾见过的最受欢迎的场面。

此时此刻，看来适合于对这一有趣的小人种，全世界最北面的人群，给予大量的关注，因为他们的帮助是决定因素之一，没有它，有可能北极点永远不会被触及。事实上，在很多年以前，我曾有机会为这些人写上几句，而最终写出来的内容是如此具有预言性，看来很适合把它们复制在这里。那些句子是：

“我曾经被问到：爱斯基摩人对世界有什么用处？他们被隔离得太远，很难为商业企业提供价值，而且，他们也缺乏志向。他们没有文学，确切地说，也没有任何艺术。他们纯粹用本能来衡量生命，就像一只狐狸或者一头熊那样。不过请不要忘记这些值得信赖和能吃苦耐劳的人依旧可以向人类证明他们的价值。在他们的帮助下，世界将发现北极。”

当我看见我的老朋友们撑着小独木舟出来迎接我们时，很久以前用这样的言语表达的愿望浮现在我脑海，因为我意识到我又一次跟这些北方居民亲密接触，他们曾是我那么多年形影不离的伙伴，一起经历了我北极事业所有变幻的环境和运气，并且我将再一次在从约克角到伊塔的整个部落的猎手中挑选精兵强将，来协助这次为赢得奖赏所做的最后努力。

自1891年起，我曾与这些人一起生活和工作，赢得他们的绝对信任，为了赠予他们的用品而使他们成为我的债务人，当他们正濒临饥荒时，通过供应食物给他们，一次又一次拯救他们妻儿的性命来赢得他们的感激。我曾用我的方式训练他们长达18年；或者，换句话说，教会他们

划独木舟的爱斯基摩人

怎样调整和集中他们出色的冰上技巧和耐力，以便于使他们为我的目标所用。我曾研究他们的个性，正如任何人研究他希望用来达到目的的人类工具一样，直到我明白，为了一次迅速而英勇的冲击该选择哪些人，而如果有必要，哪些顽强而坚定的人可以步行直穿地狱到达我在他们前方设置的目标。

我了解这个从约克角到伊塔的部落的每个男人、女人和孩子。在1891年以前，他们从未到过比他们自己的栖息地更北的地方。18年前，我来到这些人中间，而我的第一项工作就是以他们的土地作为基地。

在遥远土地上的旅行者中流传着很多胡言乱语，说这些原住民把来到他们中间的白种人奉若神明，但是我从来不怎么相信这些传说。我自身的经验是，普通的原住民正如我们一样满足于他自己的方式，一样深信于他自己的高等知识，而且他以我们所做的相同方式使自己适应于他有关事物的知识。爱斯基摩人并不是兽类；他们跟白种人一样是人类。他们知道我是他们的朋友，而且他们也曾很多次地证明自己是我的朋友。

当我在约克角上岸，我发现那里有四五个家庭，住在他们的“土匹克”（兽皮帐篷）里。从他们那里我知道了过去两年在这个部落中发生了什么；谁死了，哪个家庭有孩子出生了，这个和那个家庭当时住在哪里——那就是，那个特定夏季里部落的分布。我由此得知在哪里可以找到我想找的其他人。

我们抵达约克角时大约是早晨七点钟。我从那个地方挑选了少数几个所需的人，告诉他们当天晚上太阳转到天空中特定点上时，船就起航，而且他们和他们的家庭及所有物都必须运上船。由于狩猎是这些爱斯基摩村庄里唯一的行业，并且由于他们的用品，主要由帐篷、狗和雪橇、些许兽皮、坛坛罐罐组成，都具有易携带的特点，他们可以不花太多时间就把他们自己转移到罗斯福号上面。一旦他们都到了船上，我们就再度向北进发。

他们跟随我的意愿是没有疑问的；他们是太乐意跟我去了。这些人从以往的经历得知，一旦被纳入我探险队的成员名单，他们的妻子或孩子将没有挨饿的风险；并且他们还知道，当旅程结束我们把他们带回他们的家时，我将把探险队的剩余补给品和装备转交给他们，这将绝对充裕地保证又一年的生活，跟他们部落的其他成员相比，他们简直就是千万富翁。

强烈和永不满足的好奇心是这些人的特点之一。例如，多年前的一个冬天，当时皮里夫人跟着我去格陵兰，部落里的一位老妇人为了一睹白种女人的尊容，从她的村庄步行百余里到了我们的冬季营地。

或许可以很公平地说，在没有跟其他探险者等同的程度上把爱斯基摩人用于发现的目的是我的幸运，而且鉴于此，延后一般叙事足够长时间来提供一点有关他们特质的信息或许不会看来不恰当，甚至于没有这些独特的人的一些知识，就不可能让任何人真正理解我通往北极的探险的工作方式。起用爱斯基摩人担当我的雪橇队伍的普通成员是我所有北极工作中的一项基本原则。没有妇女灵巧的手艺，我们将缺少绝对必要的抵御寒冬的温暖皮衣，同时，爱斯基摩犬是适合于严肃的北极雪橇工作的唯一驱动力。

这个定居在从约克角到伊塔的格陵兰西海岸的小部落或家族的成员们在很多方面跟丹麦格陵兰或其他北极地区的爱斯基摩人完全不同。现在这个部落的人数介于220和230之间。他们是野蛮人，但是他们并不野蛮；他们没有政府，但他们并不是无法可依；根据我们的标准，他们是完全未受教育的，然而他们展示出很高程度的智慧。在孩子般的性情里，虽然有小孩子对小东西的种种喜好，不过他们跟大部分开化的成熟男性和女性一样有耐性，并且他们中最出色的可以忠诚直到死亡。没有宗教信仰并且完全不知道上帝，他们会跟任何处于饥饿的人一起分享他们最后的食物，同时，他们中上了年纪和无依无靠的人会理所当然地得到照料。他们身体健康且血统纯正；他们不淫乱，不酗酒，没有坏习惯——甚至不赌博。总而言之，他们是地球表面上独一无二的民族。我的一位朋友称呼他们是北方的理性无政府主义者。

我研究爱斯基摩人已有18个年头，没有比这些胖乎乎、古铜色皮肤、目光锐利和黑色头发的自然之子更有效率的为北极工作准备的工具可以被想象。他们的真正极限是他们为北极工作的目标所准备的最有价值的禀赋。除了他们的为我所用之外，我对这些人有着诚挚的兴趣；从一开始我的计划就是给予他们将使他们更加有效地应付周围严峻环境的帮助和指导，并且避免教他们任何倾向于削弱他们的自信或者使他们对其命运不满的东西。

一些好心人的建议是，把他们转移到一个更加舒适的地区，如果被实行的话，那将在两三代内导致他们的灭绝。他们不能忍受我们多变的气候，因为他们极易受到肺部和支气管的感染。我们的文明也只会软化和腐蚀他们，因为他们的人种遗传是身体劳苦之一；然而来到我们的复杂环境，他们不可能调整自己却不丢失构成他们主要优点的完全孩子般的品质。使他们成为基督徒是完全不可能的；但是信念、信心和宽容这些宗教德行，他们似乎早已具备，因为没有它们，他们不能在其家乡长达半年的夜晚和种种严苛下生存。

他们对我的感情混杂着感激和信任。要理解我的礼物对他们所意味的，可以想象一位突然来到美国乡村小镇的仁慈的百万富翁，他提供给那里的每个人一栋高级官邸和一个无限制的银行账号。但是即使这样的比较仍然离现实很远，因为在美国，哪怕是最穷困的孩子都知道，如果他努力工作并持之以恒，就有可能靠自己获得那些他梦寐以求的东西，然而对于爱斯基摩人来说，我曾给予他们的东西绝对超出他们的世界，就像月亮和火星对于这个星球的居民一样远远超越了他们自身努力所能及。

我进入那个地区的各类探险活动，具有提升爱斯基摩人从最卑微贫穷到一个相对富足地位的效果，他们从缺少文明生活的一切器具和用品变为拥有他们的武器、鱼叉和长矛的最佳材料，他们雪橇的最佳木材，他们工作的最佳尖刀、钝刀、斧子和锯子，以及现代化的烹饪用具。以前，他们依靠最原始的狩猎武器；现在他们有了连发步枪、后膛霰弹枪和充足的弹药。当我最初去的时候那里没有一支步枪。由于他们没有蔬菜，并且仅仅靠肉食、血和鲸脂生活，枪支和弹药的拥有已经增加了每位猎手的食物生产能力，并且使整个部落从以前长期存在的家庭或整个村庄的饥荒威胁中缓解出来。

有一个理论，首先由伦敦皇家地理学会（Royal Geographical Society of London）前任会长克莱门茨·马卡姆（Clements Markham）爵士提出，爱斯基摩人是一个古代西伯利亚部落昂基隆人（Onkilon）的残余；这个部落的最后成员在中世纪被几波凶猛的鞑靼人（Tartar）入侵驱赶到北冰洋上，他们发现了通向新西伯利亚群岛的路线，从那里向东越过当时还未发现的通向格林内尔地（Grinnell Land）和格陵兰的岛屿。我倾向于相信这条理论的真实性，理由如下：

一些爱斯基摩人明显属于蒙古人种，并且他们显示出很多东方人性格，诸如善于模仿、心灵手巧和在机械重复方面的耐心。他们的石屋跟在西伯利亚发现的房屋废墟之间有着很强的相似性。1894年被皮里夫人带回家的爱斯基摩女孩被中国人误认为他们自己民族的一员。同样使人产生联想的是，他们对死者灵魂的召唤或许是亚洲祖先崇拜的遗存。

一般情况下，爱斯基摩人跟中国人和日本人一样，身材是矮小的，尽管我可以叫出几个身高约5英尺10英寸的人的名字。女性是矮小和丰满的。她们都有强壮的躯干，不过她们的双腿相当纤细。男人的肌肉发育是令人吃惊的，不过他们那一团脂肪隐藏了肌肉的分化。

这些人没有书面语言，他们的语言是粘着性的，具有复杂的前缀和后缀，通过它们，他们可以把一个单词从原来的词根拉长到相当可观的长度。这门语言相对容易学会，我在格陵兰的第一个夏天里，我对它有了相当多的了解。除他们的普通语言之外，他们还有只有部落里的成年人知道的秘传语言。我说不出它在哪里有所不同，也没有试过去学习它，而且我怀疑是否有任何白种人已经被完全教会这门神秘的语言，因为这门学问受到它的占有者的小心防卫。

一般来说，这个地区的爱斯基摩人没有推动自己学习英语，因为他们足够聪明，看出相对于他们学习我们的语言，我们可以更加轻易地学会他们的语言。然而有时候，爱斯基摩人会因为迸出一个英语短语和句子而语惊四座，并且跟鹦鹉一样，他似乎对从海员的俚语或脏话里不经意地学习颇有天资。

大体上，这些人很像小孩子，并且也应该如小孩子般对待。很容易使他们兴奋，也很容易泄气。他们相互之间或者跟海员开玩笑来取乐，通常是好脾气的，并且当他们生气时，再去骚扰他们可没有好果子吃。像“打哈哈”这样具有小孩子特征的方式在如此紧急情况下是最好的。他们活泼善变的性格是大自然的馈赠，帮助他们度过漫长黑夜，因为如果他们像北美印第安人那样孤僻，整个部落在很久以前就已经因为沮丧而放弃并死去，他们的命运是如此的严苛。

在管理爱斯基摩人时，有必要对他们做心理研究，并且考虑他们的特殊性情。他们敏锐地感激友好的行为，不过像孩子一样，他们会强加在弱势和犹豫不决的人身上。温柔与坚定并施是唯一有效的方法。在我所有跟他们的往来中的基本点是总是表达我所说的意思，并且使事情恰好按预定执行。比方说，假使我告诉一个爱斯基摩人，如果他正确地做了某件事情，他将得到一定的奖赏，如果他服从他总是可以获得奖赏。另一方面，假使我告诉他，如果他遵循我已禁止的方式，某件不受欢迎的事情将会发生，那件事情一定会发生。

我已经使做我想要做的事情成为他们的兴趣。例如，在一次长途雪橇旅行中表现最全面的人收获比别人多。每个爱斯基摩人捕获的猎物最终被作为一条记录保留，而最优秀的猎手获得特别的奖赏。由此我保持了他们对工作的兴趣。捕杀有最完美犄角的麝牛的人和捕杀有最华丽鹿角的驯鹿的人被授以特殊奖励。我特别注意对他们严格，但是通过爱和感激而不是恐惧和威胁来控制他们。就像印第安人一样，爱斯基摩人永远不会忘记未兑现的誓约——已兑现的也不会。

推断任何带着礼物去到爱斯基摩人中间的人差不多都可以从他们那里获得他们曾给予我的那种服务，也许是被误导了；因为大家肯定记得，他们了解我这个人已经差不多有20年了。我曾从饥荒中拯救整个村庄，而

罗斯福号甲板场景

且家长们教会他们的孩子们，如果他们长大并且成为优秀的猎手或裁缝，视情形而定，“皮里雅克索”（Pearyaksoah）在不远将来的某个时候会奖赏他们。比方说老爱克瓦（Ikwah）是回到1891年时我所拥有的第一个爱斯基摩人，他正是我的北极点队伍里跟着我直至目标的热心的年轻人乌奎亚（Ooqueah）所钟意女孩的父亲。

有时候一名爱斯基摩男性或女性或许跟我们一样在其感情方面是多情的，这位年轻的北国骑士就是这一事实的写照。然而一般来说，他们在感情里更像孩子，出于一种当地习惯而对他们的配偶忠诚，不过在因死亡或其他原因失去他们后很容易被安慰。

第6章　北极绿洲

在一小片北极绿洲上生活着贫弱而分散的少数爱斯基摩人口——沿着梅尔维尔湾和凯恩湾之间格陵兰北部褶皱西海岸的小绿洲。这一地区在纽约城往北船行3000英里的距离；它差不多位于北极圈和北极点的中间，在极夜的范围内。这里，按照平均纬度来算，在夏季有110天太阳永不落下；在冬季有110天太阳从不升起，除了冷淡的星光和灰暗的月光，没有光线落在冰封的大地上。

在这段海岸线上有一片荒凉的壮丽景色，通过风暴和冰川、冰山和研磨的冰原的持久冲突而雕刻；不过在褶皱的外部面具后面，在夏日偎依着绿草如茵、撒满鲜花、阳光轻抚的三角地带。成千上万的小海雀沿着这片海岸繁殖。在高耸的绝壁之间是时不时将它们的冰山一角伸入海中的冰川；在这些绝壁前面，伸展着点缀大量各种形状和大小的闪亮冰块的蓝色海水；绝壁后面是巨大的格陵兰冰盖，寂静、永恒、无边无际——爱斯基摩人所说的恶魔和不安灵魂的住所。

夏天在这片海岸的某些地方，绿草就像在新英格兰牧场上一样茂密。这里罂粟花和蒲公英、毛茛、虎耳草一起盛开，尽管就我所知所有花朵都是缺乏香气的。我曾在鲸鱼海峡以北看见过大黄蜂；那里有苍蝇、蚊子甚至一些蜘蛛。在这片土地的动物群中还有驯鹿（格陵兰驯鹿）、狐狸（蓝

哈伯德冰川的冰岩

狐和白狐)、北极野兔、北极熊以及或许从前有过一代的流浪狼群。

但是在漫长的阳光照射不到的冬季，这整个地区——绝壁、海洋、冰川——被一片冰雪覆盖，在暗淡星光下显出灰蒙蒙的一片。当星星躲起来时，一切都是黑暗、空虚、无声的。当风刮起时，如果有人冒险出去，他似乎被不可见敌人的手往回推，同时模糊而不可名状的威吓在他身前身后潜伏。爱斯基摩人相信恶魔在风中行走也就不足为奇了。

冬季期间，这些耐心和快乐的北方之子住在“伊格鲁”里，那是石头和洞穴围成的小屋。只有在他们旅行时，当月份里有月光的某个时期，他们住在雪屋里，三个能干的爱斯基摩人可以在一两个小时内搭建起来，而我们在前往北极的雪橇旅行的每一天行进结束后都会搭建。在夏季，他们住在“土匹克”（兽皮帐篷）里。石屋是永久性的，造得好的或许会持续100年，只需要夏季里的一点小修补。沿着从约克角湾到阿诺拉托克（Anoratok）的海岸每隔一段距离，可以发现成片或成村庄的雪屋。因为人们是游牧的，这些永久性的住所属于部落而不属于个人，由此构建了原始类型的北极社会主义。某一年，定居点的所有屋子可能都被占据；下一年没有，或者只有一两个。

这些屋子大约6英尺高，8—10英尺宽，10—12英尺长，可以在一个月内建成。在地上挖掘一个坑洞，形成屋子的地板；接着用石头坚实地垒起墙壁，缝隙用泥沼填塞；平坦的长石块横架在墙的顶部；屋顶覆盖着泥土，并且整个屋子堆积上了冰雪。拱形屋顶的构造在设计图上被工程师称作悬臂梁而不是半圆拱。构成屋顶的平坦长石块在外端被加重以保持平衡，并且在我所有的北极经验里，我从没听说雪屋的石屋顶掉在住户头上的事情。那里从来没有任何对建筑部门的抱怨产生。在侧面没有门，不过在入口处的地面上有个通向一条隧道的洞，隧道的长度有时是10英尺，有时是15英尺，或者甚至是20英尺，通过它，住户们爬进他们的家。在雪屋的前面总有一扇小窗。当然窗户没有装上玻璃，不过盖着被精巧地缝在一起的海豹的薄肠膜。对于穿越灰暗的冰雪覆盖的冬季荒原的旅行者来说，从屋内油灯发出的黄色光亮有时候在很远距离都可以看见。

雪屋的远端是床平台，从泥土做的地板上抬升约一英尺半。通常这个平台不是被建造的，而是土地的自然层级，站立空间在它前面被挖深。然而在某些屋子里，床平台由搁在石材支架上的平坦长石块建成。当爱斯基摩人准备好在秋天搬进石屋里，他们首先用雪橇运来的草覆盖床平台；这些草上面铺着鹿皮或麝牛皮，形成了床垫。鹿皮还被用作毯子。睡衣在爱斯基摩人中并不流行。他们只是脱掉所有的衣服，钻进鹿皮里。

放在床平台前面一侧的大石头上的油灯所有时间都保持点燃，无论这家人是醒着还是睡了。富有想象力的人可能把这油灯比作爱斯基摩家庭的石祭坛上永不熄灭的圣火。它还充当加热和烧煮的火炉，并且使雪屋如此温暖，居住者在室内可以穿很少的衣服。他们头朝着油灯睡觉，妇女可以伸手照管它。

食物通常储存在屋子的另一侧。当两个家庭共用一座雪屋时，在另一侧可能有第二盏油灯；而且在那种情形下，食物必须被储藏在床下。这些屋子的室温从床平台上和靠近屋顶的八九十华氏度下降到地板水平上的冰点以下。在屋顶的中心有个小气孔，不过冬天在爱斯基摩家庭的快乐之家里，气氛几乎可以用一把铲子来调节。

在冬季旅行中，我经常被迫睡在这些舒适的雪屋里。在这样的场合里，就像一个人被迫睡在最劣等铁路宾馆或贫民公寓所会做的那样，我会尽力应付过去，不过我会试着尽可能快地忘记这个经验。太挑剔对于一名北极探险者来说并不好。在这些雪屋中的一间过夜，跟一个家庭住在一起，是对一切文明感官的冒犯，尤其是那里的气味；不过有些时候，当某人在可怕的寒冷和大风里的长途雪橇旅行之后，饥肠辘辘，双脚酸痛，他会像欢迎家里的灯光一样欢迎从雪屋的半透明窗户里透出的昏暗灯光。这意味着温暖和舒适、晚餐和美美的一觉。

毋庸讳言，我的爱斯基摩朋友非常脏。当我让他们在船上跟着我的时候，他们付出了极大的努力偶尔冲洗一下自己；不过在他们自己的家里，他们实际上从来不洗，并且在冬季，他们没有水，除了融化的冰雪。在极少数场合，当污垢变得太厚有碍舒适，他们或许会用一点油来刮去外层。我永远不会忘记他们认识到白人对牙刷的使用时的惊异。

随着夏季的到来，石头和泥土堆成的屋子变成潮湿而黑暗的洞坑，而屋顶被拿走晒干并使内部通风。这家人随后搬了出来，搭起“土匹克”，从6月初直到9月某个时间，这里都是他们的家。帐篷是由海豹皮制成的，兽毛被翻在里面。在一起缝成一大片的10块或12块兽皮做成一个帐篷。它用帐篷杆撑开，高的在前面并向后倾斜，由此提供最小的风阻值，边角用石块压住。这些帐篷覆盖的地面有6英尺或8英尺宽，8英尺或10英尺长，取决于家庭的大小。

近年来，我的爱斯基摩人已经采纳了一项西海岸原住民对建筑习俗的改进，他们中的很多人有透明鞣制海豹皮制成的帐篷入口，它厚到可以防雨但又透光。这为他们的夏季住所增添了宽敞和舒适。地位较好的爱斯基摩人中间的一个惯例是用上个夏天的旧帐篷为新帐篷防雨或其他坏天气。在狂风和夏季暴雨中，老帐篷搭在新帐篷上面，由此为主人提供双重厚度和保护。

帐篷里的床平台现在普遍是用木材做的，这我也曾经布置过，它从石块上抬升，并且在好天气里，烹饪是在屋外做的。油脂是取暖、照明和烹饪的唯一燃料。爱斯基摩妇女把油灯打理得非常好，没有烟从它们中升起，除非在帐篷或雪屋里有气流。她们把鲸脂切成小块，放在苔藓上并点燃，来自苔藓的热量烘干了油脂，产生异常灼热的火焰。直到我给了他们火柴，他们只有借用燧石和火镰的原始点火手段，这是他们从一个硫化铁矿脉中获取的。当我第一次去到那里时，他们所有的油灯和方锅都是用皂石制成的，来自那片土地上发现的两三条矿脉。他们使用皂石和硫化铁的能力是他们智慧和灵巧的例证。

一般说来，在温暖季节，在帐篷里不需要穿很多衣服，因为正常的夏季气温在50华氏度附近，而且在强烈的阳光下，可能会上升到85甚至95度。

试婚是爱斯基摩人中间根深蒂固的习俗。如果一对年轻男女相互之间不适应，他们反复尝试，有时候很多次；不过当他们找到互相适应的伴侣，这种配对一般是永久性的。如果两个男人想要娶同一个女人，他们通过角力来解决问题，更强的男人胜出。这些竞争并不是打架，就像辩论一样是友善的；它们仅仅是格斗的试力，或者有时候互相捶击手臂，看看那个人可以经受更长时间的捶击。

他们对求婚的基本接受程度有时候可能放宽到认为以下的情况是正常的，一个男人对一个女人的丈夫说："我是更强的男人"。在这类情况中，这位丈夫要么证明他在力量上的优势，要么把女人让给别人。如果一个男人厌倦了他的妻子，他只需告诉她，在他的雪屋里没有她的位置了。她可能回到双亲身边，如果他们还活着的话；她或许投靠哥哥或姐姐；或者她可能传话给部落里的某个男人，她现在自由了，想要重新开始生活。在这些原始离婚的案例中，丈夫留着一个或所有的孩子，如果他想要他们的话；如果他不要，女方会把他们带走。

爱斯基摩人并没有很多孩子，两到三个是通常的数量。女人不管怎样都不会接纳她丈夫的名字。比方说，阿卡汀瓦还是叫阿卡汀瓦，无论她曾有过几任丈夫。孩子们并不称呼他们的双亲为父亲和母亲，而是直呼他们的名字，尽管有时候，非常小的孩子会用对应于我们的"妈妈"的一个

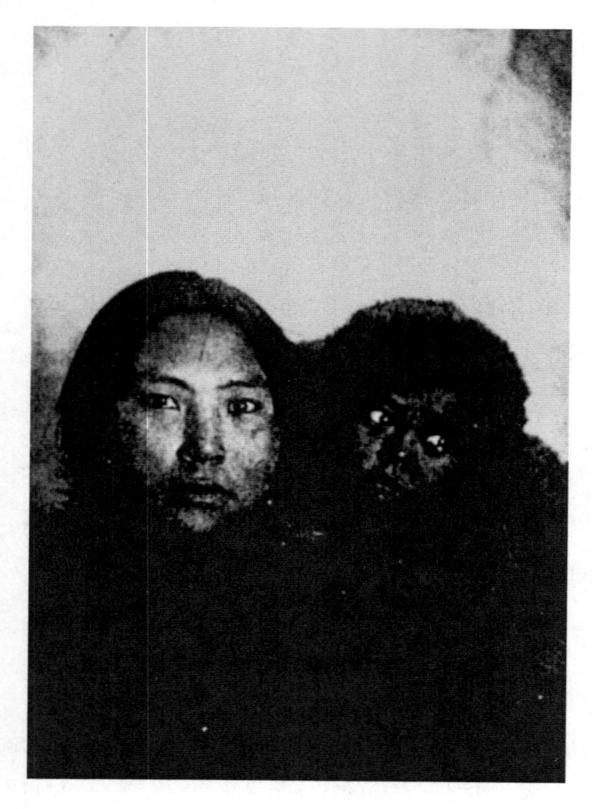

爱斯基摩母亲和孩子

爱称。

在爱斯基摩人中，女人跟狗或雪橇一样差不多是男人财产的一部分——除了在一些罕见的情况里。女权主义事业在这个地区仍然鲜有进展。我记得有一个事例，一个爱斯基摩女人与她丈夫有不同的观点，并且通过打青这个老男人的眼睛来证明她独立的权利；不过我怕部落里更加保守的成员会认为这样非女性化的行为是与文明接触带来的堕落影响。

由于爱斯基摩人中男人比女人多，女孩子们非常年轻就出嫁了，常常是在约莫十二岁的年纪。在很多情况下，当孩子们都相当年轻时，婚姻是

爱斯基摩儿童

在双方父母间安排的；不过男孩和女孩并不受束缚，当他们足够年长，他们被允许自己做决定。事实上，他们可以多次做出这样的决定而不丧失社会地位。跟以前的那几次一样，我在最后一次探险中发现，自从我上一次跟他们在一起之后，一些婚姻变化在我的北方朋友中间发生了。

试图灌输我们的婚姻概念给这些天真的自然之子是有害而无益的。如果一名北极探险者把告诉一个爱斯基摩青年跟他的朋友交换妻子是不对的认作他的责任，这位探险者最好在之前好好准备他的支持论点，因为被责备的一方很有可能会瞪着双眼问，“为什么不呢?”

这些冰地里的人跟所有聪明的野人一样，好奇心非常强。比方说，如果在面前出现装有各种他们不认识的补给品的包裹，他们会一刻不停，直到他们查看了这包里的每件物件，摸摸它，翻过来，甚至尝尝它，像一群乌鸫一样喋喋不休。他们还在显著的程度上展示出所有东方人的模仿能力。使用在某些方面是他们的钢铁替代品的海象牙——并且那出乎意料地是一种好的替代品——他们会造出各类物品的令人吃惊的模型或复制品，同时并不需要花费很长时间就可以让他们掌握可能会交到他们手中的文明工具的使用。可以很容易看到，为了北极探险的目标，这种品质可以被证

抱着宠物的库德拉，别名“厄运”

明是多么有价值和有用处。如果他不能依靠爱斯基摩人用白种人的工具完成白种人的工作，北极旅行者的劳动量会大大地增加，并且他的探险队的规模将不得不被扩张到可能被发现是极端庞大的限度。

我自己对这一有趣民族的观察已经教会我不把信任建立在任何我曾听说的野蛮人技艺和残忍的传闻上。相反地，考虑到他们的未开化状态，他们必须被列为具有人性的民族。此外，他们总是很快就领会了我目光所及的目标，并且把他们的能量转向达成我的探险队为之奋斗的目标。

他们的人性如已经被暗示的一样，具有可以取悦社会主义者的形式。他们以未经修饰的方式展现慷慨和热情，几乎没有例外。照例，好运气和坏运气都被分享。这个部落分享由猎手们带来的好运气的收益，并且由于他们的生存依赖于狩猎，这在很大程度上解释了该部落得以保留的原因。

第7章　奇人异俗

如爱斯基摩人的生活一般的艰辛，他的结局通常也是严酷的。终其一生，他投身于跟他故土的荒凉环境持续不断的战争，而死亡，当它来临时，通常以某种残暴的形式。衰老对爱斯基摩人没什么可怕，因为他很少活到老的那一天。他通常在日常工作中死去，因他的皮制独木舟倾覆而被淹死，因冰山倾覆而被砸死，抑或是因雪崩或岩崩而被压死。活过60岁的爱斯基摩人很罕见。

严格地说，爱斯基摩人没有宗教信仰，就我们使用这个词语的意义而言。但是他们相信死后人的继续存在，并且他们相信灵魂——尤其是恶魔。可能他们缺少一位仁慈的神的任何概念，而他们对恶魔影响的强烈意识来源于他们生活的可怕艰辛。没有为感激仁慈的造物主所做的特别祝福，他们也没有发展出他的概念，与此同时，黑暗、苦寒、蛮风和饥荒反复不断的威吓已经引导他们把空气当作不可见的敌人。仁慈的神灵是他们的祖先（另一种东方风格），同时他们有一整个军团的恶灵，由托纳苏克（Tornarsuk）领军，那是大魔鬼他本人。

他们不断地试图通过咒语来安抚托纳苏克；而当他们捕猎时，一份祭品是为他准备的。魔鬼应该对这些珍品有敏锐的鉴别能力。在离开雪屋时，爱斯基摩人会小心把它前面踢平，那样恶魔就不会发现那里的庇护所，而当他们扔掉一件穿破的衣服时，它从不是完整的，而是用某种方式撕碎好让魔鬼不能用它来为自己保暖。一个安逸的魔鬼被假定比打着寒颤的更加危险。狗群中间任何突然和不可解释的吠叫或嚎叫暗示着托纳苏克不可见的现身，而男人们会跑出去，用鞭子抽打或用步枪开火来把入侵者吓跑。当在冬季营地时，我在罗斯福号上突然从梦中被步枪的劈啪声惊醒，我并不认为船上发生了叛变——只是托纳苏克在风中驰骋。

当浮冰拼命挤压船只时，爱斯基摩人会召唤他死去的父亲来推走它；当风刮得特别凶猛时，先人们再次被呼唤。在雪橇旅程中沿绝壁通行，人们有时候会停下来倾听，然后说："你听到魔鬼刚才说什么了吗?"我曾要求爱斯基摩人在悬崖峭壁上向我复述托纳苏克的话语，我并不幻想在这样一个时刻取笑我忠诚的朋友们；我带着谦卑的庄重接收托纳苏克的消息。

在这些人中没有首领，没有人处于权威；不过有具有一定影响力的药师。巫医普遍不受喜爱——他知道太多将要发生的不快乐的事情，所以他说了。巫医的职责大部分是吟诵咒语和进入出神状态，因为他没有药物可用。如果一个人病了，他可能被规定禁食特定食物几个月；比方说，病人不能吃海豹肉或鹿肉，只能吃海象肉。单调的咒语取代了白人药物的位置。一位自信的巫医的表演是相当令人印象深刻的——如果这个人以前没有见证过太多次的话。念咒，或者说哭哭啼啼，伴随有身体的扭动和来自一种原始手鼓的声音，这是由海象的喉膜在弓形的海象牙或者骨头上拉展而制成。用另一块海象牙或骨头在鼓边缘轻敲来打节拍。这是爱斯基摩人在音乐上的仅有尝试。一些妇女应该具有巫医的能力——有人可以说是算命者、精神治疗者和赞美诗人天资的组合。

多年前有一次，我棕色皮肤的小个子们厌倦了一名巫医，基奥帕多

（Kyoahpahdo），他预言了太多死亡；他们在一次狩猎探险中把他骗走，从此他再也没回来。不过这些为了群落安宁的处决很罕见。

他们的丧葬习俗也相当有意思。当一名爱斯基摩人死去，有关清理遗体的工作绝没有延迟。就在它被包裹之后，穿戴整齐，躺在构成灵床的兽皮里，还有一些额外的衣物被添上来保证灵魂的舒适。接着用一根绳子牢牢绑住尸体，把它从帐篷或雪屋中移走，总是头在前面，被拖过雪地和土地到有足够零散石头可以覆盖它的最近地点。爱斯基摩人不喜欢触碰死者身体，所以它像雪橇一样被拉走。到达被选作坟墓的地方后，他们用碎石覆盖尸体，保护它不被狗、狐狸和渡鸦叼走，这样葬礼就完成了。

根据爱斯基摩人的观念，身后世界无疑是一个物质世界。如果死者是一名猎手，他的雪橇和独木舟，还有他的武器和工具，被放在一旁，而他曾套在雪橇上的爱犬被勒死，好让它们陪伴他走上通向冥冥世界的旅程。如果死者是一名妇女，她的油灯和她曾用来晾干家里靴子和手套的小木框板被放在坟墓一边。一小块鲸脂也被放在那里，如果找得到的话，还有一些火柴，这样这名妇女就可以在路上点亮油灯并且做饭了；还要准备一个杯子或碗，使她可以融化冰雪来取水。她的缝针、针箍和其他缝纫物件都跟着她被放进坟墓。

在前些年，如果死去的女人有襁褓中的婴儿，它会被掐死来陪葬；不过我当然曾劝阻过这种习俗，并且在我最后两次探险期间，我没有听说任何被掐死的婴儿。在我自己队伍的成员中间，我曾明确地禁止这个习俗，并且向亲属们承诺充足的炼乳和其他食物来保证婴儿存活。如果他们在我不在的时候回归这个旧习俗，他们不曾把实情向我提及，他们知道我不赞成。

如果死亡发生在帐篷里，帐篷杆将被移走，帐篷被留在地上，腐烂或是被吹走。它不会再被使用。如果死亡发生在雪屋里，这个建筑将被闲置，很长一段时间不再使用。死者的亲属遵照食物和衣物方面的特定手续，并且逝者的名字不再被提起。如果部落里任何其他成员有同名的，他们必须改名，直到一名婴儿诞生才能取被禁止的名字。这看起来像是解禁。

跟处在快乐时一样，爱斯基摩人悲伤的时候也像孩子；他们为死去的朋友哀悼一些日子，然后他们就淡忘了。甚至一位对她婴儿的夭折悲痛欲绝的母亲会很快恢复笑容，转而考虑其他事情。

在一个星星有时连续好几个星期都看得见的地方，或许它们受到当地人如此多的关注就不足为奇了。爱斯基摩人在未开化的限制之内都是天文学家。在北纬地区可见的主要星座对他们来说都是熟悉的，并且他们已经给了它们自己的名字和描述。在大熊座，他们看见了一群天上的驯鹿。昴宿星对爱斯基摩人来说是一队追逐独个北极熊的狗。双子座被他们描绘为雪屋入口处的两块石头。与一些我们北美的印第安部落一样，月亮和太阳对爱斯基摩人来说象征着出逃的少女和追求她的爱慕者。

当然，时间对爱斯基摩人的价值从他个人的角度上看是小的，然而在爱斯基摩人接受白人方式的培训后，他似乎吸收了守时的重要性的优秀理念，并以令人吃惊的即时程度执行命令。

这一民族展现的为忍耐苦难而备的力量和能力是超凡的，并且我相信，不会被任何其他现存的原住民人种超越。事实是，以我们自己的标准来判断的话，爱斯基摩人的平均身材是矮小的；不过我可以给出他们中几个人的名字，他们身高 5 英尺 10 英寸，体重 185 磅。大众有关他们衣着粗陋的观点是不正确的。那种见解仅仅是凭一个人的穿着来判断人的又一实例，并且爱斯基摩人的服装准确地说也不是我们可以称作时髦式样的东西。

在我看来，这些北方原住民的皮制独木舟跟它的狩猎工具一起，是在任何原住民部落中被发现的最完整和精巧的智慧结晶之一。在轻巧的骨架上，几乎数不清数量的小木块用海豹皮带灵巧地捆扎在一起，外面再裹上鞣制的海豹皮，接缝处被妇女们整齐地缝合，然后通过海豹油和来自当地油灯的烟灰的涂抹来做防水处理。最终成果是一件具有巨大浮力、优雅线条并且对它所计划目标的明显适应性和有效性的工艺品，那就是，使猎手能够在海豹、海象或者白鲸上面轻柔且无声地划动。这种独木舟的尺寸根据拥有者和制作者而有所变化，平均宽度在20英寸和24英寸之间，长度在16英寸或18英尺。它只能承载一个人。我或许曾帮助爱斯基摩人使它更加完善一点，我提供给他们用作骨架的更加适合的材料，不过独木舟还是他们原创的。

人们一点也不认为奇怪，我开始爱上这个孩子般单纯的民族，并且珍视他们许多令人敬佩和有用的品质。因为必须被牢记的是，有接近四分之一世纪，他们比世界上任何其他人类族群被我更彻底地了解。现在这一代壮年爱斯基摩人实际上是我看着长大的。这个部落的每个独立成员——男人、女人和孩子，我都知道名字，还像老式家庭医生了解其病人一样熟悉他们的外貌，或许我们之间存在的情感也与此差别不大。并且，在这种亲密方式中获得的个人之间的了解在抵达北极的事业中也是无价的。

就拿构成最终抵达向往已久的“北纬90°”的雪橇队一部分的四人组

约克角的犬类市场

为例。四人中最年长的是乌塔（Ootah），大约34岁的年纪。这个年轻人是部落中最强健的人之一。他身高5英尺8英寸，是名优秀的猎手。我最初见到他时，他还是个小男孩。队伍中的另一员是伊京瓦（Egingwah），大约26岁，是一个重约175磅的大家伙。希格鲁（Seegloo）和乌奎亚（Ooqueah）分别约24岁和20岁。他们所有四个人都曾受培养而把我当作他们民族的赞助人、保护人和指导者。他们的能力、喜好和个人性格我都十分了解，而他们从整个部落中被选出来承担最后的巨大努力是因为我知道他们最完美地适应于在进行中的工作。

在开始我们从约克角出发的行进故事之前，应当就那些不同寻常的动物爱斯基摩犬，说上一两句，因为没有它们的协助，成功可能永远不能加冕于这些探险的努力。它们是了不起的强壮动物。可能有比它们更大型的犬类，也可能有更漂亮的；但是我怀疑这一点。其他犬类可能在喂饱的时候工作得一样好或者跑得一样快和远，但是世界上没有一种狗可以在最低的温度并且实际上没有东西吃的情况下工作这么长时间。公犬平均体重80—100磅，不过我曾有一只重125磅。雌性要稍小一点。它们的特殊身

捕鲸船结束海象狩猎返回大船

体特征有突出的鼻口、双眼之间的较大宽度、尖锐的耳朵、非常厚的皮质外加浓密且柔软的毛、肌肉发达而有力的四肢以及类似于狐狸的毛茸茸的尾巴。爱斯基摩犬只有一个种类，不过它们特征各异，具有不同的毛色，黑色、白色、灰色、黄色、褐色和杂色的。一些科学家相信它们是北极狼的直接后代，然而照例，它们跟我们家里自己的狗一样对它们主人有感情和顺从。它们的食物是肉，并且仅仅是肉。它们不能靠我所知道的任何其他食物存活，因为我曾做过试验。对于水，它们吃雪。

这些狗在一年里的任何季节都不进屋；不过在夏天和冬天，它们被牵在帐篷或雪屋附近的某个地方。它们从不被允许大批出游，以免它们走失。有时候一只特殊的宠物，或者有了小狗的母狗会被放进雪屋里一段时间；不过小爱斯基摩犬只有一个月大的时候就很强壮，可以经受严酷的冬季气候。

就给读者有关这些奇特的人的一般概念而言已经说得足够多了，那就是他们在我的北极事业里对我是如此有价值。不过我想要冒着被误解的风险再说一遍，我希望永远不会有试图让他们开化的努力。这样的努力，如

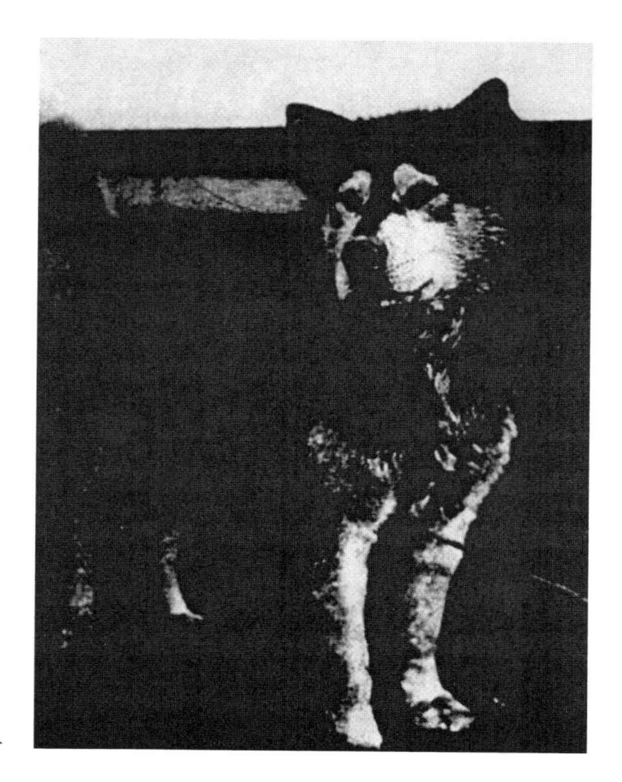

爱斯基摩犬王

果成功，将摧毁他们的原始共产主义，而原始共产主义对保持他们的存在是必要的。一旦给予他们不动产权益以及房屋和食物方面的私有财产权利的观念，他们可能会变得跟文明生物一样自私；反之，现在任何体型大于海豹的猎物都是部落的公有财产，并且没有人在他的邻居吃饱的情况下挨饿。如果某人有两套狩猎工具，他会把其中之一给一套都没有的人。只有这种同志情谊可以保护这个人种。我曾教他们一些环境卫生和自我保护的基本原则，以及简单疾病、创伤和其他意外的处理办法；不过我认为他们的开化应该到此为止。这个观点并非基于理论或偏见，不过是 18 年深入的研究和经验。

第8章　招募新兵

当8月1日罗斯福号从约克角驶出，她已经载着几个爱斯基摩家庭，他们是我们在那儿和在萨尔沃岛（Salvo Island）带上的。我们还有从爱斯基摩人那里买来的大约100条狗。当我说“买”这个字，我的意思不是用钱来支付，因为这些人没有钱也没有价值的单位。所有跟他们的交易都基于单纯的以物易物的原则。例如，如果一个爱斯基摩人有一张不需要的鹿皮，而另一个人有其他某件东西，他们就可以交易。爱斯基摩人有我们想

皮里在伊塔分发餐具给他的猎手的妻子们

要的狗，而我们有很多他们想要的东西，诸如木材、小刀和其他餐具、烹饪用具、弹药、火柴，等等。所以，就像北方佬所说，我们成交。

从约克角出发沿西北航向行进，我们通过了“腥红峭壁”，这是英国探险者约翰·罗斯爵士在1818年这样命名的。这个生动名字用来表示可以从海上几英里远的船上被看到的大量“红雪”染红的峭壁。这种颜色是由雪地原球藻带给永久积雪的，这是最低等的单体活原浆细胞。这些接近透明的凝胶状的团块从直径四分之一英寸到针头的大小，并且它们从雪和空气中吸收它们所需的极少量给养。从远处看，雪看上去像血一样。这面北极的红色旗帜在我所有的北方旅程中都向我致意。

沿着这些绵延三四十英里的峭壁航行，我的思绪在我们将面对的工作中翻转。所有任务中首先和最有必要性的是早在我们离开约克角之前就开始的包括爱斯基摩人和狗在内的全体北极成员的征召。

我们约克角之后的下一站是8月3日的北极星湾，当地人叫它乌蒙努伊（Oomunnui），位于沃斯滕霍尔姆海峡（Wolstenholm Sound）。在这儿我发现了埃里克号，她在几天前的恶劣天气期间在戴维斯海峡与我们分开。

杰塞普角卫兵

在乌蒙努伊，我们带上了两三个爱斯基摩家庭和更多的狗。乌奎亚，我北极队伍的一员，在这个地方上船；希格鲁则在约克角就已加入我们当中。

8月5日晚间，晴朗而阳光照耀的夜晚，在哈克路特岛（Hakluyt Island）和诺森伯兰岛（Northumberland Island）之间，我离开罗斯福号转移到埃里克号上，马特·亨森跟着我，为的是考察因格菲尔德湾（Ingerfield Gulf）及沿岸的不同爱斯基摩定居点。这次绕道而行的目标是获得更多的爱斯基摩人和狗。罗斯福号被派往伊塔，进行休整，为她接下来在凯恩湾及后面的航道里跟浮冰的恶斗做准备。

在这次征集我的褐色皮肤的帮手时，对我来说有一种奇怪的愉悦和忧伤的交感，因为我感觉这是最后一次了。这项工作花费了数日。我首先去了位于雷德克利夫半岛（Redcliffe Peninsula）上的卡纳（Karnah），接着到了靠近海湾顶端的康格卢克索（Kangerdlooksoah）和努纳托克索（Nunatoksoah）。在回程中，我们回到了卡纳，然后向南去到伊蒂布鲁冰川（Itiblu Glacier）附近，接着再向西北通过一条环绕海岛和海岬的曲折路线抵达位于罗伯逊湾（Robertson Bay）的库堪（Kookan），然后是索马里兹角（Cape Saumarez）的内尔克（Nerke），接着继续到伊塔，在那儿我们与罗斯福号会合，召到了所有我们所需的爱斯基摩人和狗——后者的确切数量是246条。

我们并没有把埃里克号和罗斯福号上所有的爱斯基摩人都带去遥远北方的打算——仅仅是他们中最出色的。但是如果任何家庭想要从某个定居点转移到另一个，我们很乐意帮他们一个忙。我很怀疑在七海之内的任何地方此时此刻是否有比我们更别具一格的轮船——某种为带着哭啼的孩子、吠叫的狗以及其他财产和物品的旅行的爱斯基摩人服务的免费游轮。

探险队的爱斯基摩犬（共246条）
在伊塔峡湾的小岛上

想象一下这艘人和狗遍布的船，航行在鲸鱼海峡地区适宜而无风的夏日。百无聊赖的大海和包罗万象的苍穹在日照下呈现出碧蓝色——更像那不勒斯海湾的景色而不是在北极。在纯净的空气中有一种水晶般的清澈，给了所有色彩在任何其他地方看不到的光泽——冰山闪耀的白色透出穿过它们的蓝色水脉；岩壁的深红、暖灰和浓褐，还有砂岩随笔在其间添上黄色条纹；稍远处，有时候是一小片北极绿洲的嫩绿草地；而远方地平线上是巨大内陆冰的铁青色。当小海雀迎着灿烂阳光在高空飞翔，它们看上去像森林里被早霜轻抚的叶子，秋天的第一场大风吹落它们，在空中翻飞、飘浮、回旋。北非的沙漠或许如希琴斯（Hichens）告诉我们的那么美；亚洲的雨林呈现同样鲜明的色彩；不过在我眼里，没有地方如阳光灿烂夏日里的光耀北极那般美丽动人。

8月11日埃里克号抵达伊塔，罗斯福号正在那儿等待她。狗被放在一座岛上，罗斯福号被冲洗，锅炉的废水被排出并灌满新鲜的水，炉膛被清除污垢，船货被全面清点并重新装载以使轮船准备就绪，迎接即将到来的与浮冰的遭遇战。大约300吨煤炭从埃里克号转移到罗斯福号上，还有大约50吨海象肉和鲸鱼肉。

50吨煤炭被贮藏在伊塔以备第二年罗斯福号预期的返回。水手长墨菲和客舱服务员普里查德两个人被留下负责看管，并且做好待两年的全部准备。一心想捕获麝牛和北极熊的埃里克号夏季旅客哈里·惠特尼（Harry Whitney）要求被允许跟着我的两个水手留在伊塔。他的请求被准许，惠特尼先生的行李被运上岸。

在伊塔，1907年跟随库克博士（Dr. Cook）来到北方的鲁道夫·弗兰克（Rudolph Franke）找到我，请求允许乘埃里克号回家。他给我看了一封来自库克博士的信，指示他在这个季节乘捕鲸船回家。我的船医古塞尔医生的一次身体检查显示此人患有初期坏血病，并且他正处于危急的精神状态，所以我没有选择，只有让他登上埃里克号乘船回家。被我留在伊塔的水手长墨菲是个完全值得信赖的人，并且我给他指示，阻止爱斯基摩人抢夺库克博士留在那里的补给和装备，并且准备好提供当库克博士回来时他可能需要的任何协助，因为我确信，一旦史密斯海峡完全结冰（推测起来在1月）使他能够从我确信他现在位于的埃尔斯米尔岛跨到阿诺拉托克，他就会回来。

埃里克号上有三名其他乘客，C. C. 克拉夫茨（C. C. Crafts）先生，他曾来到北方为华盛顿的卡内基学院地磁系进行一系列地磁观测，此外还有来自纽约的乔治·S. 诺顿（George S. Norton）先生和网球冠军沃尔特·A.

拉尼德（Walter A. Larned）先生。罗斯福号上的木匠——来自纽芬兰的鲍勃·巴特莱特（与船长鲍勃·巴特莱特没有亲戚关系）以及一位名叫约翰逊的海员也回到了埃里克号上。那艘船由山姆·巴特莱特执掌（鲍勃船长的叔叔），他曾在几次探险中担当我自己船的主人。

在伊塔，我们带上了另几个爱斯基摩人，其中包括乌塔和伊京瓦，他们跟我一起抵达了北极；并且我把所有剩余我不希望带到北方冬季营地的爱斯基摩人留在那里。我们保留了49个人（22个男人、17个女人、10个孩子）和246条狗。罗斯福号照常带着进入船身的煤炭、我们在拉布拉多买的70吨鲸鱼肉以及接近50头海象的肉和油脂，载重差不多到了水线。

8月18日，我们在埃里克号的伴随下离开并向北航行，那是一个极度不适宜的日子，夹杂着强劲的雨雪，来自东南的凛冽寒风使得大海波涛汹涌。当这两艘船分开时，他们用汽笛发出“再见，好运”的信号，而我们跟文明世界的最后联系也断了。

自从我回来后，我曾被问到我是否在离开我在埃里克号上的同伴时感到心情沉重，而我曾如实地回答我没有。读者肯定记得这是我第八次进入北极的探险，我以前曾多次告别补给船。反反复复会抚平最激动人心的体验的棱角。当我们从伊塔的码头向北进发，我的思绪在罗伯逊海峡浮冰的状况上；而罗伯逊海峡的浮冰比任何分界点都更引人注目——除了一个人最靠近和最爱的之外，而我把我的留在了南下3000英里的悉尼。在我们可以抵达位于谢里登角的我们盼望中的冬季营地之前，我们有大约350英里的几乎连成片的浮冰要应付。我明白越过史密斯海峡，我们可能不得不一杆一杆地缓慢行进［1杆＝16½英尺，译注］，有时候实际上是一英寸一英寸地在山一般的浮冰中顶撞、猛冲、闪躲；如果罗斯福号坚持过来了，我很有可能两三个礼拜不曾脱下衣服或者不能一次睡上一两个小时的小觉。要是我们失去了我们的船，并且不得不从富兰克林夫人湾下方或者越过那里的任何地方向南在冰面上行进，那就要跟我毕生的梦想还有很可能是我的一些同伴说再见了。

第9章　海象捕猎

海象被包括在遥远北方最独特和有力的动物群之内。不仅如此，对它们的追逐和捕捉，一个并非全无危险的过程，是每次严肃北极探险的一个重要部分，因为在我每次探险中，这些重量从1200磅一直到3000磅的硕大动物被捕杀而用于在最小时间内获取最大量的狗用肉食的目的。

在抵达伊塔前要通过的沃斯滕霍尔姆和鲸鱼海峡是捕猎海象的最佳地点。这些巨兽的捕猎是北极地区最令人兴奋和危险的运动。北极熊曾被称为北方的老虎；不过一只或两只甚至三只这样的动物之间与装备一把温彻斯特步枪的人之间的较量完全是一边倒的事件。相反，在一艘小捕鲸船里跟一群北方的狮子——海象的较量，将带给那一刻相比我所知道的北极圈内任何其他事情更多的刺激。

在最后一次探险中，我自己没有去追逐海象，而把那令人兴奋的工作留给了年轻人。在过去我曾见过这个太多次了，我最初强烈的印象有点迟钝了。我因此曾请求乔治·波鲁普以初见者的笔触为我写一篇有关海象捕猎的叙述，而他的故事是如此生动，我用他具有年轻人敏锐印象的生动和大学俚语的别致的原话呈现给读者。他说道：

“海象捕猎是我所知道的在起射线上的最佳运动。当你阻截50几头一群的海象，每只重量在一到两吨之间，它们来找你不管是否带着伤，你可有的好忙了；它们可以在新冰上冲压出八英寸的洞；它们可以爬进船里找你茬或者把你弄翻——对此我们从没有弄清也不关心，因为结果对我们应该是一样的——或者试图撞击你的船并且在上面捅出洞来。

“陷入跟一群海象的混战，当捕鲸船上的每个人都做好准备阻击登船者，用船桨、船钩、斧头击打它们头部，并且发出像足球比赛中啦啦队的叫喊声试图喝退它们；随着步枪像未经训练的加特林机枪一样发射，海象因疼痛和愤怒发出吼叫，发疯地猛冲到水面上，带起水花到空中，直到你以为一大群喷泉就在离你很近的范围内喷发——噢，那太棒了！

“当我们在捕猎海象时，罗斯福号会在一边航行，所有人都在密切注意。接着一个眼尖的爱斯基摩人大声喊出，‘阿威克索！’或者可能是‘阿威克泰迪克索！’（‘海象！好多海象！’）

“我们会注意看是否有足够多的动物值得进行一次突袭；接着，如果预期是令人满意的，罗斯福号会在背风面航行，因为如果它们闻到她的烟味，它们会清醒并且我们将再也看不见它们。

“亨森、麦克米兰和我过去经常轮流追逐这些巨兽。四五个爱斯基摩人、一名水手和一艘捕鲸船被分配给我们每一个。船被涂成白色来伪装成浮冰块，并且桨架都被裹住，这样我们可以尽可能无声地抄袭。

“一旦我们看见值得我们发动袭击的一群，我们会大声呼喊我们的人，‘弄醒她！’而我们会全部跳起来。在迅速而仔细地留意一下是否我们有四五把船桨、五把鱼叉、绳索、浮囊、两把步枪和弹药之后，我们会尖叫，‘准备放下小艇’；当罗斯福号放慢速度，我们会从吊绳滑下，操纵船桨，出去找麻烦——我们通常可以找到。

“我们会尽可能地接近冰面上的海象。如果它们正睡得香，我们可以划到五码之内，用鱼叉戳中一对海象；不过一般当我们在 20 码远的距离，它们会醒过来，并且开始滑进水里。我们会随之开枪，并且如果它们攻击我们，可以很容易用鱼叉叉它们；然而如果它们开始离开冰面，在我们足够接近可以把鱼叉紧紧扎入它们的皮里之前，这可能是一场马拉松比赛。

“一头海象被杀死时会像一吨铅块一样沉入海底，而我们的职责是在那种情况发生之前使鱼叉进入它的身体。鱼叉是用一条由海豹皮制成的皮带固定在浮囊上的，而浮囊是由整张海豹皮制成，它被灌满空气来获得浮力。

“我们很快学会要留心的一件事情是，让这条在被抛出前像套索一样整齐盘绕的皮带有正确的方向和它所需要的全部空间；因为如果它碰巧缠住我们中某一位的腿而当另一端正固定在海象身上，我们会错失那位有用的成员，他会被拖入水里——可能被淹死。

“现在参加与这些怪兽的混战的全体人员培养了在短到令人吃惊的时间里高度有秩序的团队行动。水手指挥，四个爱斯基摩人划桨，而坐在船头的是最好的鱼叉手，我们中还有一人在他一旁。前面的两个人会跟划桨的人轮换，如果我们需要长距离追逐的话。

“我将永远不会忘记初次与一群海象的混战。我们在两英里外看见大约十头海象，麦克米兰和我、水手丹尼斯·墨菲和三个爱斯基摩人操纵一艘捕鲸船，我们出发了。在离海象约 200 码的地方，我们都停止划桨并且让墨菲摇短桨推动我们前进，同时麦克和我并排蹲伏在船头，爱斯基摩人握着他们的鱼叉在我们后面准备就绪。

“当我们在离兽群约 20 码时，一头公海象醒了，咕哝了一声，捅了另一头一下，弄醒它，接着——砰！砰！砰！我们开火了。麦克有一把温彻斯特自动步枪，他迅速地开了五枪，在第一颗子弹离开枪口之前另四发已经跟上。他击倒了一头大公象，它震颤着扑通滚入水中，顿时水花飞溅。我击中一对，它们伴着疼痛和愤怒的嘶哑咕哝声双双从冰面蠕动到水里，潜水游出了视线。船迅速接近麦克的公象5码之内，一个爱斯基摩人用力投出鱼叉，击中了这头巨象，并且把兽皮浮囊扔下船。在这场竞技的这个阶段，原先在水下捕食的其他约40头海象浮到水面来看是什么发出的声响，它们从嘴里吐出蛤壳并且发出鼻息声。水里挤满了猛兽，它们中的很多个离我们如此之近，以至于我们可以用船桨击中它们。通过很棒的一投，一根鱼叉进入了另一头海象的身体；而就在那时，当我的弹夹空了，事情开始发生在我们身上。

“突然一头大公象，尾随着另两头负伤的海象，来到20码开外的水面上，大声呼嚎并且冲了过来。爱斯基摩人见势不妙，他们抓起船桨，开始用它们敲击船的舷缘，像有很多汽笛一样喊叫，希望可以吓退入侵者；不过他们也可能是轻哼摇篮曲。

“以前从来没有射击过任何比鸟更大的活物的麦克很冷静，当我们摆脱了三头追逐的海象，他的自动枪砰砰发射。它们无数的同伴们加入到一片喧嚣声中；而步枪的爆裂声、爱斯基摩人的呐喊和重击声，伴着被激怒野兽的低吼声，听上去像维苏威火山炸掉了它的顶盖。我们击沉了一头海象，接着打残了另一头；但是最大的一头潜过来，就在船边发出鼻息，它把水喷到了我们脸上。就在我们的枪几乎碰到他的脑袋时，我们开枪了——而它开始下沉。随着一片胜利的欢呼，爱斯基摩人用鱼叉叉中了它。

“接着我们发信号给罗斯福号让她靠近，死去海象的朋友和邻居们刚一闻到烟味，它们就无影无踪了。

“在这次捕猎中，就像所有其他我曾参与的海象捕猎一样，我总是很难不去打爆一个浮囊。它们是黑色的，用最怪异的方式跳来跳去，以至于它们看上去像是活的。我知道如果我打中一只，我永远不会再听到它的结局，所以要特别小心。

“另一次，我们选中了睡在冰面上的一群50几头的海象。风正刮得相当猛烈，从捕鲸船上准确射击从来不易，那是在起伏不定的大海臂弯里跳步态舞。当我们距离冰块20码时，我们开火了。我击中一两头海象，不过没有杀死它们。这些巨兽发出暴躁的咕哝声，蠕动进海水里。它们朝我们的方向过来，而站在一边的所有人员向拜访者展示我们有多乐意祝离开的客人一路平安——我们展示的方式是此前已经描绘过的声音和器械的方式。

“维沙库普西（Wesharkoopsi），一个爱斯基摩人，站在我右后方，他曾反复告诉我们他是运用鱼叉的专家，正在做恐吓的手势，这对任何靠近我们的海象都是个凶兆。

“突然，伴着响亮的一声‘乌克！乌克！’，一头公象就在我身旁像巨大的玩偶盒一样升起，照例给我们冲了个澡，并且它的两颗长牙都上了船舷上缘。

“维沙库普西没有预料到这样近在咫尺的战斗，他变得惊慌失措。他丢掉了应该抛出的鱼叉，疯狂地呼喊，并且开始向怪兽的脸吐口水。毋庸讳言，我们从此再没有带维沙库普西去捕鲸船上捕猎海象。

“其他人都在大声呼喊，用英语和爱斯基摩语咒骂维沙库普西、海象和所有的一切；一些人试图击打野兽，其他人在倒划。

在罗斯福号甲板上吊起一头海象

“我并不急于在当时验证一句北极探险者格言的正确性：‘如果一头海象把它的长牙搁在船的一边，你切不可击中它，因为这样的行为会诱使它倒划并弄翻你；而应该轻轻地握住这两千磅怪兽的长牙并把它推下船’——或者是类似效果的话语。如果这头海象把它的长牙放在离我四分之一英寸远的地方，它会把它们完全搁在船舷上缘；所以我手持步枪，把关键的一端戳中拜访者的面门，让它尝尝子弹的味道——这结了它的账。

“那头海象曾试图弄翻我们，不过几乎在刹那间，另一头海象尝试了游戏的另一种新变化，一次几乎成功使我们下沉的努力——一次合格的扑抱。

“它是一头已经中了爱斯基摩人鱼叉的大公象。通过迅速攻击浮囊并使其退出任务，它展示了它有多大能耐，接着它继续拐走了鱼叉、浮囊和所有东西。它恰巧靠近我在船上的一端，我向它射击：不过是否击中目标我自己也不知道。无论如何，它下潜了，而当我们都在四下寻找，等它出现时，我们的小艇在船尾下方被什么东西剧烈地撞击——如此猛烈以至于撞翻了正站在那儿平静地摇桨的水手长。

“我们的朋友正变得有一点过于紧张了；不过在我可以再次射击之前它下潜了，并且在50码远处又探了出来。接着我用一颗子弹击中了它，它消失了。也许在随后的几分钟里，我们都不是在那艘船上的焦急人群，因为我们知道那样的水下地震在任何情况下都有另一次爆发的预期——但那是在什么时间和什么地方呢！我们紧盯着水的表面，看如有可能下一次袭击会从哪个方向到来。

“再一次跟上次一样的角逐而我们都会陷入进去——即是字面上的也是比喻的意思；因为它在船底打穿了一个大洞，并且由于她有双层底，我们不能检查漏洞，一个人不得不迅速地往外舀水。我们总是随船带着很多旧衣服用来堵住船上的洞，不过在这样的情形下，他们可能把手绢也都用上了。

“突然，一个正在边上查看的爱斯基摩人大喊道：‘金吉穆特！金吉穆特！’（‘船往后退！船往后退！’）但是话几乎还没说出口，这时——哗啦！嘶！砰！——船尾在冲击下抬起，水手长几乎被震到船外，一个爱斯基摩人在空中抓住了他，一个我可以把两个拳头都伸进去的洞突然出现在他脚的一英寸范围之内，就在吃水线上面。

“我从舷缘上面看去。这头野兽仰面躺在那里，长牙竖立在船尾下面；接着伴随迅速的扑通一声，它下潜了。人们使出他们惯用的手腕来吓退它。它在15码远处出现，发出它的战斗口号，‘乌克！乌克！乌克！’来警告我们小心有麻烦，并且像一艘鱼雷艇、驱逐舰或者一辆被骑警开上路的无顶盖汽车一样划破鲸鱼海峡的水面。

“我将我的速射枪投入竞赛并且击沉了它；接着我们冲向最近的冰块，并且在恰到好处的时候到了那儿。”

我来接着说波鲁普剩下的故事，当第一头受伤的海象被子弹射中，并且浮囊都被放下，一把船桨被竖立在船上作为信号，罗斯福号会驶近。浮囊和绳索会被收到船的围栏上，海象浮到水面上，插入一只鱼钩，甲板上的绞车把怪兽吊上船，以备稍后用爱斯基摩人专业的刀具剥皮和切碎。然

在联合角被杀死的独角鲸，1909年7月
曾被捕获的最北面的标本

而这项工作还要继续，船甲板看上去像屠宰场，上面还有贪婪的狗——在旅程的这一阶段，我们已经有了约150条——在等待，双耳竖立，双眼放光，为的是抓住爱斯基摩人扔给它们的渣滓。

在鲸鱼海峡地区，我们有时候可以捕获独角鲸和驯鹿，不过在这最后一次上行旅程中没有独角鲸捕猎可说。海象、独角鲸和海豹肉对狗是有价值的食物，不过白种人通常并不能享用它——除非他快饿死了。然而很多次，在我23年北极探险索期间，我曾因为一口生狗肉而感谢上帝。

第10章　叩响北极之门

从伊塔到谢里登角！想象一下大约350英里几乎坚硬的浮冰——所有形状和大小的浮冰，山一样的浮冰、平坦的浮冰、参差不平和扭曲的浮冰、展现在水面上的每英尺高度就有七英尺藏在水下的浮冰——为恶魔和泰坦准备的情节效果，使得但丁地狱的冰封界看上去像滑冰池。

接着想象一下一艘黑色小船，跟任何由凡人的手建造的轮船一样结实、坚固、紧密、高效和耐久，然而跟她必须与之战斗的白色冰冷对手相比完全微不足道。而在这艘小船上有69个人，男人、女人和孩子，白人和爱斯基摩人，他们曾经出发进入巴芬湾和极地海洋之间疯狂的挤满浮冰的通道——出发去帮忙证明几个世纪以来曾蛊惑世界上最勇敢心灵的梦想的真实性，一把为了追求它有人受冻、挨饿和死亡的鬼火。曾在我们耳边回响的音乐，有246条野生狗的吠叫作为旋律，有随着海潮的推动而在我们周围涌动的冰块低沉的呜咽作为低音伴奏，还有我们在浮冰上撞击的震动作为重音。

1908年8月18日下午，我们越过格陵兰伊塔向北航行，进入一片迷雾中。这是罗斯福号旅程的最后阶段的开始。所有现在在船上的人，如果他们活着，会跟着我直到下一年的返回。作为在我们前方等着我们的事情的不友好提醒，即使我们因大雾而半速行进，我们还是在从码头出来不远的路程中撞上一座小冰山。假使罗斯福号是一艘普通的船而不是她所成为的冰斗士，我的故事也许就在这里结束了。正因为她是，撞击产生的震动把很多东西都震得嘎吱作响。不过冰山比船伤得更重，船只是像刚出水的狗一样摇晃自己，而冰山的主体在我们给它的打击下重重地倾斜到一边，被我们折断的一大块碎片搅动了另一边的水面，罗斯福号从中间擦过并且继续前行。

这次小事故给了我队伍中的新成员强烈的印象，而我认为没有必要告诉他们相对于稍远处为我们准备着的更沉重浮冰的狭口之间的吱嘎声，那只是蚊子咬而已。我们正朝着埃尔斯米尔地一侧的西北方向艰难前行，前往有着可怕记忆的萨宾角。随着我们进一步航行，浮冰变得更厚，我们不得不向南转绕开它，在松散的浮冰中间缓慢航行。罗斯福号避开较重的浮冰；但是对于较轻的浮冰，她轻而易举地推挤到一边去。在布雷武特岛（Brevoort Island）以南，我们幸运地发现了一条未结冰水面，并且再次保持靠近海岸向北航行。

必须记住从伊塔到谢里登角，这条路线的较大部分中，两边的海岸是清晰可见的——东面是格陵兰海岸，西面是埃尔斯米尔地和格兰特地的海岸。在比奇角（Cape Beechey），那里是最狭窄和最危险的部分，海峡只有 11 英里宽，并且当空气清澈时，看上去一颗步枪子弹几乎可以从一边发射到另一边。除了罕见的季节以外，这些水域挤满了最沉重类型的冰块，它们持续地从极地海洋朝巴芬湾向南漂浮。

是否这条海峡由亚当以前的冰川在坚实陆地上雕刻出来，或者它是由格陵兰从格兰特地的折断形成的巨大裂缝，是一个地理学家尚未解决的问题；不过对于困难和危险，整个北极地区之内没有地方可以与之相比。

很难让一个外行人理解罗斯福号在其中杀开出路的浮冰的本质。大部分人想象北极地区的浮冰由海水直接结冰而形成；不过只是在夏季，非常少的浮冰具有那种性质。那是由因与其他浮冰和陆地碰触而从北格兰特地的冰川外缘折断的大块浮冰组成，并且在强烈的潮汐推力下被往南驱赶。在那里看见 80 英尺到 100 英尺之间厚度的冰块都习以为常。由于这些沉重浮冰的八分之七都在水面下，人们不能认识到它们有多厚，直到他们看见一个巨大团块因其后面冰块的压力而被推上岸，高高地站立在水面上 80 英尺或 100 英尺，像一个银色城堡守卫着这带点夸张的被冰块阻塞的莱茵河沿岸。

伊塔和谢里登角之间狭窄和塞满浮冰的海峡的航行长期被认为是完全不可能的，罗斯福号之外，只有四艘船曾成功走完它的任何足够长的部分。在这四艘船里，其中一艘北极星号失踪了。另三艘警戒号、发现号（Discovery）和普洛透斯号（Proteus）安全地完成上行和返回航程；不过其中的一艘，普洛透斯号，在试图重复冲击时失事了。罗斯福号在 1905—1906 年的探险中完成上行和返回航程，不过她在返回时被严重地损毁。

向北行进，罗斯福号有必要沿着海岸走一段路程，因为只有靠近海岸，才可以发现能够让船前进的水面。有了在一侧的岸冰以及另一侧移动的中心冰块，冲入的潮水几乎肯定给我们向前航行的间或时机。

这条海峡是来自南面巴芬湾和北面林肯海（Lincoln Sea）的潮水的汇合点，实际汇合地点大约在弗雷泽角（Cape Frazer）。那个地点以南潮向向北，而它的北面潮向向南。在极地海洋的海岸上平均潮升只有一英尺多一点，有人或许会基于这样的事实来判断这些潮水的力量，然而在海峡的最狭窄部分，涨潮和落潮之间有 12 英尺或 14 英尺的落差。

一般说来，眺望这条海峡，那里似乎看不到水面——只有参差不齐的冰块。当潮水退落时，船沿着海岸和中间的移动冰块之间的狭窄水路，完全靠她的力量向前推进；接着，当潮向开始猛烈地向南冲来，船必须赶忙躲避到岸冰的一些凹陷里，或者一些岩石尖角后面，来保存自己避免被摧毁或者被再度向南驱赶。

然而，这种方式的航行是一种持续的冒险，由于它将轮船保持在不可移动的岩石和沉重而快速漂流的冰块之间，始终存在着被挤在两者之间的可能性。我对这些海峡的浮冰情况和航行的了解完全是我自己的，是在前些年沿海岸旅行并且专为此目的研究它们所获得的。在我历次探险中，我曾步行走过海岸线上的每一英尺，从南面的派尔港（Payer Harbor）到北面的约瑟夫·亨利角（Cape Joseph Henry），有三到八次。我知道那条海岸的每一个凹陷、每一个可能的船只隐蔽处、每一个冰山通常搁浅的地方和潮水最强的地方，就跟纽约港里的拖船船长对北河岸边的码头的了解一样精确。当巴特莱特不确定是否冒着找不到轮船的隐蔽处的风险而行驶时，我通常可以对他说：

“在某某地方，离这里那样远，在一条小河的三角洲后面是一个小凹陷，如果需要的话，我们可以把罗斯福号驶入”；或者：

“冰山几乎不变地在这里搁浅，而我们可以在它们后面隐蔽”；或者：

“这里是一个绝对要避开的地点，因为稍有刺激，浮冰就会在此堆积，以这种方式那会摧毁任何飘浮的船。”

正是这种对埃尔斯米尔地和格兰特地海岸的详细了解，结合巴特莱特的能量和浮冰经验，使我们能够四次通过这条腹背受敌的北极海峡。

大雾在第一个晚上9点左右升起，阳光隐约透过云层，而当我们经过埃尔斯米尔地一侧的派尔港时，我们看见我在1901—1902年过冬的房子在雪地里清晰的轮廓。一看见这个地方，大量的记忆向我涌来。正是在派尔港，1900年9月到1901年5月皮里夫人和我的小女儿在迎风号（Windward）上等着我，那一年的浮冰过于密集，船既不能抵达我所在的向上300英里的康格堡，也不能重新找到未结冰水面向南回家。那是在春天我被迫返回林肯湾，因为我的爱斯基摩人和狗的精疲力竭使得向极点冲刺成为不可能。就是在派尔港，我重新回到我的家庭；就是在派尔港，我离开他们，决定为了达成目标再搏一次。

“再搏一次，”我在1902年说过；不过我只抵达84°17′。

“再搏一次，”我在1905年说过；不过我只抵达87°6′。

而现在，再一次在派尔港，在1908年8月18日，那仍旧是“再搏一次！”只有这次我知道这是最后一次，说真的，无论什么结果。

在那天晚上10点，我们驶经萨宾角荒凉、狂风拂扫和冰雪雕琢的岩石，这个地点标志着北极历史中最昏暗的篇章之一，在这里格里利不幸的队伍在1884年慢慢地因饥饿而死——24人中只有7名幸存者被一支队伍救出！由这些人在他们生命中的最后一年为了庇护而建造的简陋石屋的废墟在萨宾角萧瑟的北岸仍旧可以看见，离萨宾角顶端只有两三英里。在北极地区的任何其他地方是否可以发现更加荒凉和无遮蔽的宿营地点值得怀疑，这里完全暴露于来自北方的刺骨寒风，被背后的岩石隔断了来自南方太阳的光线，并且被从北面凯恩湾汹涌而下的冰块围困。

1896年8月，我在一场茫茫雪暴中第一次看到这个地方，降雪如此密集以至于在任何方向都不可能看到几码之外的东西。那一天的印象永远不会被忘记——目睹惨状的悲悯和令人反胃的感觉。对我来说整个故事最可悲的部分是知道惨剧是不必要的，那可以被避免。我的队员和我都曾在北极挨冻和接近于挨饿，这时候寒冷和饥饿不可避免；不过萨宾角的种种惨状却不是必然的。它们是美国北极探险记录中的污点。

从萨宾角往北，有很多未结冰水面，我们开始考虑向着南风摆正三角帆；但是不久之后，北面浮冰的出现令我们改变了主意。大约在伊塔以北60英里，我们在由维多利亚岬（Victoria Head）脱落的冰块中完全停顿下来。在那儿我们耽搁了几个小时；不过时间并没有完全被浪费，因为我们用来自一块浮冰上的冰块灌满了我们的液体舱。

在第二天的午后，从南面来的风逐渐加强，我们随着冰块缓慢地向北漂流。几个小时之后，大风开始在冰块中间形成几片开放水面，我们向西朝着陆地航行，浪花从甲板上四处飞溅。一个爱斯基摩人声称这是魔鬼正在向我们吐口水。在几英里之后，我们遭遇更密集的冰块并且再一次停下来。

古塞尔医生、麦克米兰和波鲁普正忙着在捕鲸船里储存食物和医疗补给，以备紧急情况之需。假使罗斯福号被浮冰挤压或沉没，我们可以马上放下适于一次航行并为此而装备的捕鲸船，回到爱斯基摩人的土地——从那里乘坐某艘捕鲸船回到文明世界，或者是在一艘第二年由皮里北极俱乐部派遣的装载煤炭的轮船里，当然，那已经意味着探险的失败。

在六艘捕鲸船上每一艘都放置了一个箱子，里面装有12个6磅干肉饼罐头，这是在北极探险中使用的压缩肉食；两个25磅饼干罐头；两个5磅糖罐头、几磅咖啡和几罐炼乳；一个油炉和五个一加仑油罐；一把带有100发子弹的步枪和一把50发的霰弹枪；火柴、一把短柄小斧、小刀、一个开罐器、盐、针和线；还有以下医疗补给品：肠线和缝合针、绷带和棉花、奎宁、止血药（丹宁酸）、纱布、石膏外科搽剂、硼酸和扑粉。

这些船被悬挂在吊柱上，装有足额的船桨、桅杆、帆等以及上述使它们适合于一周或十天航行的应急装备。在离开伊塔的时候，诸如茶叶、咖啡、糖、油、干肉饼和饼干等基本补给品被装填在甲板上，靠近两边的围栏，准备好即刻越过围栏被扔到冰面上，以防船被挤压。

在船上的每一个人，包括船员和爱斯基摩人，都准备好一个被塞满的小包袱，在放下捕鲸船并且把装载在靠近船围栏地方的必须补给品扔到冰面上之后，立刻翻越到另一边去。没有人考虑按习惯脱衣服；在伊塔和谢里登角之间我敢于享用我船舱里的浴缸的全部时间里，它可能也只是一个行李箱。

第11章　冰封营地

在上行航程中，没有时间应该被浪费掉，而且我的爱斯基摩人或许也没有太多闲暇来考虑持续威胁他们漂浮的家的危险，我让他们所有人保持忙碌。男人们投入到制作雪橇和狗套的工作中去，这样当我们抵达谢里登角，如果我们到得了的话，我们可以为秋季狩猎做好准备。我有原料带在船上，而且每个爱斯基摩人为自己制作一把雪橇，在其中投入他的最佳手艺。这一爱斯基摩人在个人成就方面的骄傲对我是重大贡献，并且得到了特殊奖励和赞赏的激励。

爱斯基摩妇女在离开伊塔后被尽可能早地投入我们冬季服装方面的工作中去，这样如果我们弃船的事情发生，每个人都有一套舒适的服装。在北方，我们实际上穿着跟爱斯基摩人一样的衣服，包括内有软毛的长袜。否则我们的双脚会经常受冻而不是偶尔几次。一个离开丝袜不能生存的人最好不要尝试征服北极。由于包括爱斯基摩人在内，我们加在一起有69人——男人、女人和小孩在船上，可以看出有相当多的缝纫工作要做。旧衣服必须被检查和修补，还要做新衣服。

最糟糕的与冰的搏斗没有立即开始，而探险队的新成员麦克米兰、波鲁普和古塞尔医生，最初十分感兴趣于观察爱斯基摩妇女做缝纫。他们坐在任何方便的地方，椅子上、平台上或者地板上。在他们自己的住处，他们脱掉鞋袜，抬起一只脚，并且在脚趾间夹住布料的一端，一遍又一遍从他们向外缝合接缝，而不是像我们的妇女那样向内朝着他们。爱斯基摩妇女的脚差不多是第三只手，这项工作在拇趾和次趾之间控制。

爱斯基摩妇女对她们自己的制衣技能很有自信，而且她们以好脾气和出众的容忍采纳来自没有经验的白人的建议。当一位北方佳丽正在把巴特莱特在春季雪橇旅行中穿着的衣服变得合身的时候，他急切地催促她给他足够的空间。她的回答夹杂着爱斯基摩语和英语：

“你就相信我吧，船长！当你动身向北极点出发，你会需要一根腰带系在外套上，不是衬料。”她曾看见我和我的队员从上次雪橇旅行中返回，她知道长期持续的疲劳和食物缺乏在使衣服更宽松方面的影响。

爱斯基摩人可以自由使用这艘船，不过前甲板左舷的舱室是完全给他们用的。一个由装货箱组成三四英尺高的宽阔平台被放置在甲板舱室的墙周围，给他们睡在上面。每个家庭有他们自己的住处，用厚木板隔断，在前面用帘布遮蔽。他们烧煮他们自己的肉食和任何其他他们想吃的，而这艘船的膳务员珀西为他们提供茶和咖啡。如果他们吃烘豆，或者肉末，或者任何出自船上库房的那种类型的东西，那是由珀西为他们做的；并且他也为他们供应他著名的面包，其清淡和酥脆在全世界都是无法超越的。

爱斯基摩人看上去总是在吃东西。他们没有为一群人准备的桌子，因为他们并不倾向于有规律的进餐时间；而是每个家庭吃他们自己的，随胃口支配。我给过他们壶、平底锅、盘子、杯子、小碟、小刀、叉和油炉。他们白天和晚上都被允许进入船上的厨房；但是珀西总是和蔼可亲，而爱斯基摩人最后终于懂得不在他用于煮肉的水里洗手。

第三天，天气坏透了。不间断地下雨，并且有强劲的南风。主甲板上的狗群垂头丧气地耷拉着尾巴闲站着。只有在喂食时间，它们才打起精神相互打斗或撕咬。大部分时间船是静止的，或者随着浮冰朝多宾湾（Dobbin Bay）的入口缓慢浮动。当最后浮冰松开时，我们在未结冰水面前行约十英里——接着操舵索断了，而我们不得不停下来修理，未能充分利用仍旧在我们面前的大片水域。那股缆绳断裂的时候船长的言词我就留给读者来想象了。假使这场事故发生的时候船恰巧在两大块浮冰之间，北极点的堡垒或许依然不会被攻破。当我们可以出发时已经过了午夜，而在半小时之后，我们再度因不可越过的冰块而停下来。

第四天，我们一整天都平静地停泊，有时来自玛丽公主湾（Princess Marie Bay）的微风使我们缓慢向东移动；不过，由于阳光灿烂，我们利用时间晒干因为前两天几乎不断的雨雪而湿漉漉的衣服。由于这时在北极仍是夏季，我们并没有感受到寒冷。浮冰之间的水池在慢慢扩大，而在晚上 9 点，我们再次上路，不过在 11 点我们进入一片迷雾。整个晚上我们在浮冰中钻进挤出蜿蜒而行，这些冰块虽然厚但对罗斯福号来说却不算沉重，只有一两次我们不得不后退。一艘普通的船是无论如何不能前进的。

轮机长沃德威尔跟他的助手们一样值 8 小时或 12 小时的夜班，并且在通过这些危险的海峡的过程中，他几乎总是在机舱里，观察机器来查看没有它的部件在关键时刻发生故障——这可能意味着船的损失。当我们夹在两大块浮冰之间强行通过，我会通过从驾驶台连接到机舱的管道喊话下来：

“轮机长，无论发生什么，你必须让船保持移动直到我给你命令。”

有时候船会被卡在两块正在缓慢靠近的浮冰的棱角之间。在这样一个时刻，一分钟就是永恒。我会从管道传话给沃德威尔，“你必须现在就让她跳过去，50码的长度，”或者任何可能的话。并且我能感觉到船在我身下颤动，就好像她在从锅炉直接喷射入52英寸低压气缸的新鲜蒸汽的推动下做飞跃一样。

罗斯福号的蒸汽发动机具有所谓的旁通管，通过它新鲜蒸汽可以进入大气缸，在几分钟内提升蒸汽发动机的压力两倍以上。这一点简单的机械装置曾在不止一次的场合中拯救我们免遭压平。

一艘船在两块浮冰之间的毁灭并不是一瞬间的事儿，比方说，就像她被水雷摧毁一般。那是来自两边缓慢而逐渐增加的压力，有时候直到冰块在船的要害部位相触。轮船也许这样停住，悬浮在两块浮冰之间达24小时或者直到潮汐运动舒缓了压力，这时她将沉没。冰块可能最初打开仅仅足够使船体下落，而桅横杆的两端可能钩住冰块并且因为灌满水的船体的重量而折断，就像不幸的珍妮特号的情形一样。在圣劳伦斯湾（Gulf of St. Lawrence），有一艘船被夹在浮冰中，像肉豆蔻磨碎机上的肉豆蔻一样被拖过岩石。船底被切开，就像用小刀切黄瓜，这样在船舱里的铁鲸脂罐掉了出来。这艘船变得空空如也，只有长方体的侧边和两段。她停留了大约24小时，被浮冰紧咬住，然后下沉。

8月22日，第五天，我们的幸运星肯定是加班工作了，因为我们做了非凡的航行——超过100英里，一直到了肯尼迪海峡的中段，没有被浮冰或大雾打断！午夜，刚过利伯角（Cape Lieber），太阳穿过云层喷薄而出。这看来是个好兆头。

这样的好运气能继续吗？尽管我的期望很高，以前旅行的经验提醒我，最闪亮的金币总有相反的一面。在一天之内，我们已经行驶了肯尼迪海峡的全部长度，并且我们直接面对的只有零散的浮冰。但是罗伯逊海峡在前方伸展，只有大约30英里开外，并且了解罗伯逊海峡的航海者从不会对它备着好东西等着他抱有期望。

很快我们就遭遇到浮冰和大雾，并且，在寻找缝隙中缓慢前行的同时，我们被迫在1871—1872年北极星号的冬季营地感谢上帝港（Thank God Harbor）横穿到格陵兰海岸。我曾提及航线在落潮时经常位于陆地和移动的中心冰块之间；不过读者一定不要设想这是一条畅通无阻的航线。相反地，它的通行意味着与较小冰块的持续冲撞，和对较大块的不断闪避。

当然，在全部时间蒸汽机都是发动的，像我们自己一样，随时为一切做好准备。当冰块不再沉重到彻底无法通过时，全速航行的船不断来回移动，顶撞和突击浮冰。有时候一次突击会使船向前她的一半长度，有时候是她的整个长度——有时候一英寸也没有。当集锅炉的所有蒸汽之力我们却无论如何不能前进的时候，我们等待浮冰松开，并且节省我们的煤炭。我们并不介意把船当成攻城槌来用——她正是为此而做的；但是过了伊塔之后煤炭是宝贵的，它的每一盎司必须产出向北航行的全额回报。眼下在我们煤仓里的煤炭是直到下一年我们返回之前的全部所有，那时候皮里北极俱乐部会派一艘船在伊塔与我们相会。

必须记得的是，在所有这些时间里，我们都是在阳光不断的地区，在极昼的季节里。有时候天气是多雾的，有时候是多云，有时候是晴天；不过没有黑暗。日与夜的周期只能通过我们的手表来衡量——在这些海峡中通行期间，并不能通过睡觉和清醒来衡量，因为我们只在那些小间隙无事

在鲸鱼海峡地区看见的午夜太阳

可做的时候才睡觉。得不到休息的惊醒症是我们为旅程付出的代价。

巴特莱特的判断是可靠的，不过当船和探险的命运在悬而未决中摇摆时，船舱对我没有任何吸引力。此外还有，当船顶撞冰块时，撞击的震动应该让睡神自己每隔几分钟都坐起身揉一揉眼睛。

归咎于较沉重冰块惊人和无法抵御的特性，如果一艘船在任何时候完完全全地被两块巨大浮冰夹住，她是彻底无助的。在这样的情形中，对于人工设计或建造的任何装置都无处可逃。不止一次，两大块蓝色浮冰的随手一捏已经使罗斯福号184英尺的完整长度像小提琴琴弦一样颤动。平时，在之前描述过的旁通管气缸的压力之下，轮船会像障碍赛跑者跨越障碍一样把自己抬高到浮冰上。那是一场光荣的战斗——船面对人类最寒冷并且可能是最古老敌人的冲击，因为这冰川期冰块的年龄无从计算。有时候，当罗斯福号包着钢皮的船头刚好将浮冰一分为二，裂开的冰块会发出

桅杆瞭望台上的巴特莱特船长

狂怒的咆哮，仿佛在它背后有着跟顽固入侵者——人类进行斗争的被侵犯远古北极的所有愤怒。有时候，当船在特别危险的时刻，船上的爱斯基摩人会发起他们奇特的原始吟诵——召唤他们先人的灵魂从冥界归来帮助我们。

在罗斯福号的这次最后探险中，跟之前一次一样，我经常看见锅炉工从船的内部出来，长出一口气，看一眼我们面前的那块浮冰，愠怒地咕哝一声：

“老天作证，她必须得过去！”

接着他再度下到炉口里，不到一会儿，额外的一股黑烟会从烟囱升起，我知道蒸汽压力正在升高。

在旅程的最糟糕部分里，巴特莱特花费了大部分时间在桅杆瞭望台里，那是在主桅杆顶部的木桶瞭望台。我会爬上就在桅杆瞭望台下方的绳索，在那儿我可以看见前方并与巴特莱特交谈，用我自己的观点支援他的观点，当有必要时，在更加危险的地方，替他释放过于沉重的责任。

与巴特莱特一起高高地坚守在颤动的绳索上，凝视遥远前方寻找一道未结冰水面，研究向我们挤压的浮冰的移动，我会听见他向着我们下方的船大喊，好似在哄诱她、激励她、命令她为我们凿出一条通过坚硬浮冰的路线：

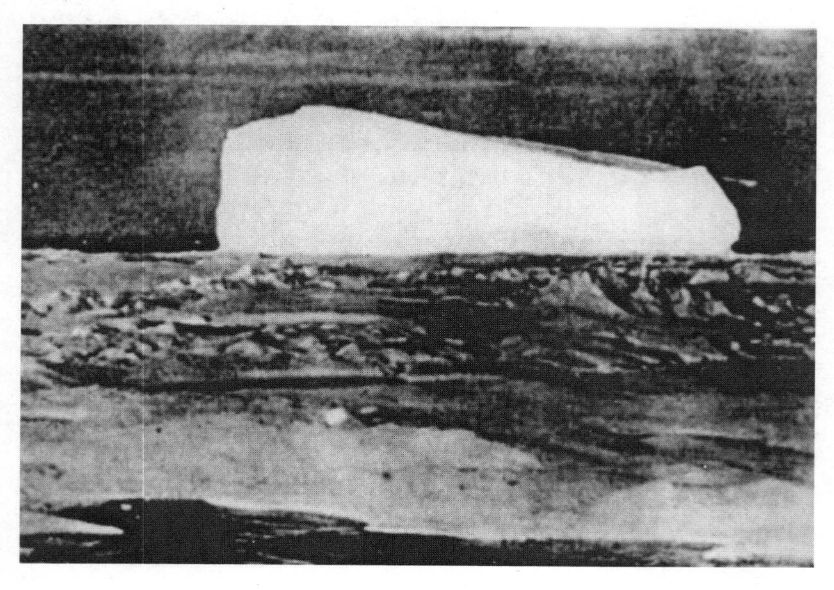

平板状的冰山和浮冰

“撕裂他们，泰迪！把他们咬成两半！加油！那很好，我的美人！现在再来！再来一次！”

在这样一个时刻，这位英勇的不屈不挠的年轻纽芬兰船长身后的一代又一代冰与海的斗士似乎都在他身上重新活过了那些带着英格兰的旗帜环游世界的艰苦岁月。

第12章　继续与冰搏斗

叙述罗斯福号这次上行旅程发生的所有事件需要写一本书。当我们没有跟浮冰搏斗时，我们正在闪躲它，或者更糟糕，正躲在海岸的某个凹陷里等待机会做更多搏斗。星期天，离开伊塔后的第六天，水面仍旧相当开阔，而我们进展顺利直到下午 1 点，当我们正在接近林肯湾时被冰块举起。一根缆绳被放出，船抛锚在一大块浮冰上，这块浮冰向北延伸两英里，向东也有几英里。当时正向北流动的潮水携带着较小的冰块，把罗斯福号留在了一个有点像湖的地方。当我们正在那儿休息时，一些人观察到在我们所依附的大块浮冰上较远处有一个黑色物体，古塞尔医生和波鲁普以及两个爱斯基摩人出发去侦察。这样跨越浮冰的行走是危险的，因为冰块布满了裂缝，其中一些相当宽，而那一天的裂缝大部分被最近的降雪所掩盖。在跳过一条水道时，这些人差一点被淹死，而当他们抵达他们所寻找黑色物体的射击距离之内时，它被证明只是一大块石头。

在波鲁普和医生回来之前，冰块早已在船周围迫近，一旦这些人安全上船，缆绳被收起，罗斯福号随着冰块向南漂浮。那一夜浮冰是如此接近，以至于我们不得不在吊柱上朝内悬吊捕鲸船，保护它们不受当时正挤进围栏的大浮冰的威胁。最终，船长尽力使船驶入我们之前所在大浮冰旁边位置的最南端的另一片小湖里，在那里我们停留了几个小时，为了保持水池的开放而不断地前进后退。

那天晚上大约 11 点，竭尽我们全部努力，冰块还是再一次在罗斯福号周围迫近；但是我观察到东南方向有一条小水道，它引向另一片未结冰水面，我下令如果可能的话使轮船冲撞过去。通过让船头扎进小开口里，随后换一边来碰撞冰块，我们成功地把水道加宽到足够允许我们穿过而进入前方那片未结冰水面。

第二天早上 4 点，我们再次进入航行，向北穿过稀疏冰到达庇护河（Shelter River）上方一点的地方，在那里我们在上午 9 点左右又被冰块堵住。罗斯福号在靠近岸边的地方周旋，为了避免被目前正快速流动的潮水和冰块堵塞或者带去南面，她的船头被挤进一大块浮冰里。

那天晚上晚餐过后，麦克米兰、波鲁普和古塞尔医生带着两个爱斯基摩人出发越过堵塞的冰块前往岸边，目的是寻获一些猎物；不过在他们抵达岸边之前，毗连的浮冰出现了太多移动，我认为他们的旅行对缺乏经验的人来说太危险了。船的汽笛发出了召回信号，他们开始跨过正在移动的浮冰往回走。他们的移动受到他们的枪的妨碍，不过幸运的是，他们带着船钩，否则他们可能永远也不能成功回来。

他们把船钩用作撑杆，在水道还不太宽的时候，从一块浮冰跳到另一块。当用那种方式无法通过未结冰水面时，他们在小块浮动的冰块上渡过它，用他们的钩子把自己向前推或拉。先是医生在浮冰边缘滑倒，腰部以下掉进冰水里，不过他很快被波鲁普拖拽起来。接着波鲁普也滑倒并且落水淹至腰部，不过他也很快就出来了。

与此同时，冰块开始在罗斯福号周围散开，在她和那些人之间留下了宽阔的水道；但是通过把船撞上较大浮冰中的一块，我们使他们得以爬上船。他们立即把他们浸湿的衣服换成干的，才过几分钟，他们就大笑着叙述他们的壮举给一群感兴趣的——并且可能是感到好笑的——听众听。

一个人不能对浑身湿透一笑了之或者把一次跨越移动冰块的危险通行当作理所当然，就不可能成为严肃北极探险队的一员。那是带着一种强烈的满足感，我看着这三个人，麦克米兰、波鲁普和古塞尔医生，我称他们为我的北极“童子军”，他们证明了他们所具备的气质。

由于每个人的专项素质，我从众多探险队成员应征者中挑选了这三个人。古塞尔医生是一位有着宾夕法尼亚血统的可靠、强壮和自制的医师。我相信他在显微镜方面的专长可能会在迄今为止尚未在北方进行研究的领域提供有价值的成果。他将要为爱斯基摩人的细菌传染病做显微镜研究。

麦克米兰是一位训练有素的运动员和体能教练，对此我多年前就早有耳闻。我选择他是因为他对这项事业的强烈兴趣、成为队伍一员的强烈愿望以及他对北极严苛要求的显而易见的精神和身体适应性。

波鲁普是团队中最年轻的成员，我对他的热情和身体机能印象深刻。作为耶鲁大学的赛跑者他保有一项纪录，并且总的原则上，我带上他是因为我喜欢他，非常满意他是块北极事业的材料。这是一个幸运的选择，因为探险队带回来的照片很大程度上要归功于他在胶片显影方面的专业知识。

我曾问过我队伍的成员，当船被冰块阻挡的时候，在漫长的等待期间怎样消遣。新成员们的主要娱乐活动是从船上的爱斯基摩人那里学一些他们的语言。作为翻译，他们有马特·亨森。有时候，从船上的驾驶台往下看着主甲板，我会看见这些新人中的一个被一群指手画脚嘻嘻哈哈的爱斯基摩人围绕，我就知道一节语言课正在进行中。这些妇女很乐于有机会教波鲁普上衣、头巾、靴子、天空、水、食物等的爱斯基摩单词，因为她们看起来认为他是一个好男孩。

8月24日，罗斯福号整晚都平静地停泊在未结冰水面上，不过在25日上午，她向北航行差不多抵达联合角（Cape Union）。在那儿以上，冰块紧密地挤塞。我爬上绳索去看一下，不过没有发现合适的躲避处，决定转回林肯湾，在那里我们把船系在两块水下的浮冰之间。前一天还是风和日丽，但是25日是降雪的坏天气，还有阴冷的北风。雪片水平地飞驰过甲板，海水像墨水一样黑，冰是幽灵般的白色，而靠近我们的海岸看上去像鬼魂之域的海岸。我们所在的冰山中的一块被涨起的潮水带走，而我们被迫转移位置到另一块的内侧；不过在我们的范围之外有其他水下的冰山承受较大浮冰的冲撞。

按照一般原则，在第二天我把一些补给品卸下，贮藏在这个地方。轮船失事的可能性一直存在；不过如果一切顺利，这个贮藏点会在狩猎季节被利用到。装在木质箱子里的补给品就简单堆放在岸边。游荡的北极野兔、驯鹿和麝牛从不尝试享用罐头或木箱。

我上岸并且走过庇护河，再一次回忆起1906年在那里的体验，当时，在我不在托马斯·哈伯德角的时间里，巴特莱特船长——因为他当时跟现在一样是罗斯福号的主人——曾设法驾驶船从她位于谢里登角的无遮蔽位置向南到林肯湾里更受庇护的地方，在那里我重新加入他们中间。

在庇护河，罗斯福号曾被夹在移动冰块和冰足立面之间，遭受到几乎致命的打击。她被整体抬升出水面，尾柱和船舵撞得稀烂，并且一片桨叶从螺旋桨上扯掉。预料到当浮冰松动，她下到水里时，她会严重漏水，不可能保持漂浮，所有东西都从船上被卸下。

巴特莱特和他的船员们英勇地投入尽可能地堵漏洞的工作中去；而当来自冰块的压力部分被释放，船是浮着的。但是她停泊在那里接近一个月时间，并且其间有两次甚至船的绳索也被卸下，那时候看起来她不可能幸存下来。

就在这里，在庇护河我从“最远西方”返回时发现了罗斯福号。一个新船舵被临时凑成，而这艘受损的几乎无助的船漂浮进入林肯湾，从那里她最终蹒跚地驶回纽约。

在这个地方的一小时回顾之后，我步行回到船上。波鲁普和麦克米兰也曾怀着获取猎物的希望而上岸，但是一无所获。这是阴暗、阴冷的一天，麦克米兰、波鲁普、医生和大副古舒通过用他们的温彻斯特步枪打靶来消遣。

第二天看起来是无尽的，我们仍旧停泊在林肯湾那里，持续地刮着强劲、阴冷的东北风，风势越来越猛烈。移动冰块的边缘离船只有几码远，不过我们被在我们外围搁浅的大块浮冰相当好地保护着。每隔一会儿就有一块大浮冰匆匆而过，把一切挤出它的行进路线并且猛推我们的保护者们，使它们和我们更加靠近岸边。从桅杆瞭望台上，我们可以在靠近海峡的东岸看见一小片未结冰水面，但是在我们附近没有——只有冰、冰、冰，每一种可以想象得到的形状和厚度的冰。

又是一天，罗斯福号处在同样的位置，有冰块挤压着她；但是在高潮的顶峰，被我们用缆绳系住的搁浅浮冰开始浮动，我们所有人赶紧上了甲板。索具急忙从冰山上被解开。随着冰块向南移动，它在我们面前留下一片大约一英里长的未结冰水面，而我们沿岸边向北航行，在搁浅冰山的后面挤过去，试图找到另一处凹陷，以使我们免于现在正在快速靠近的冰块的威胁。

对我们有利的是，大风正猛烈地向离岸方向吹，它减缓了冰块对我们的压力。找到一个看来安全的地方，而我们正准备系上缆绳，这时一块面积约一亩有着像战舰的撞角一样的锋利而突出的尖头的浮冰朝着罗斯福号汹涌而来，我们被迫转移我们的位置。在船被缚牢之前，她再次被同一块浮冰威胁，它似乎被赋予邪恶的智慧，像寻血猎犬一样跟着我们。我们又去往另一个地点，绑住轮船，最终咄咄逼人的浮冰从旁边通过继续向南而去。

在这个阳光普照的夜晚无人入眠。大约10点，被我们绑住的冰山碎片在狂风和涨潮的压力下开始松动。在被压缩的空间里，冰块在我们周围回旋打转，我们赶忙收起绳索，转移到另一个地方，不料却被驱赶到它的外面。我们还是找到另一个庇护的地方，结果还是被赶出那里。第三次寻找安全地带的尝试是成功的，不过在到达那里之前，罗斯福号两次向前触礁，她的桅根被冰山鼻子挂住，而她的艉部围栏遭到另一座冰山的猛撞。

29日星期六是被耽搁的另一天，不过我在想念远方家里的小儿子中找到些许安慰。这是他的五岁生日，珀西、马特和我，他的三位密友，以他之名喝了一瓶香槟。小罗伯特·E.皮里！他们在家里正在做什么呢？我想知道。

我认为没有一位探险队的成员会忘记随后的一天——8月30日。罗斯福号被浮冰乱踢，就好像她是一只足球。这场游戏在早晨大约四点开始。我在我的船舱里小睡——我穿着衣服，因为我已经有一个星期不敢脱掉它们了。我的休憩被一次剧烈的震动打断，在我意识到发生了什么事情之前，我已发现自己在甲板上了——向右舷倾斜差不多12—15度的甲板。我跑——或者不如说爬过甲板——到左舷去看发生了什么。随着涌流冲过的一块大浮冰抬起我们用锚索缚住的搁浅冰山，就好像那重达千吨的冰山只是一个玩具，浮冰使它猛冲向罗斯福号，并且沿着她的左舷扫荡，在马文房间的舷墙上撞出一个大洞。冰山就在我们的尾部遭遇到另一块浮冰，而罗斯福号像上了油的猪一样从两者之间滑过。

压力刚得到缓和，船身重获平衡，我们就发现在船尾被用来系住小冰山的缆绳卷入了螺旋桨。这是一个闪电思考和行动的时刻；但是通过给分开的冰山系上更粗的缆绳并且钩住蒸汽绞盘一圈，我们最终解开了它。

这紧张劲还没过，一块正在我们附近通过的巨大冰山自动地分成两半，一个直径大约25—30英尺的立方体坠向我们的船，离我们的尾舷就差一两英尺。“冰山在它们右边，冰山在它们左边，冰山在它们上面，”我听到有人说，在我们为这奇迹般的逃脱屏住呼吸的当口。

船现在完全受漂浮冰块的摆布，并且在来自外部冰块的压力之下，罗斯福号再次向右舷倾斜。我知道如果她再被推上岸一点，我们将不得不卸掉大部分的煤炭来减轻足够重量，使她可以重新离岸。所以我决定炸开冰块。

我叫巴特莱特搬出他的火炮和炸药，打碎夹在罗斯福号和外面厚重冰山之间的冰块，使其成为船可以停靠的缓冲垫。火炮从船尾甲板间的小贮藏室被抬上来，其中一个炸药箱被小心翼翼地搬出，而巴特莱特和我寻找冰块中的最佳瞄准位置。

几根炸药被包在旧包装纸里，固定在云杉木长杆的顶端，这是我们特别为此目的而携带的。当然，一根来自火炮的导线被连接到埋在火药里的几个引子中的一个。木杆、导线和火药在邻近浮冰上的几处被向下插入冰块上的裂缝。每根导线的另一端接着被连接到火炮上，每一门火炮回退一段距离到甲板的远端，而火炮柱塞的迅速而急剧的一推使电流顺着导线传送过去。

嘶！砰！嘭！船像演奏时的小提琴琴弦一样颤动，一根水柱和数块碎冰飞上 100 英尺空中，喷泉的姿态。

对着船的冰块压力由此被解除，她摆正自己并且平静地停泊在碎冰垫子上——等待接下来会发生的任何事情。随着潮水退去，罗斯福号从船中部之前整体搁浅，首先向一侧倾斜，接着在冰块不断变化的压力下倾向另一边。这是《摇晃在大海摇篮里》的一首新变奏曲——那使得爱斯基摩婴儿、狗、箱子，甚至我们自己，在甲板上打滚。

当潮水上涨时，我们尽力使船移出搁浅地点。一根绳索从船头的左舷被拴紧在一块静止的小冰山上，同时船长要求开足马力，首先向前，然后向船尾。有一段时间，察觉不到船有移动。最终，凭借全速向船尾的驱动，船首左舷上来自缆绳的拉力有了期望的效果，轮船滑落出来并且自由地漂浮；不过我们后面的冰块密集地挤在一起，我们不能够把她移走。这还远不是一个令人愉快的地点。

第13章　终于抵达谢里登角

不夸张地说，我们现在发现自己所处的位置是相当危险的——即使是在像巴特莱特那样老练和沉着的冰斗士的帮助下。随着日子一天一天过去，我们仍然被耽搁在林肯湾，假使罗斯福号不曾在前次航行中有过类似经验，我们无疑应该极度焦虑。但是我们相信迟早冰块的移动会使我们能够驶过剩下的几英里抵达谢里登角，并且可能越过那里；因为我们的目标点位于1905—1906年我们前一次冬季营地以北大约25英里处。我们尽力保持耐心，如果有时候延误让我们心烦意乱，怎样谈论它也无济于事。

9月1日，冰块看上去移动得不怎么快。前个晚上，麦克米兰被派上岸到庇护河上方的绝壁，他汇报说沿岸边有相当多的未结冰水面。巴特莱特于是前去勘查。他回来后也汇报有未结冰水面，但是有大浮冰的棱角从各个方向来阻拦。

因为秋季狩猎应该开始进行，乌塔、阿勒塔（Aletah）、乌布鲁亚（Ooblooyah）和乌奎亚起身前往黑曾湖（Lake Hazen）地区，带着一把雪橇和八条狗，追踪麝牛和驯鹿。按照原先的计划，他们应该在船抵达谢里登角或波特湾（Porter Bay）之后，与船上的其他爱斯基摩人汇合后再去那儿狩猎。但是由于积雪少，地面状况即使对于轻型雪橇来说也太粗糙，这些爱斯基摩人回来了。

最终，在2日午夜前一会儿，我们走出了林肯湾的死路，在那里我们已经被困住有十天了。缆绳被收起，而罗斯福号先向前再向后航行，从岸冰中解脱出来。我们的感受如同从监狱被释放的人的感受。沿着海岸有一条狭窄的未结冰水面航道，并且顺着我们航行的线路，在午夜前约半小时，绕行过联合角。

不过在布莱克角（Black Cape）下方一点，我们很快再次被冰块夹住，那是一座深色锥形的独立山峰，东侧被海水冲刷，西侧被深谷与邻近山峰隔开。这是一种难以描绘的壮丽景色，用冰山勾勒出数英里的海岸线，它们向岸迫近，冲上岸并且成直角翘起。在布莱克角，我们已经完成我们之前在林肯湾的位置和期待已久的位于谢里登角的庇护地之间一半的距离。

正当我们拴紧在岸冰上时，一块六英尺厚的浮冰碎片携着可怕的推力在我们稍北面一点冲上了岸。假使我们在它的路线上——不过一名这些海峡的探险者必须不对这样的意外事件细想太多。

作为额外的预防措施，我让爱斯基摩人用斧头斜切掉与船并列的冰足的角，以便她在被外面的沉重浮冰挤压时的上浮。这天一整天都在下小雪；但是我上岸沿冰足走到下一条河流，并且登上布莱克角的顶峰。偶尔在陆地上走一走是对船上的腥臭和杂乱的一种调剂，因为狗使得罗斯福号处在非常不干净的条件下。很多人曾问，我们如何能够忍受接近250条狗在一艘小船甲板上的存在；不过每一项功绩都有它的不利条件，而且一定不能忘记的是，没有这些狗我们可能到不了北极点。

在这个地点，我们卸下了另一批贮藏物，与在林肯湾的那一批差不多，是为可能发生的任何事情做准备。

4日，来自南方的风加强了，并且由于在前方看来有一小片未结冰水面，早晨8点我们开始从停泊处出发。我们费了一个小时挖开粘在船周围的“密积冰泥”。我们很高兴可以重新上路；但是就在我们前方的三角洲上冰拒绝让路，来自南方的浮冰顺着风势快速涌上来，而我们被迫赶回我们之前在布莱克角下面的停泊点。因为强风使罗斯福号难于控制，我们未能一帆风顺地再次到达那里。右舷船尾的小艇被一大块冰山的一角撞得粉碎，而前甲板舱室的左舷角也几乎从甲板铺板被扯掉。

不过所有人手都被我们现在距离谢里登角只有几英里的想法所激励——如此接近我们的目标以至于我们静不下心又要出发。那天傍晚，随着潮水退落，浮冰松动了，而向前航行的命令已然下达。在一两次快速流动的浮冰中间的侥幸逃脱之后，我们抵达了我们之前位置向上几英里的布莱克角河三角洲。不过当潮向转变，我们被迫往回赶大约四分之一英里到了一座搁浅冰山下的庇护处。

当缆索被拴紧，我上岸到三角洲上去观察上面的冰情。向北看不见裂缝或冰洞，我们曾退回到我们当前位置的路线现在是一片密实的冰海。我们到底能不能完成所剩的几英里？

风继续从南方猛烈地吹拂，冰块开始在我们后面稍稍松开，9月5日凌晨3点，有了一条逐渐加宽的水道。我感觉机不可失，下令蒸汽全开，全速前进。这样我们绕过劳森角（Cape Rawson），而谢里登角就在眼前。终于到了！那倾斜的陆岬在我们疲倦的双眼里比天堂大门更加美丽。

我们在7点15分绕过海角，比1905年我们的抵达时间晚了15分钟。从13天前的8月23日起，巴特莱特和我衣服都不曾脱掉过。

我们应该停在这里吗？前方仍旧有未结冰水面。我下令向前航行，希望我们可以抵达波特湾。不过在两英里之后，我们来到另一个无法通过的冰障，并且就此决定谢里登角再次作为这一年的冬季营地。我们向回航行，使罗斯福号进入潮汐冰裂的工作开始了。

我的心情很轻松。越过谢里登角的那两英里给了我们任何轮船在她自身的动力下曾抵达的“最远北方”的纪录——82°30′。只有一艘船，南森的弗拉姆号，曾到过更北的地方，不过她是作为浮冰的玩物，船尾向前漂到那儿的。又黑又小、奋力航行的罗斯福号再一次证明自己是冠军。

有些情绪人很难用言语表达。我在系泊缆绳被扔上谢里登角冰足当口的情绪就是如此。我们遵守了我们计划的规定时间，并且已经成功地度过了这艰难事业的第一部分——驾驶一艘船从纽约到达北极点攻击距离之内的一个地点。所有冰海航行的不确定因素——罗斯福号和我们大量的补给品可能的损失——已经告一段落。另一个喜悦之源是认识到这最后一次航行已经进一步强调了这项艰巨工作中细节经验的价值。纵使那些有时候看来是无止境的延误，我们完成了航行，对比我们在1905年前次上行旅程所经历的，仅仅用了很小比例的焦虑和对船的损害。

停泊在那里，在所有已知陆地的北界——除了那些接近于我们的——停泊在离南方很远的地方，我们处在一个向我们的难题的第二部分发起进攻的适当位置，从船到北极点的雪橇队伍的规划。这次谢里登角的绕行很有可能并不是终极的成绩。

驾驶罗斯福号通过罗伯逊海峡的浮冰对我们是很大的宽慰，系泊缆绳刚被甩出到谢里登角上，我们就带着愉悦的渴望开始从船上卸货。罗斯福号被搁浅在潮汐冰裂里面，而我们最先弄上岸的是246条狗，最近的18天它们把船变成了吵闹和难闻的地狱。它们径直跳过围栏落在冰上，几分

罗斯福号在谢里登角晒干风帆，1908年9月
（岸上的深色斑点是探险队的补给品和装备）

钟内岸上各个方向被它们所点缀，它们在雪地里奔跑、跳跃和吠叫。甲板用软水管冲洗，而卸货作业开始了。首先雪橇从船桥甲板下船，在上行航程期间它们在那里被建造，那是一支由23把雪橇组成的精良舰队。

我们想让船完全躲在冰障后面，这样她将真正地安全，所以我们减轻了她的重量，使她在高潮时可以漂浮。我们用木壳板做了斜槽，我们从这些斜槽上把油箱从主甲板和船舱滑下。小心翼翼地工作是有必要的，因为在那个季节冰还很薄。随后，两三个装载补给品的雪橇通过，而爱斯基摩人和它们在一起；不过由于水只有五六英尺深，补给品被装在罐头里，没有严重的损坏发生。

油被卸下的同时，一队人员拿着冰凿、雪杖和锯片等工具出来，劈开冰块使得我们可以把罗斯福号曳入，舷侧靠着岸边。巴特莱特和我下决心使船越过小冰山的屏障，进入冰足里面的浅水区域。我们可不期待另一次跟前次探险中曾经受过的那样折磨的冬季，就把船停在冰足的边缘，受制于外面怀有敌意的冰块的每次移动。

油箱之后是后甲板上的几吨鲸鱼肉，其中一些切成萨拉托加大皮箱那样的大块。那是从舷侧被扔到冰上的，由爱斯基摩人用雪橇拉上岸，到冰足上方几百码的地方，叠成一大堆，用同样从后甲板取出的煤袋保护。接着是捕鲸船，它们从吊柱被放下，像雪橇一样滑到岸上。它们后来为了过冬变成船底朝上并且被减轻重量，这样风就不能移动它们。

卸下补给品和装备的工作花费数日。这就是每支管理有序的北极探险队在抵达冬季营地后最初的工作。随着补给品上了岸，船因起火或冰块挤压而失事将仅仅意味着这支队伍可能不得不走回家。它不会妨碍雪橇工

1908 年 9 月 12 日的罗斯福号
玛丽·阿尼希托·皮里的生日

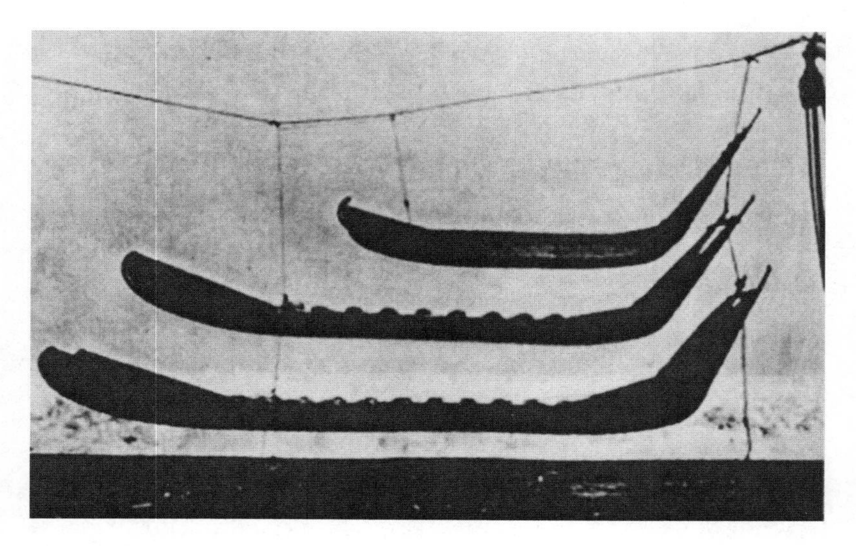

罗斯福号船上的"皮里"雪橇

作，也不会严重削弱探险队。假使我们在谢里登角失去了罗斯福号，我们会在我们建造的棚屋里度过冬季，并且在春季，还是一样会向北极点发起冲击。随后我们会步行350英里到萨宾角，跨越史密斯海峡浮冰到伊塔，等待一艘船的到来。

邻近的海岸上有四分之一英里排有各类箱子，每一种补给品都自成一堆。这个包装箱的村庄被冠以哈伯德镇之名，以此向皮里北极俱乐部主席托马斯·H. 哈伯德致敬。当在罗斯福号前甲板的爱斯基摩人住处充当床平台的箱子被移走之后，这个地方被清扫和擦洗；接着用木板建造了一个床平台，为不同家庭分成断面，前面用帘布隔开。在床平台下面是一个开放空间，在那里爱斯基摩人可以保存他们的烹饪用具和其他私人所有物。爱挑剔的读者可能被在床下保存煎锅的想法所震惊，不过他应该理解一个爱斯基摩家庭所住的跨度8英尺由石头和泥土构成的原住民房屋，在冬季月复一月，肉食和饮品、男人、女人和孩子们都不加选择地挤在那里。

我们接着卸下大约80吨煤炭，万一我们不得不住在棚屋里，那里会有足够的燃料。这一年的那个时候，天气还不是非常冷。9月8日。温度计显示零上12°，第二天4°。

装有腌肉、干肉饼（在北极使用的压缩肉食）、面粉等较重的箱子在岸上像那么多花岗岩石块一样被用来建造三间屋子，面积约15英尺×30英尺。所有的补给品特别为此目的而被装在特定体积的箱子里，这是有助于探险队成功的无数细节之一。在建造屋子时，箱子的顶部朝里放置，盖子被移走，里面的东西如有需要可以像从货架上一样被取出，整个屋子就是一个大杂货店。

屋顶由覆盖在吊艇杆或桅杆上的帆布构成，之后墙和屋顶会堆雪加以巩固。火炉被设置好，这样如果一切顺利，冬季期间这些屋子可以被用作工作间。

这样我们就安全地安置在谢里登角这里了，而奖赏似已在握。在1906年曾挡住我们去路的意外事件都在这次最后的探险中得到预防。我们知道我们必须做什么和怎样去做。只有几个月的等待，秋季狩猎和漫长昏暗的冬季，是存在于我和最后的出发之间的全部。我有狗、队员、经验、坚定的决心（与驱动哥伦布的船跨越无航线的西海相同的冲动），还有青睐只要一息尚存就遵循其信念和梦想的人的命运的终点。

第14章　在冬季营地

当补给品的移走大大减轻了罗斯福号的承重，巴特莱特让她进一步靠岸，停泊在那里，船头几乎指向正北。这令我们心情愉悦，因为这正是她不变的习惯。那看上去几乎就像一个生灵的意志。每当在上行航程中——此时此刻或是1905年她的初次旅行——船受困于浮冰使我们失去对她的控制，她总是自发地调转方向，指向北方。每当在浮冰中蜿蜒前进时，如果我们在船朝西或东向航行时被夹住，只有一小会儿，压力就会调转她的方向，直到又一次她朝向北方。甚至在回程中，在1906年，也是如此——仿佛这艘船明白她还没有达成目标，想要再回去。水手们注意到这一点，对此津津乐道。他们说罗斯福号还未满足，她知道她还没有完成她的工作。

当我们尽可能地让船靠近岸边，船上的人开始使她为冬季做好准备。机舱队伍正在忙着排出锅炉里的水，使机器停止运转，从管道和弯管里排出每一滴水，这样冬季的寒冷就不会使它们爆裂；而船员们则忙着降下风帆，松开绳索，好让源自冬季严寒的紧缩不会造成损害，类似特征的细节不胜枚举。

在卸下风帆之前，它们都被张开，以便它们被阳光和风彻底晾干。这艘船是一抹美妙的景象，她被紧紧地陷入浮冰的环抱之中，缆绳四散，但是每面帆却像竞赛中的帆船一样被风吹鼓。

当这项工作正在继续时，爱斯基摩人的狩猎小分队被派往黑曾湖地区，不过他们所获甚少。一些野兔被捕获，不过麝牛似乎已经消失。这困扰着我，因为这增加了我们对之前探险队的捕猎已经把它们赶尽杀绝的担心。爱斯基摩妇女沿岸五英里左右的每条线路上设置了狐狸陷阱，她们要比男人们更有收获，在秋季和冬季期间，捕获了大约30—40只狐狸。女人们还前往邻近的水池继续捕鱼，并且收获了许多斑点美味。

爱斯基摩人的捕鱼方法很有趣。那个地区的鱼不会上钩，却是通过在冰面上开一个洞然后投进一块雕成小鱼形状的海象牙来捕捉的。当鱼上升来查看这位来客，它被鱼叉抓获。爱斯基摩鱼叉有带着利刃的中心矛杆，通常是装在末端的旧钉子。在两边各有一块指向下的鹿角，用细绳绑在矛杆上，还有指向内侧的尖钉被固定在两块鹿角上。当这种鱼叉被向下扎入鱼的身体，鹿角随着它们穿透鱼背而伸展；它被它上方的尖角刺穿，而两边的锋利倒钩使它不能逃脱。

北格兰特地的红点鲑（?）是一种美丽的斑点鱼，有时候重11—12磅。我相信这些鱼类的粉红色纤维——在从没有高于零上35°或40°的水中捕获的——是世界上最结实和最美味的鱼肉纤维。在我这一地区的早期探险期间，我会用鱼叉叉中这些美味中的一条，并且把它扔到冰面上冰冻，然后捡起它并用力往下摔，为的是打碎鱼皮下的肉，把它放在雪橇上，随着我转身离开，拣出几块粉红色的鱼肉，像人们吃草莓一样吃下它们。

1900年9月，一支由6个人和23条狗组成的队伍靠这些鱼支撑了差不多十天，直到我们发现了麝牛。我们用爱斯基摩人所教的方式用普通的当地鱼叉叉鱼。

探险队的新成员们自然渴望出去看看风景。麦克米兰突患流感，不过波鲁普和古塞尔医生把周围土地搜了个遍。哈伯德小镇既容纳不了威斯敏斯特教堂也没有凯旋门，不过这里有皮特森的坟墓以及警戒号和罗斯福号的石堆纪念碑，都在附近并且可以从船上看到。

在我们冬季营地西南大约一英里半开外是1875—1876年英国探险队的丹麦翻译皮特森的纪念墓板。他死于一次雪橇旅行中的被遗弃，并且跟警戒号的冬季营地并排被埋葬在那里。坟墓用大块平板覆盖，坟头是一块裹着来自警戒号锅炉房的铜皮的墓板，上面印有铭文。这也许是世界上最孤独的坟墓，不过是否如此我并不清楚。哪怕是最年轻和最没有思想的探险者，在这“英雄遗骨的无声纪念碑”前也不能够没有一丝敬畏感。皑皑白雪映衬下的昏暗剪影里发出某种威吓，仿佛神秘北极正在提醒入侵者，他可能被选作下一个永远陪伴她的人。

离1905年我打破英国纪录的警戒号石堆纪念碑不远，按照探险者的习惯，它的一个复制品由罗斯·马文重新放置。考虑到他在1909年春天的悲惨结局，人类已知最远北方的死亡，马文的这次对皮特森坟墓周围的拜访具有特殊的悲悯性质。

1906年由马文竖立的罗斯福号石堆纪念碑正好跟1905—1906年船在谢里登角的位置并排，在内陆大约一英里的地方。它位于岛上的一处高点，大约在水面之上400英尺。记录是在一个被修剪的罐头里，放在石堆的底部，由马文自己用铅笔写下。石堆上面插着用我们雪橇滑板的橡木板做成的十字架。它面朝北方，在竖板和横木的交界处的木头上刻着一个大大的字母“R”。在我们上次到达这里后不久我上去看它的时候，十字架向北倾斜，好像是出于它三年向北凝望的急切。

9月12日，我们过了一个节日，那是我的女儿玛丽·阿尼基托（Marie Ahnighito）的15岁生日，她出生在格陵兰的周年小屋（Anniversary Lodge），所有白人小孩中出生在最北地方的。十年前，我们曾在温沃德（Windward）庆祝她的五岁生日。自那以后，许多冰山顺海峡漂流而下，而我依旧追寻着曾给了我女儿如此寒冷和陌生出生地的相同理想。

那天下着猛烈的暴风雪，不过巴特莱特用全部旗帜装饰着轮船，完整的国际代码，旗布鲜亮的色彩造成了跟灰白色天空的强烈对比。膳务员珀西烘焙了一个特别的生日蛋糕，上面插着15根点燃的蜡烛，我们在晚餐桌上享用了它。就在早餐过后，爱斯基摩人带来了一头身长6英尺的一岁雌性北极熊，我决定把它装扮成玛丽的生日熊。它应该是站立并且向前走的，一只熊掌伸出好像正要摇动，头朝向一边，脸上带着熊的微笑。这头熊为我们带来了多汁的肉排，而且我们有了一块特别的桌布、最好的杯子和碟子、新的汤勺等等。

一两天之后，我们开始把狗拴紧，为第一支雪橇队伍做准备。现在还没有足够的雪可以开始向哥伦比亚角的补给品运输，而且黑崖湾（Black Cliffs Bay）还未解冻。爱斯基摩人系住狗，五六条组成一队，拴在敲进海岸或者冰上切割出的洞里的木桩上。从船朝岸上看去，它们构成了一幅精致的画卷——有近250条狗——而且它们的吠叫每时每刻都可以听到。

必须记住的是日与夜仍旧只能靠时钟来分辨，因为一直在天空中转动的太阳还没有落下。由于上行航程中全体船员的勤勉，一切都已为秋季工作准备就绪。爱斯基摩人已经造好了雪橇并且做了狗套，而马特·亨森则完成了在野外围起油炉的“灶箱”，同时爱斯基摩妇女忙碌的针线为每个人备上了一套皮衣。

在北方，我们穿上常规的爱斯基摩服装，一些地方有特别的改变。首先，是一件没有纽扣的皮夹克，库勒塔（kooletah），它是套头穿上的。作为夏装，爱斯基摩人用海豹皮制作它，但是对于冬装，它是由狐狸或鹿皮制成。

为我们自己所用的夹克是由密歇根绵羊皮制成的。我们把羊皮带在身边，而女人们把它们做成衣服，不过在非常冷的时候，我们穿上爱斯基摩人的鹿皮或狐皮夹克。附着在这件夹克上的是一个风帽，而包裹在脸部的是由狐狸尾巴制成的厚卷。

阿提亚（ahteah）是一种衬衣，通常用小鹿皮制成，有毛的一面向里，爱斯基摩人即使在夏天也穿着它。在一些土著人的照片里，可以追踪到衬衣里兽皮被精巧地缝合在一起。爱斯基摩妇女比任何文明世界的毛皮加工者更擅长于这类工作。她们用从鹿背部获取的筋——跳跃的肌肉——来缝制兽皮。这绝对是扯不断的，而且潮湿也不会腐蚀它。对于缝合皮靴、皮艇和帐篷等相对粗质的工作，她们使用来自独角鲸尾巴上的筋。缝纫现在是用我给她们的钢针完成的；不过在早年，她们用骨头做的凿子，像鞋匠使用“腊线”一样，把鹿筋穿过小孔。她们不用剪刀裁剪兽皮，因为那样会损害毛皮；而是用一种类似于老式绞肉机的“女工刀”。

蓬松的毛皮裤无一例外用北极熊的外皮制成。此外还有兔皮袜，以及鞋底打上方鳍海豹厚皮的海豹皮靴子，或称为卡米克斯（kamiks）。在船上、雪橇旅行中和冬季所有的野外工作中，都穿着爱斯基摩人常规的鞋袜。加上暖和的毛皮连指手套，一套冬季行头就完备了。

也许有理由询问如此可观数量的人类在这样长的时间内封闭居住，是否会因为无数微小摩擦不可避免的累积而导致人与人之间的冲突。在某种程度上的确如此。不过探险队的主要成员都是具有能够履行令人钦佩的自制以避免任何不愉快后果的品质的人。实际上，唯一值得重视的私人方面的麻烦发生在一名船员和被我们称为哈里根（Harrigan）的一个爱斯基摩人之间。

哈里根由于他在音乐方面的天赋而赢得这个绰号。船员们经常喜好演唱在百老汇流行许多年的充满活力的爱尔兰曲调，那不合语法地以“哈里根——那就是我”的字眼结束。被提及的爱斯基摩人看上去着迷于这首歌，适时地学会了那三个单词，并且反反复复地练习它们直到最后能够用完全不生疏的方式演唱它们。

除了他在音乐上的学习，哈里根实际上还是个爱开玩笑的家伙。有一次，他在船首舱卖弄他的幽默天分，使一名船员相当地不满。最终，这位不能用任何其他方式使自己摆脱迫害者的船员报以他的老拳。爱斯基摩人尽管是优秀的摔跤手，却完全不擅长于“自我防卫的阳刚之术”，而结果就是哈里根带着被打肿的黑眼圈和被欺侮的敏锐感觉从船首舱出现。他悻悻地抱怨他所遭受的对待，不过我给了他一件新衬衣，并且告诉他远离船员们所在的船首舱，几个小时之内，他就像小男生一样忘记了这些，这个事件不留任何持久敌意地过去了，而且很快哈里根再次欢快地吟唱他的“哈里根——那就是我”。

第15章　秋季工作

秋季雪橇队伍的主要目标是运送为迈向北极的春季雪橇旅行准备的补给品到哥伦比亚角。选择距船西北方向90英里的哥伦比亚角是因为那是格兰特地最北端，还因为那向西足够远到避开罗伯逊海峡汹涌而下的冰潮。从那里，我们可以径直向北越过极地海洋的冰面发起冲击。

在北极严苛的条件下，将数千磅人和狗的补给品转移90英里的距离

罗斯福号和哥伦比亚角之间的风景

提出了需要计算的难题。方案是沿路线建立站点，而不是派出每支队伍前往哥伦比亚角然后返回。第一支队伍前往离船大约12英里的贝尔纳普角（Cape Belknap），存放他们的补给品，然后在同一天返回。第二支队伍前往大约20英里远的理查森角（Cape Richardson），存放他们的补给品，折返并带走贝尔纳普角的补给品，把它们带到理查森角。下一个站点位于波特湾，再下一个在风帆港（Sail Harbor），再下一个在柯兰角（Cape Colan），而最后的站点就在哥伦比亚角。各支队伍由此将自始至终不断往返，路径将持续保持开放，而狩猎可以沿途完成。当然，牵引力是爱斯基摩犬，而雪橇是运输工具。雪橇有两种类型：皮里式雪橇，在这次探险之前从未被使用过，以及常规的爱斯基摩式雪橇，为了特殊作业，在长度上有所增加。皮里式雪橇长12—13英尺，宽2英尺，高7英寸；爱斯基摩式雪橇长9英尺，宽2英尺，高7英寸。另一个区别是，爱斯基摩式雪橇只有两个厚1英尺或1¼英尺、宽7英寸的橡木滑板，前端塑造成最利于在冰面上通过的弧线，并且包钢，而皮里式雪橇在前后端都把橡木板弄圆，装上两英寸宽弯曲的桲木滑板，滑板被包上两英寸宽的钢桩靴。两边都是牢固的，它们被用海豹皮带绑扎在一起。

皮里式雪橇是23年北极工作经验的演进，并且被认为是已经用于北极旅行的最强大和最方便的行驶雪橇。在水平面上，这种雪橇可以承重1000—1200磅。

爱斯基摩人从远古以来就使用他们自己款式的雪橇。在白种人出现以前，当时他们没有木材，他们用兽骨制作雪橇——海象的肩胛骨和鲸鱼的肋骨，用鹿角做支架。

至于犬具，我采纳了爱斯基摩人的式样，不过使用不同的材质。爱斯基摩人的套具由海豹皮制成——用交叉带在脖颈上和喉咙下连接的两个圈环。狗的前腿穿过圈环，而末端在腰背部接合，在那里系上缰绳。这种套具非常简单和灵活，并且它便于狗使出全部力量。作为套具材料，海豹皮的缺点是它的美味。当狗的口粮不足的时候，它们夜里在宿营地会吃它们的套具。为了避免这个难题，我使用一种特殊的带子作为套具，宽度大约在两英寸到两英寸半，用一种编结的亚麻吊绳替换爱斯基摩人惯用的生皮缰绳。

狗呈扇形被钩在雪橇上。标准的队伍是8条狗；不过为了在重载下快速旅行，有时候也使用10条狗或12条狗。它们受皮鞭和哨音指引。爱斯基摩皮鞭的鞭梢有时候长12英尺，有时候18英尺，在爱斯基摩人精巧的操控下可以让鞭梢在空中飞行，鞭及他们想要的任何一条狗的任何部分。白种人可以学会使用爱斯基摩皮鞭，不过这要花时间。同样需要时间来学习的是各种口令的确切爱斯基摩发音，“号–哎，号–哎，号–哎”意思是向右；“啊嘘–呜，啊嘘–呜，啊嘘–呜”是向左；同样还有标准的“哈克，哈克，哈克”，相当于“继续”。有时候，当狗不听从时，通常的“号–哎，号–哎，号–哎”会颠倒口音，驱赶者会大叫“号–呜——”，还带着其他爱斯基摩语跟英语口令的混搭，这就留给读者的想象力了。新手对尝试驱赶一队爱斯基摩犬的热度往往非常高。人们总是倾向于跟爱斯基摩人一样相信是魔鬼占据了这些动物。有时候它们看上去相当疯狂。它们最爱的把戏就是相互之间或上或下或者围绕地跳跃，把它们的缰绳缠结在一起，相比之下戈尔迪之结（the Gordian knot）都算不了什么。接着，在任何地方都在0°和60°之间的温度里，驱赶者不得不脱下他厚实的手套，徒手解开缰绳，与此同时，狗儿们跳跃、猛咬、吠叫，看上去正嘲弄着他。而这带给

“皮里”式雪橇
长 12½ 英尺，宽 2 英尺，高 7 英寸；装有宽 2 英寸的钢桩靴

在旅行中使用的爱斯基摩式雪橇
长 9 英尺 6 英寸，宽 2 英尺，高 8 英寸；装有宽 1¼ 英寸的钢桩靴
每个备有够队伍和驾驶员使用 15 天的标准补给负载——干肉饼、饼干、牛奶、茶、油、酒精

我事实上每当新手开始驱赶爱斯基摩犬时总会发生的事故。

探险队的一位成员——同样曾深受其害的我不能泄露他的名字——带着他的狗队出发。几个小时之后，听到了来自爱斯基摩人的呼喊和欢闹的笑声。没有必要去打探发生了什么。狗队回到了船上——没有了雪橇。试图解开狗的缰绳的这位驱狗新手让狗儿们挣脱了他。又一两个小时过去了，这个人自己回来了，垂头丧气、怒不可遏。迎接他的是爱斯基摩人嘲笑般的呼喊，他们对白种人的尊重首先是基于这个白人在爱斯基摩人自己领域里的技能。这个人重新聚齐了他的狗儿们，回头去找雪橇。

新人的循序渐进是秋季短途旅行的目的之一。他们必须变得习惯于这样的小困难，比如冻伤的脚趾、耳朵和鼻子，还有丢失他们的狗。他们必须学习在地面状况高低不平时保持沉重的雪橇正面向上，而在一个人变得更强壮之前，有时候这似乎差不多要把肌肉从肩胛骨上撕开。此外，他们还必须学习怎样穿上他们的皮衣。

9月16日，首车补给品被送往贝尔纳普角：马文、古塞尔医生和波鲁普带着13个爱斯基摩人、16把雪橇和大约200条狗。当他们沿冰足向西北进发时，他们是威风凛凛的行进队列，雪橇一把跟着一把向前进。那是一个美丽的日子——晴朗、平静、阳光灿烂——而当他们在很远距离的时候，我们可以听到爱斯基摩驱狗者的叫声，“哈克，哈克，哈克”，“啊嘘–呜”，“号–哎”，皮鞭的噼啪声，以及雪地上雪橇清脆的沙沙声和嘎吱嘎吱声。

经常被问到的是，我们骑在雪橇上时如何保暖。我们并不会骑在上面，除了很罕见的例子之外。我们步行，并且当地面状况恶劣的时候，我们不得不去帮助狗群，提起雪橇越过崎岖不平的地方。

第一支队伍在同一天空雪橇返回，而第二天，两支爱斯基摩狩猎队伍带着三头鹿、六只野兔和两只绒鸭加入。没有队伍曾看到麝牛的一丝踪迹。18日，第二支雪橇队被派遣携带56箱干肉饼前往理查森角，他们将在那里宿营，第二天，从贝尔纳普角调运饼干到理查森角，接着返回船上。那使得他们在野外过了一晚。

在北极，人们在帆布帐篷里的第一个夜晚很有可能是个不眠之夜。冰块发出神秘的声响；狗儿们在帐篷外它们被拴住的地方吠叫和打闹；而且由于三个爱斯基摩人和一个白人通常挤在一个小帐篷里，并且油炉整晚都不熄灭，空气固然寒冷却不纯净；有时候，爱斯基摩人会在半夜开始吟诵他们祖先的灵魂，最起码是在尝试那么做。还有时候，新人的神经在努力探听远处的狼嚎。

帐篷是特殊质地的。它们用轻质帆布做成，帐篷的底面是直接缝在里面的。门帘被缝合，中间有一个圆形的开口，大小仅够一个人进入，而那个开口搭配一块用拉绳关闭的圆形盖片，使得帐篷绝对防雪。一个普通的帐篷在雪花飞舞的时候，可以立刻张满。

帐篷是金字塔形的，中间有一个顶点，四边通常用雪橇滑板或者雪鞋当作帐篷桩来压住。人穿着衣服睡在底面上，身下铺着麝牛皮，身上盖着轻质鹿皮。自从1891—1892年我的北极之旅起，我就没有使用过睡袋。

为我们的雪橇旅行准备的“灶箱”只不过是容下两个带有4英寸炉芯的双膛油炉的木箱子。两个烹饪锅是配上盖子的5加仑煤油罐的底部。打包的时候，它们被底朝上扣在每个炉子上，木箱子的铰链式盖子被合上。到达营地的时候，不管是帐篷还是雪屋，灶箱都被放在里面，箱子的顶盖被打开并且避免炉子的热火融化雪屋的墙壁或者点燃帐篷；箱子的铰链式前盖被翻下，形成一个桌子。两个烹饪锅都被放满捣碎的冰块并且放在炉子上；当冰块融化时，一个锅用来煮茶，而另一个也许用来加热豆子，或者如果有肉的话，用来煮肉。

每个人都有一个用于喝茶的夸脱杯和一把适宜于多种用途的猎刀。他并不会携带任何像叉子一样文雅的餐具，而一把茶匙被认为对于四人队伍来说也绰绰有余了。每个人都自己从锅里盛食物——用他的刀戳中然后捞出一块肉。

野外工作的理论是一天应该有两餐，一顿在早晨，一顿在晚上。随着白天变短，两餐分别在天亮前和天黑后享用，把天亮的时间段完整地留给工作用。有时候有必要跋涉 24 小时而不停下来进食。

理查森角分队在 19 日傍晚返回，并在 21 日再度被派出，共计 19 个爱斯基摩人和 22 把雪橇，携带 6600 磅狗用干肉饼到波特湾。仍旧因流感而身体不适的麦克米兰错过了这次预备训练；不过我感觉一旦他能够踏上征程，他肯定会赶上其他人的经验。当 24 日第三支队伍返回时，他们带回了 14 头鹿的肉和皮。

28 日，大批人浩浩荡荡地离船而去：亨森、乌塔、阿勒塔和伊尼吉托（Inighito）去往黑曾湖北侧狩猎；马文、普鲁纳（Poodloonah）、希格鲁和阿柯（Arco）在黑曾湖的东端和南侧；而巴特莱特带着帕尼克帕（Panikpah）、伊尼吉托、乌奎亚，古塞尔医生带着伊尼吉托、克顺瓦、克武塔（Kyutah），还有波鲁普带着卡科（Karko）、陶青瓦（Tawchingwah）和阿瓦汀瓦（Ahwatingwah），径直前往哥伦比亚角。

从一开始我就计划把大部分狩猎和其他野外工作留给探险队更年轻的成员。20 多年的北极经验早已麻木了我对除了追逐北极熊之外任何事情的

巴特莱特船长和他的队伍
帕尼克帕、“哈里根”、乌奎亚、巴特莱特（典型的探险队小分队）
（帐篷在早期秋季狩猎和补给品运输中用作住所。在冬季旅行和雪橇旅行中，雪屋被使用）
（版权所有，弗雷德里克·A. 斯托克斯公司，1910 年）

激动；年轻人渴望这类工作；在船上有很多要做的事情来为春天做计划，而且我希望为至上的努力保留我的能量。

没有安排我的系统性训练，因为我认为没有必要。我的身体到目前为止总是能够遵照我的意志，不管那是怎样的要求，而我的冬季工作大部分是装备的改进以及补给品的磅数和距离的里程数的数学计算。正是食物的短缺迫使我们从 87°6′ 返回。饥饿而非寒冷才是保卫北极之莱茵黄金的巨龙。

我确实准许了自己一次单调船上生活中的小憩——10 月前往克莱门茨·马卡姆内湾（Clements Markham Inlet）的旅行。从 1902 年 4 月我环视赫克拉角（Cape Hecla）进入这个大峡湾的未勘探纵深起，我就有了穿越它的渴望。在前一次探险中，我曾两次着手于那个目标，却未能付诸实施，部分归因于坏天气，部分是基于我挂念罗斯福号的缘由，我把她留在了一个岌岌可危的地点。不过现在罗斯福号是安全的；尽管太阳在地平线附近环绕，冬夜很快会降临在我们头上，我决定踏上行程。

10月1日，我带着三个爱斯基摩人——伊京瓦、乌布鲁亚和库拉图纳（Koolatoonah），离开船，此外还有各由十条狗组队的三把雪橇以及只够两星期的补给。凭借雪橇如此轻地载重以及比我们先行的队伍为我们开辟的小径，我们进展神速，在几个小时内抵达离船35英里的波特湾作为我们第一个营地。

在这儿，我们发现了两个爱斯基摩人——翁瓦吉苏（Onwagipsoo）和维沙库西，他们在一两天前被派出。翁瓦吉苏返回船上，不过维沙库西跟我们在一起运送一些补给品到风帆港，那是我们希望在下一次行进中抵达的地方；从那里，他也将返回船上。

我们在波特湾的宿营是在永久性的帐篷里，那是第一支秋季队伍竖立在那儿的，带有内缝底部的帆布帐篷前面已经描述过了。那晚并不非常冷，而我们在一顿豆子和茶的丰盛晚餐之后，美美地睡了一觉。豆子和茶！或许这听上去不像一顿盛宴，不过在格兰特地荒野上的一天之后，滋味却很像。

第16章　北极最大的游戏

我们在那场盛宴后就呼呼大睡，而且第二天一早就动身。我们经过波特湾的浮冰到达它的顶端，接着，选择陆路，越过从詹姆斯·罗斯湾（James Ross Bay）的陆岬分隔波特湾的5英里宽的地峡。这条路线的每一步我都很熟悉而且有丰富的记忆。抵达另一边后，我们再度下到冰面上并且沿着西岸快速前进。狗儿们都被喂饱而且精力充沛，耳朵竖立着沿小径小跑；天气很好，此刻在地平线上低位的太阳在冰面上投射出每个人和每条狗的长长的绝妙的影子。

突然，眼尖的伊京瓦发现在我们左侧山峰的斜坡上有一个移动的小点儿。"图克图，"他大叫道，而队伍立刻停了下来。因为了解单只公驯鹿的成功追逐可能意味着长途奔袭，我没有试着让自己去追赶它；但是我告诉伊京瓦和乌布鲁亚，我那两位健壮而腿长的小伙子，带上40-82式温彻斯特步枪，赶紧出发。话音未落，他们飞驰过田野，像挣脱缰绳的狗一样急切，弯腰屈膝快速奔跑。他们选择了一条会在山坡稍远处拦截驯鹿的路线。

我透过望远镜观察着他们。这头鹿，当它进入他们的视线时，正朝另一个方向悠闲地进发，不时地回头看一下，警惕性很高。当驯鹿突然站定并且转过身面向他们时，显然他们已经发出由一代又一代爱斯基摩父亲教会爱斯基摩儿子的魔法召唤，每一头公驯鹿在这种模仿召唤下都立刻停下来——类似于猫发出的低鸣声的一种特殊嘶嘶叫声，只是更加绵长。

两个人端平了他们的步枪，而健美的公鹿一路下山而来。狗儿们注视着，头和耳朵竖立；不过当步枪发出枪响，它们就急速地腾跃到岸边，而下一个瞬间，我们快速翻过岩石、越过雪地，狗儿们拉着雪橇就好像它们是空的一样。

当我们到达这两名猎手身边时，他们正平静地站在驯鹿旁边。我曾告诉他们不要打扰它，因为需要一些好照片。它是一个美丽的生物，几乎是雪白的，长着壮美的多分枝鹿角。当照片拍完，所有四个人开始工作，剥皮然后切割。

这个场景在记忆中依旧鲜活：詹姆斯·罗斯湾两边耸立的山峰，积雪

皮里驯鹿（格陵兰岛驯鹿）的家庭群体
由“冰冻标本剥制术”布置并用闪光灯拍摄

覆盖的前滩延伸到海湾的白色表面；南方天空中低悬的太阳正透过分水岭的间隙透射出鲜黄色耀眼光芒，空气里满是慢慢坠落的霜晶；而这四个裹着皮衣的人团团围住驯鹿，狗和雪橇稍稍在后面——在那白色旷野中仅有的生命记号。

当驯鹿被剥皮并开膛洗净后，毛皮被小心地卷起并放在一把雪橇上，肉被堆在一起，好让维沙库西从风帆港空雪橇返回之后带回船上，我们沿着海湾的西岸进发；接着，再度转到陆路，继续向西跨越第二个半岛和低分水岭，直到我们来到帕里半岛（Parry Peninsula）西侧被英国人称为风帆港的小海湾。

这里，在海港出口外面，受保护的北端背风处下面，我们设立了第二个宿营地。

维沙库西储存了他负载的补给品，而我写了纸条给巴特莱特，他此刻正在我们西侧前往哥伦比亚角的路上。那一晚，我们享用了鹿排晚餐——给国王的盛宴。

几个小时的睡眠之后我们出发，笔直前行，跨越大冰川边缘的西端，前往克莱门茨·马卡姆内湾的出口。抵达湾口后，我们继续顺东岸而下，发现了极佳的路面状况；由于从靠近岸边的缝隙里升起的潮水浸透然后冻结覆盖的积雪，形成了为雪橇留下的狭窄却平滑的表面。

这片海岸的一部分是麝牛的领地，我们仔细地扫掠，却没有看见一头这种动物。海湾下方几英里处，我们偶然发现一对驯鹿的踪迹。再远一点，我们为来自总是很眼尖的伊京瓦的紧张低语所激动：

“纳努索！”

他正兴奋地指着峡湾的中央，顺着他手指的方向，我们看见一个米色

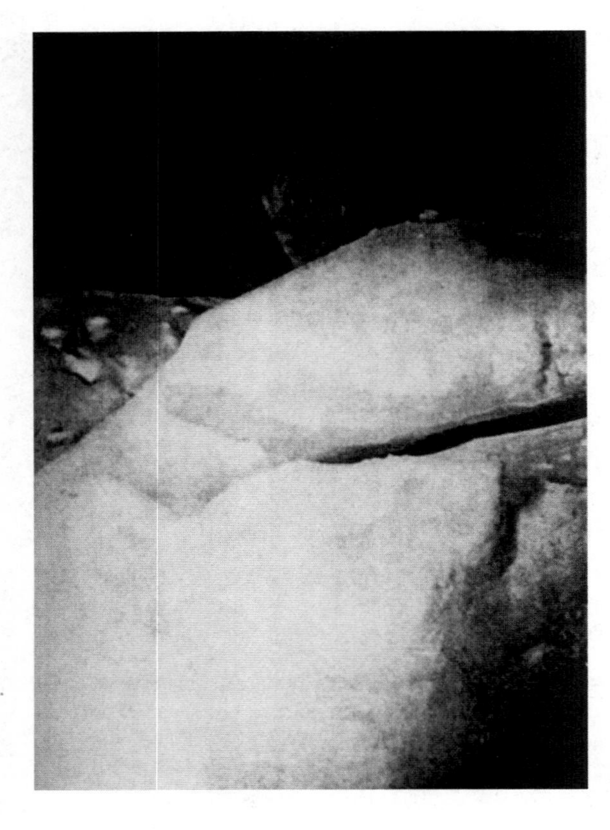

北极熊
由"冰冻标本剥制术"
布置并用闪光灯拍摄

的点正悠闲地朝峡湾出口移动——一头北极熊！

要说有比看见北极熊更让爱斯基摩人内心血脉偾张的事情，我还真没有发现过。如我这般对北极狩猎冷酷的人也震颤不已。

当我一手拿一根皮鞭站在狗前面，阻止它们突然跑开——因为爱斯基摩犬也跟它的主人一样明白"纳努索"的意义——那三个人像是疯了一样把东西扔下雪橇。

当雪橇被清空后，乌布鲁亚的队伍从我身边杀了出去，乌布鲁亚站在雪橇架上。随后是伊京瓦，就在他的雪橇飞驰而过时，我纵身跳了上去。

我们后面是库拉图纳的第三支队伍。创造成语“风驰电掣”的人一定是骑在一队正在追逐北极熊的爱斯基摩犬后面的空雪橇上。

熊听见了我们的动静，腾身飞跃向着峡湾对岸快速移动。我跳到飞驰的雪橇支架上，把伊京瓦留在上面平心静气，而我们在极度兴奋中出发，跨越积雪覆盖的峡湾表面。

当我们到达半途，积雪更深，狗儿们不能跑这么快了，尽管它们使出全部的力量向前拉。突然，它们嗅到了猎物的踪迹——而接着不管是厚厚的积雪还是任何其他东西都不能阻止它们了。乌布鲁亚跟着一支疯狂的队伍，并且只有他自己在立架上，跟我们剩余的人拉开距离，几乎跟跳跃而行的熊一样快地抵达远岸。他立刻松开了他的狗，而我们可以在远处看见熊，在他身后是看上去不比蚊子大多少的小点正在爬上陡峭的斜坡。在我们较慢的队伍抵达岸边之前，乌布鲁亚已经到达斜坡的顶端，并且他发信号要我们绕过去，因为这片陆地是个小岛。

当我们到达另一侧时，我们发现熊已经再次下到冰面并且继续跨越去往西岸的峡湾剩余宽度，乌布鲁亚和他的狗一直跟在后面。

在我们飞驰的过程中，伊京瓦描述了一个最特别的细节，这头熊跟爱斯基摩人土地上的其他熊习性相反，在狗靠近它时并没有停下来，而是继续前行。这对于伊京瓦来说，是大恶魔本人——可怕的托纳苏克——正在那头熊体内的几乎确定的证据。一想到正在追赶恶魔，我的雪橇同伴们甚至变得更加兴奋了。

小岛的另一侧积雪更深，而我们进展更慢，当我们到达峡湾西岸时，就跟小岛上一样，我们从远处看见熊和乌布鲁亚的狗正在上面缓慢地爬行，我们和狗儿们都气喘吁吁。但是我们为悬崖上某处脱缰的狗的吠叫声所激励。这意味着熊最终被逼入绝境。当我们抵达岸上，我们从雪橇上松开狗。它们爬上新踩出的小径，而我们尽最大可能跟上。

稍远处，我们来到一个深谷，由于我们能够通过声音来分辨，狗和熊都在谷底。但是我们所处的地方岩壁过于陡峭，即使对于爱斯基摩人来说也难以下降，而且我们也看不到我们的猎物。它很明显在我们这边某块突出的岩架底下。

正当我们山谷上方移动寻找下降点时，我听见伊京瓦大喊，熊已经下到谷底并且正在爬上另一边。我赶紧穿过深雪、越过山岩回来，我突然看见了这头野兽，或许在百码开外，而我举起了步枪。可是我一定是气喘得太急了，没法瞄准，因为尽管我对着它开了两枪，这头熊继续在山谷侧壁往上爬。它肯定是被托纳苏克附体了!

我发现我已经带给我两只脚上的假趾——我的脚趾1899年在康格堡被冻掉——一些对着岩石的剧烈撞击；并且由于它们激烈地进行抱怨，我决定不再沿着陡峭的布满岩石的绝壁继续跟着熊走。

我把步枪递给伊京瓦，告诉他和库拉图纳在我下陡坡回到雪橇并且沿湾冰前行的时间里继续追赶熊。但是在我还没有沿湾冰走远之前，远处听到大叫声，很快一个爱斯基摩人出现在山顶，挥手示意——他们已经逮到熊的信号。

就在前方，跟爱斯基摩人出现的地方并排，是峡谷的出口，我把雪橇停在那里并且等着。不一会儿，我的队员慢慢出现，奋力走下峡谷。目睹猎杀现场的狗被拴在熊上，仿佛它就是一把雪橇，而它们正在拖拽身后的它。这是一个有趣的场景：在被撕裂的雪盖里陡峭而多岩石的深谷，兴奋的狗用力向前拉着它们并不寻常的负载，大熊瘫软的米色、布满血丝的身形，还有喧嚣、手舞足蹈的爱斯基摩人。

当它们最终把熊拖到岸边，而我正在给它拍照片时，爱斯基摩人踱来踱去兴奋地讨论一个现在可以肯定的事实，恶魔曾附身于这头动物，否则它不会在狗赶上它之后跑这么远。北极魔鬼学的玄机超越了任何纯种白人的理解力，我不会参与有关在乌布鲁亚的步枪击倒它的肉身时恶魔抽身去往哪里的讨论。

我们的犒赏很快就被爱斯基摩人熟练的刀工剥皮切开，熊肉被堆在岸上好让未来到达的队伍带回船上，熊皮被小心叠放在一把雪橇上，而我们回到了海湾另一边我们最初看见熊的地方。

在那里我们发现了为了减轻雪橇重量来追逐熊而被抛下的补给品；而且由于人和狗都已筋疲力尽，我们也满足于当日的工作，我们就在这个地方宿营。我们的帐篷被打开并且竖起，油炉被点燃，而我们有充足的熊排供应——都更有滋味，或许，缘于托纳苏克最近的现身。

第17章　终见麝牛

在下一次行进中，我们只走了大约六七英里时，就看见远处山坡上的黑点，而当时我们正在绕过内湾东岸的一个地点。

“乌明慕克苏！”乌布鲁亚兴奋地说道，而我也欣喜地向他点头。

对于有经验的猎手来说，带着一两条狗，看见麝牛应该就等同于捕获它们。也许会有跨越高低不平土地中最崎岖类型的跋涉，还有迎面而来的刺骨寒风，但是结局应该总是兽皮、牛角和多汁牛肉等战利品。

至于我自己，我从不把麝牛与游猎的概念联系在一起——往昔岁月里那些黑色身形的目睹往往意味着生与死之间的转变。1896 年，在独立湾，一群麝牛的发现拯救了我整支队伍的性命。在我 1906 年从 87°6′ 返回途中，假使我们没有在纳尔斯地发现麝牛，我的队伍的尸骨也许现在就在那片白色旷野里白化。

当我们在远处看见这意义重大的黑点后，我们向它们进发。挨在一起的有五头，而另有一头分开一点距离。在我们靠近到一英里之内时，两条狗被松开。它们欣喜若狂，因为它们也看见了小黑点并且明白它们意味着什么；缰绳一旦被松开它们就冲了出去——笔直如归巢蜜蜂的飞行。

我们不紧不慢地跟随，我们了解当我们到达时这群牛会聚拢在一起，等待我们的步枪。单头麝牛在看到狗时，会走向最近的悬崖并且背对着它；但是一群麝牛会围拢在一片平地的中央，尾巴在一起而头朝着敌人。接着这一群中的雄性头牛会占据这一聚集之外的位置，并且向狗群进攻。当头牛被射中，另一头会取代它的位置，以此类推。

几分钟后我再次站立，就像我在以前探险中一样站立，身前是那群鬃毛蓬乱的黑色身形，牛眼闪烁而牛角直指着我——只有这一次不意味着生与死。

然而，随着我举起步枪，我再度感受到生命系于我瞄准的准确性的可

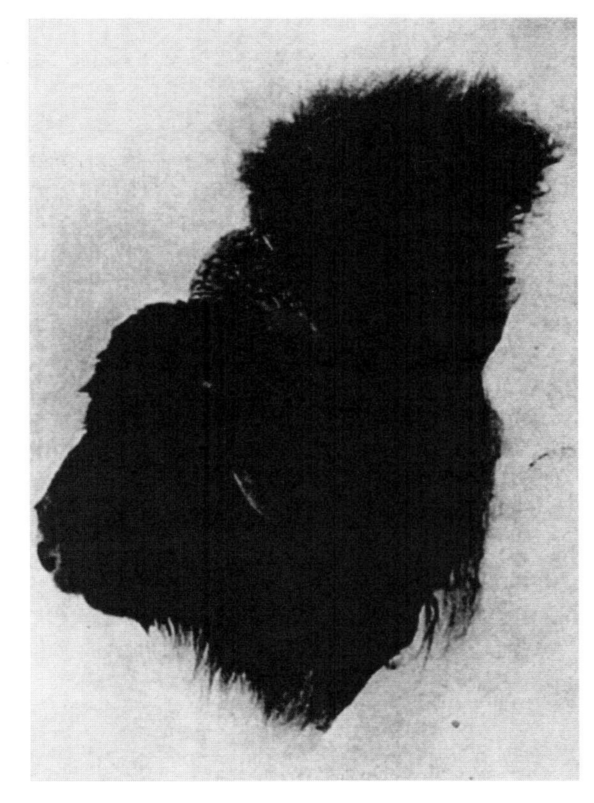

在帕里半岛被猎杀的公麝牛的牛头

怕感觉攫住我的心脏；我再度感受到往日那折磨人的饥饿深入我的骨髓；那种对红色、温暖、血淋淋的肉食的强烈渴望——狼在扑倒它的猎物时才有的感受。无论在北极或其他地方曾经真正饥饿过的它会理解这种感受。有时候关于它的记忆会在意想不到的地点向我袭来。我曾在一次丰盛的晚餐后在大城市的街道上感受到它，当时一个面颊瘦削的乞丐伸出他的手讨要施舍。

我扣动了扳机，而这一牛群的公头牛蹲伏下来。子弹击中前肩下方易受攻击的地方，人们应该总是射击麝牛的这个地方。瞄准牛头就是浪费弹药。

随着公牛倒下，从牛群中出来一头母牛，第二发子弹射杀了它。其他的牛——第二头母牛和两头牛犊——一会儿工夫就解决了；然后我留下乌布鲁亚和库拉图纳剥皮和切肉，而伊京瓦和我向几英里外走单的动物出发。

当狗儿们靠近这个家伙，它起身上山并且消失在附近的山顶。沿着它走过的小径的轻薄积雪被它身体两侧和肚子下面拖到地上的长而浓密的毛扫走。

狗儿们在麝牛之后也消失了，但是伊京瓦和我自己由它们的狂吠所指引。我们的猎物躲在了河床底部的巨大石头里，它的尾部和两侧都得到保护，它站在那里被身前吠叫着的狗逼入绝境。

一击致命；留下伊京瓦将这头动物剥皮切肉之后，我出发走回到另两个人那里，因为我们已经决定在他们宰割这五头麝牛的地方安营。不过当我从谷口出来时，我看见山谷上方还有另一个毛发蓬乱的巨大黑色身形。我迅速退了几步，拉来两条狗，确保这个家伙跟其他的一样好对付。

然而，这最后的家伙却特别让人感兴趣，因为就在蹄子上方的白色腿毛掺和着一抹鲜红色——我以前从没有在任何一头这些北极动物身上看见过的标记。

把狗拉在我身边并且离开这头麝牛之后，我走向被选择作为营地的地点。乌布鲁亚和库拉图纳正要完成第五头麝牛的切割，他们立即带着一把雪橇和一队狗出发，去帮助伊京瓦处理两头大公牛。

他们走了之后，我自己架起帐篷，开始准备我们晚餐用的茶。当这几个爱斯基摩人的话音在远处传来，我把麝牛排放在火上烤，不到几分钟，我们就在享用我们劳动的回报了。当然这的确是养尊处优，第二晚的鹿排，昨晚的熊排，今晚又是甘美多汁的麝牛排！

早晨，我们继续我们的行程，而这一天里，又有三头麝牛被捕获，麝牛肉跟往常一样被贮藏。那天晚上，我们在这片迄今尚未被探索的内湾源

被赶拢的麝牛群

维沙库西和麝牛犊

头宿营，而我满足于获悉又一片以前未知的地区被加入到世界地图里。

第二天，我们沿内湾的西岸向北进发。我们已经旅行了数个小时，正在寻找一个合适的地方宿营，然后来到一块高约50英尺的陡峭悬崖的脚下，这时突然狗从岸边跑开，准备爬上悬崖。当然，由于雪橇在，它们不可能这么做；但是我们知道它们的疯狂行为意味着——更多的麝牛。

伊京瓦和我立刻手拿步枪攀爬峭壁。探出崖顶窥视，我们看见一群五头麝牛。天快黑了，北极的暮色如此浓重，我们只能分辨出五个深色的小点。我们歇了歇，喘了口气，然后我示意乌布鲁亚带两条狗过来，留下库拉图纳跟其他狗在雪橇那儿。尽管光线模糊，我们迅速干掉了这群牛。

我再次搭起帐篷并准备晚餐，同时，我棕色皮肤的朋友们在悬崖上向麝牛致以最后的敬意。这些动物一旦被杀死有必要立刻取出内脏，否则毛发蓬松的庞大身躯发出的多余热量会导致牛肉开始腐败。当三个爱斯基摩人下到帐篷处时，夜色早已降临到我们头上——预示漫长黑夜的来临。

第二天，我们完成了内湾西岸的环行，然后选择通往风帆港的捷径，开始一次急行军。在风帆港，我们发现了来自巴特莱特的便条，显示前一天他在从哥伦比亚角返回船的途中曾路过那里。

在那儿我们再次宿营；而早晨，当队员们正在拔营和缚紧雪橇时，我在晨曦的最初光线下出发，跨越半岛前往詹姆斯·罗斯湾。当我攀上分水岭，我看见——下方海湾的岸上——一组可以被清晰地认作营地的黑色小点；稍过一会儿，我向这队人马大声高呼，他们是由巴特莱特、古塞尔和波鲁普的几支小分队构成。

等到这三个人睡眼惺忪、僵硬的身形——我很快了解到他们只睡了一个小时左右——从帐篷里出来，我的雪橇和爱斯基摩人已经跟在我的后面。我这时可以看见这些人突出的眼睛，尤其是年轻的波鲁普，因为他们看见了雪橇上装载的蓬松皮毛。领头雪橇的顶上是北极熊似雪的华美毛皮，头朝着前方；这后面是带着张开鹿角的头的鹿皮，还有他们都没时间点数的麝牛头。

“哦，哎呀!”波鲁普惊呼，这时他张开大嘴的惊愕才容许清晰的发音。

我没有时间逗留，因为我想要在那次行程中抵达船上；在聊了几句之后，留下这些人继续他们被打断的睡眠。当我们抵达罗斯福号的时候天黑已经很久了。我们已有七天缺觉，已经跋涉超过200英里，完成了对克莱门茨·马卡姆内湾的探索，绘制了它的草图，并且附带地捕获了北极地区

在克莱门茨·马卡姆内湾被猎杀的熊

三种大型动物的美妙样本，由此为我们的冬季补给增添了几千磅鲜肉。所以，带着彻底满足的感觉，我在罗斯福号上我的船舱浴室里洗了热水澡，接着爬上我的床铺睡了一个使我精力恢复的长觉。

整个10月，运输补给和狩猎的工作都在继续。船长完成了两次从船到哥伦比亚角的往返旅行；不过他在沿路线来来回回的所有时间里都在工作。在这项工作期间，他捕获了四头麝牛。

麦克米兰从流感中恢复过来，10月14日，他带着两把雪橇、两个爱斯基摩人和20条狗被派遣完成一次克莱门茨·马卡姆内湾的勘测，同时捕猎麝牛和驯鹿。他猎获了五头麝牛。月末，医生也被流感侵袭，使他卧床一两周。很多小分队被派出进行短期狩猎旅行，秋季期间，很难有一天所有人在同一时间都在船上。

然而，从9月初我们抵达谢里登角的时间起到3月1日我们离岛前往北极的日子为止，探险队的每一名成员几乎都持续地投入以完成为春季终极雪橇旅行所做的准备为目标的工作中去，这项工作没有一小部分在目标和结果上是教育性质的。那就是说，它的意图是使得队伍中的“童子军”适应跨过崎岖地面状况并且穿越低温、风和雪的长途旅行的艰难。它教会他们在困难条件下如何保护他们自己，如何保护自己避开时刻存在的冻伤威胁，如何从他们的皮毛衣物得到最大的舒适和防护，如何运用他们极有

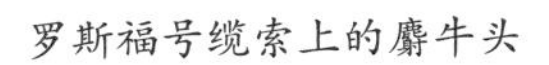

罗斯福号缆索上的麝牛头

罗斯福号缆索上的驯鹿头
（摘自返程航行中拍摄的照片）

价值的狗以及如何管理他们的爱斯基摩助手来获得他们努力的最佳成果。

古塞尔医生的日记记录了任何北极雪橇旅行的主要麻烦的典型，很值得在这里复述。

“曾经利用时间，”古塞尔医生写道，“试图让袜子和靴子干透。由于寒冷和节省燃料的需要，弄干袜子是极其困难的。一般的做法是当鞋袜接近吸足水分的时候丢弃它。只要鞋袜是干的，做一些常规的预防措施，冻坏双脚的危险就小。穿着潮湿的鞋袜，一个人就处在冻伤双脚的持续危险之中。带有3英寸灯头的油炉勉强够烘干手套，人们戴两副手套，外面一对熊皮手套，里面一对鹿皮手套。”另一段日记记录了一种不同类型的危险：

“托星瓦（Toxingwa）和维索卡西（Weesockasee）被麦克米兰煮茶时的缺氧和酒精的浓烟击倒。维索卡西就像睡着一样躺倒。托星瓦扭动身体，好像要把他的手臂从外衣的袖子里脱出。最终他也躺倒了。麦克米兰推测到原因并且踢开了门。大约15—20分钟之后，他们完全苏醒过来。指挥官在他的另一次探险中有差不多类似的经历，当时他看见爱斯基摩人行动诡异，就迅速踢开雪屋的一侧。”

还有另一种在跨越极地海洋的雪橇旅行中无处不在的危险就是跌穿薄冰并且被彻底浸湿。或许没有必要夸大这种危险的严重性，因为恰恰就是这样的事故让马文教授付出了生命的代价。哪怕这样一次事故的受害者能够把自己拖出水面，他多半也会很快被冻死。当温度在零下20°到60°的范围之内的时候，因冻僵而造成的死亡对于一个被水浸透的人来得很快。

“刚把我的靴子换成一双干的，”医生写道，“穿越一条被薄冰覆盖而且中间裂开的水道，我的左腿没到了膝盖。幸运的是我的右脚向前踏在坚冰上，我纵身向前，左膝跪在了坚冰边缘，把我的腿拉出水面。在另一条水道上，冰块在我从它的表面跳出时塌了。我的右脚浸入水里直到脚踝。我没弄明白为什么我没有全身掉入水里。假使水没到我的腰部，那将会有严重的后果，因为雪橇离这儿还有些距离，而且气温在零下 47°。没有雪屋，手头也缺少换的衣物，这样温度下没入水中肯定会有一个可怕的结局。”

如此种种艰难条件——然后这件事有其不可抗拒的魔力，并且有时会有像 2 月 25 日那样的闪光时刻到来，当时在从罗斯福号到哥伦比亚角的路上露营的医生写下随后的内容：

“当我靠近古德岬（Point Good），不知不觉地我停顿下来，再次眺望这景色。我可以看见在后面的赫克拉角和帕里半岛。在前面，哥伦比亚角的双峰召唤我们前往指挥官北行中的第二个出发点。随着我们向北前进，越过相对平滑的冰川边缘，在未来几周内将要考验我们的极限的浮冰和糙面冰的尖塔若隐若现。在南面，地平线的圆周跟大多与海岸线平行的尖耸、锯齿状的山脉邻接。每天我们都有一次持续数小时的壮丽黎明。金色曙光从平行的锯齿状山脉投射下来。每座山峰反射着太阳的光线，几天之内，将用它的直接光线照亮它们。那里有一片角膜状金色光泽，深红色和黄色相间，伴随着更深色的云层平行于海岸山脉飘浮——特纳效应每天都持续数小时，并且还将持续几天，效应一天比一天增强。我在困难的条件下写字，伊尼吉托（一个爱斯基摩人）拿着蜡烛。当我斜靠在雪屋的床平台上，我的双手如此寒冷，以至于我几乎不能控制我的铅笔。”

不过所有这些都是预料中的。12 月 12 日，太阳向我们宣布这一年的告别，而迅速加深的暮色增加了野外工作的难度。我们的照片每一天都变得更不符合要求。从大约9月中旬起，我们就已经不能够拍摄快照了；因为，当太阳靠近地平线时，尽管光线看上去像夏天里的那样耀眼，它却没有了光化力。我们第一次定时曝光是5秒钟；12月28日，我们最后一次是90分钟。气温也逐渐变得更低，12月29日到了零下26°。

秋季工作随着11月5日巴特莱特和他的队伍从哥伦比亚角返回而结束，其他人在此之前都已经回来。到那时光线已经消失，而我们有必要等待漫长冬夜里的月亮重新出现才能做更多的工作。

我们已经在北极正午去到那里，在北极的暮色中工作和狩猎，而现在黑夜已降临在我们头上——漫长的极夜看上去就像死亡阴影的山谷。由于几乎所有为春季雪橇旅行准备的补给品都已经在哥伦比亚角，为过冬准备的新鲜肉食也储备充实，而且我们的队伍都处于良好的健康状态，我们带着相当愉悦的心情进入伟大的黑暗。我们的船显然是安全的；我们都住得好吃得饱；如果有时候可怕的黑色忧郁一时间占据队员们的心灵，他们也只是相互之间或者对我保守秘密。

第18章　长　夜

对于一个从没有经历过四个月持久黑暗的人来说，是否有可能想象那是什么，是很值得怀疑的。每个在校男生都获知在地球的两极，一年是由相等长度的极昼和极夜以及介于两者之间的暮色时段组成的；但是那个事实的单纯描述对他的感知构不成实际的印象。只有当他在灯光下醒来和入睡，再一次醒来和入睡，日复一日，周复一周，月复一月，才能明白阳光的美妙。

在漫长的极夜期间，我们数着日子直到光明回到我们身边，有时候，越靠近黑暗期的终点，我们在日历上扣除天数——31天，30天，29天……，直到我们再一次看见太阳。在北极，理解古老的太阳崇拜应该要花上一整个冬季。

设想一下我们在罗斯福号上的冬日之家里，离北极还有450英里：船在她离岸150码的多冰停泊处驻扎，船和周围的世界被冰雪覆盖，风吹着缆索发出嘎吱嘎吱声，围着甲板室的每个角落呼啸和尖叫，气温在0°到零下60°之间起伏变化，而外面海峡里的浮冰随着潮汐的运动发出呻吟和怨愤。

在每个月大约八到十天有月光的日子里，当月亮看来在天空中循环不息，探险队里的年轻成员们几乎总是外出去狩猎旅行；但是由于冬季狩猎

月夜在冬季营地被照亮的罗斯福号，展示迫近船的冰压
（版权所有，弗雷德里克·A. 斯托克公司，1910 年）

只能在月光下进行，在相对更长的完全黑暗的时段里，我们中的绝大多数都一起待在船上。

必须理解北极的月亮有其常规的盈亏，它的独特性在于它在天空中的行进路线。当天气晴朗的时候，即使是在黑暗周期内，那里也有星光；但那是特殊的、冰冷的和似光谱的星光，借用弥尔顿的话语，看上去只是让“黑暗可见”。

当大部分的时间星星藏起来时，黑暗是如此的厚实，它看上去似乎可以用手抓住，而且在狂风和暴雪中，如果某人冒险把头伸出船舱门，他看起来好像被恶魔力量的无形的手推了回来。

在冬季早期，爱斯基摩人住在船的前甲板室里。廊道的炉子、爱斯基摩人的住处和船员的住处里总会留着火；但是尽管我在我的船舱里有一个圆柱形小煤炉，它整个冬天都没有被点燃过。让我船舱的前门向廊道开一段时间，可以保持我的船舱温暖舒适。巴特莱特偶尔会在他的船舱里点火，而探险队的其他成员有时候点燃他们自己的油炉。

11 月 1 日起，我们采取了一日两餐的冬季时间表，九点早餐，四点晚餐。这是膳务员珀西和我开出并贯彻一整个冬季的每周菜单：

星期一。早餐：谷类食品。豆子和黑面包。黄油。咖啡。晚餐：牛肝和腌肉。通心粉和奶酪。面包和黄油。茶。

星期二。早餐：燕麦粥。火腿和鸡蛋。面包和黄油。咖啡。晚餐：腌牛肉和奶油豌豆泥。布丁。茶。

星期三。早餐：两种谷类食品可选。鱼，船头（即供应船员）；香肠，船尾（供应探险队成员）。面包和黄油。咖啡。晚餐：牛排和土豆。面包和黄油。茶。

星期四。早餐：谷类食品。火腿和鸡蛋。面包和黄油。咖啡。晚餐：腌牛肉和豌豆泥。布丁。茶。

星期五。早餐：谷类食品的选择。鱼。右舷（我们自己）餐桌上的牛肉饼。面包和黄油。咖啡。晚餐：豌豆汤。鱼。蔓越莓馅饼。面包和黄油。茶。

星期六。早餐：谷类食品。炖肉。面包和黄油。咖啡。晚餐：牛排和土豆。面包和黄油。茶。

星期日。早餐：谷类食品。“布鲁兹”（纽芬兰硬饼干，跟腌鳕鱼一起煮软）。面包和黄油。咖啡。晚餐：鳟鱼。水果。巧克力。

我们餐桌上的交谈主要是有关我们的工作。我们会讨论上一次雪橇旅行的细节或者商量下一次的计划。总有一些事情在发生，而大家是如此全神贯注，没有时间沉湎于传说中令人发狂的北极冬季忧郁。此外，我们挑选的都是多血质的队员，而且一起携带的很多未经加工的原料可以保持每个人为了使它们加工成型而忙碌工作。

星期天早上，我在我的船舱里用早餐，这样不去干涉我的队员。在这些场合里，交谈少了一点技术性，范围从书籍到餐桌礼仪，有时候巴特莱特会抓住这个机会向他的伙伴们提供有关餐桌举止方面半严肃半幽默的建议，告诉他们这一天会在他们必须回到文明世界时到来，而他们一定不能让自己养成漫不经心的习惯。这样队伍的理论和实践要素在同等条件下相符合。

我从未采纳对我探险队成员的严厉规定，因为那是不必要的。在餐室有常规的用餐时间。大家清楚在午夜应该熄灯，但是如果任何人之后想要灯光，他可以自己点。这些就是我们的规定。

爱斯基摩人被允许在他们乐意的时间进食。他们可以选择深夜不睡，但是他们制作雪橇和皮衣的工作下一天必须如常进行。对他们只有一条严格的规定：从晚上 10 点直到早晨 8 点不能弄出大的声响，比如剁碎给狗吃的肉或者大声喧哗。

当生活在冬季营地里的罗斯福号上时，我们放弃了很多在海上时船上生活的惯例。仅有的定时鸣钟是在晚上 10 点和 12 点，第一个是所有大声喧哗必须停止的信号，后者是熄灯的信号。仅有的值班者是那些常规的日班和夜班看守人。

除了一些感冒病例之外，在我们待在冬季营地的整个时段期间，队伍的健康状况是良好的。跟在欧洲和美洲的流行病一致，北极的感冒是相当有意思的现象。我对它的第一次经历是在 1892 年，紧接着一次特别的格陵兰风暴，跟那些阿尔卑斯山里的风暴类似——一次显然从东南横扫整个格陵兰宽度的风暴，在24小时内将温度从负30°提高到正41°。跟着那次大气扰动，我队伍的每位成员，甚至一些爱斯基摩人，都明显受到感冒侵袭。我们的观点是，这次风暴而不是局部的扰动把病菌带给我们。

除了风湿病和支气管问题，爱斯基摩人是相当健康的；不过成年人易受被他们称为“皮布罗克托”(piblokto)——一种形式的癔症的紧张情绪的影响。我从没见过小孩子得“皮布洛克托”；但是成年爱斯基摩人中有些人一两天会得一次病，而一天里会有五个病例。这种情绪的直接起因很难追溯，尽管有时候它似乎是对不在场或者死去亲人的沉思的结果，抑或是对未来的恐惧。这种精神失调的临床表现多少让人感到吃惊。

病人，通常是女性，开始尖叫，扯掉甚至撕烂她的衣服。如果在船上，她会在甲板上走上走下，一边尖叫一边打手势，而且一般是在赤裸状态，不顾温度可能在−40°。随着发病强度的增加，她有时候会越过围栏跳到冰面上，或许跑上半英里。发作可能持续几分钟，一个小时，甚至更久，而一些病人可能变得过于狂暴，假使他们不被强迫拉回来的话，他们会赤条条地在冰上跑个不停，直到他们被冻死。

当一个爱斯基摩人在室内患上“皮布罗克托”，没有人会给予太多关注，除非患者可以触及一把刀或者试图伤害某个人。发病通常会以一阵哭泣为结束，而当病人平静下来，双眼是充血的，心跳是剧烈的，并且随后全身颤抖持续一个小时左右。

爱斯基摩犬中间出名的发狂行为也被称为“皮布罗克托”。尽管它似乎不是传染性的，它的临床表现却与那些狂犬病的类似。患上“皮布罗克托”的狗通常被射死，不过它们常常被爱斯基摩人吃掉。

第一轮冬月在11月初出现，而在7日，麦克米兰出发前往哥伦比亚角进行为期一个月的潮汐观测，随他一起的有海员杰克·巴恩斯、伊京瓦和伊尼吉托以及他们的妻子。普鲁纳、乌布鲁亚和希格鲁作为麦克米兰的支持队伍，前去运送补给品，而维沙库西和克顺瓦前往理查森角，带回秋季狩猎旅行期间曾被留在那里的麝牛皮。

麦克米兰在哥伦比亚角所做的潮汐观测跟秋季和冬季期间在谢里登角持续进行的以及之后在罗伯逊海峡另一边的布莱恩特角（Cape Bryant）实行的那些潮汐观测相关联。1908—1909年探险队的这些潮汐观测是在任何地点曾记录的所有连续系列中最靠北的，尽管类似的观测曾由富兰克林夫人湾探险队在大约西南60英里的康格堡执行。

11月份期间，马文和波鲁普继续在谢里登角做潮汐观测。建造在潮汐裂缝里的冰面上的潮汐雪屋大约离船180码远，是一座普通的爱斯基摩雪屋，被用作对验潮杆进行观测的人员的保护设施。这种验潮杆大约12英尺长，被敲进海底，而它的杆身上被标记着英尺和英寸的刻度。随着潮汐的涨落，浮冰和雪屋随着水面浮动，但是验潮杆保持静止，并且通过浮冰在验潮杆上的位置，我们测量了潮汐每天、每月和每季度的变化。

沿着格兰特地北岸的潮汐以其涨落的细微而著称，它从谢里登角的平均1.8英尺到哥伦比亚角的0.8英尺之间变化。正如对于航海者来说熟知的，纽约桑迪岬（Sandy Hook）的潮汐有时候上涨12英尺，而芬迪湾（Bay of Fundy）的潮汐经常是超过15英尺；在哈得逊海峡（Hudson Strait）它们是大约40英尺，而在中国海岸上的某些地方极端的涨潮甚至更大。

两名爱斯基摩妇女跟麦克米兰的队伍一起被派往哥伦比亚角，因为爱斯基摩男人喜欢在进行长途旅行时有他们的家庭陪在身边。妇女在烘干和修补皮衣上会有所帮助，在雪橇旅行的粗暴使用中皮衣会不断地需要缝补。她们中的一些能够跟男人一样驱赶狗队，而且很多人是好射手。我知道她们射死过麝牛甚至是北极熊。她们从不尝试攻击海象，然而她们可以跟男人一样划动独木舟——到她们力量的极限。

爱斯基摩妇女的技艺不止在装饰类型方面有用处。比方说，当地油灯的处理需要很多技巧。如果灯芯修剪得好，它跟我们自己的灯一样清澈和无烟；如果它没有被妥善处理，它散发令人讨厌的烟雾和气味。由于爱斯基摩人并不非常浪漫，一名妇女在加工皮革和制衣方面的技巧很大程度上决定了她可能赢得的丈夫的品质。爱斯基摩男人对于女性的美丽没有非常挑剔的眼光，但是他们擅长于鉴别持家技艺。

即使是 11 月这么早，我们已经开始担心狗的问题了。它们中的许多已经死去；它们几乎都处于糟糕的状态，而且食物不太充足。为了给可能的事故做准备，带上两倍于所需的狗的数量总是有必要的。11 月 8 日，我们在 8 月离开伊塔时带着的 246 条狗只剩下 193 条。供给它们的鲸鱼肉似乎缺乏营养。

为了节省狗粮，四条处在较差状态的狗被杀死，而在 10 日又有五条被杀死。接着我们试图用猪肉喂它们，结果是又死了七条。我开始怀疑我们是否还有足够数量的狗留到向北极进发的春季旅行中。

估算这些爱斯基摩犬的不确定寿命是绝对不可能的。这些动物会忍受最严苛的艰苦；它们会在实际没吃东西的情况下跋涉和拖拉重物；它们会暴露在最狂暴的北极暴风雪中生存数日；而随后，有时候在好天气里，在显然是最佳食物的普通一餐之后，它们会躺下并死去。

11月25日，我们再次对狗进行彻底检查和计数。现在只留下160条，其中有10条处在糟糕的身体状况。但是那天我也发现，凭借现有的前甲板上被切碎的冻海象肉，我们拥有比我们之前以为的更多的补给，而这个发现驱散了曾经萦绕我们的噩梦。从现在起，狗可以被喂养更大限量的最佳种类食物。因为，在我们事实上尝试了一切，包括腌肉之后，海象肉被发现比其他任何东西更适合它们。

此事的重要性在任何瞬间都不可以视而不见。足够多的狗对于探险队的成功是至关重要的。假使一次疫情使我们失去这些动物，我们也许最好留在美国舒适的家里。所有跟远征北极相关的金钱、智慧和劳动都将被彻底抛开。

第19章 罗斯福号的虎口脱险

建筑业务在北极地区范围不广是完全真实的，但是同样的事实是，如果你希望在那里大范围地旅行，你必须知道如何建造你自己的住所。要是你忽视在这一方面训练自己，十有八九在某个时间你会对此后悔。

接近秋季野外工作的尾声，帆布帐篷的使用已经被中断，雪屋已经沿着行进路线被建造。这些是永久性的，并且被一支又一支不同的队伍使用。探险队的新成员由马文、亨森和爱斯基摩人传授雪屋建造的技艺。没有人应该进入北方的荒野，除非他知道如何为自己建造一个抵挡寒冷和风暴的庇护所。

雪屋的大小通常取决于队伍的人数。如果为三个人建造，它的内部约摸是 5 英尺 ×8 英尺见方；如果为五个人建造，为了给睡觉平台提供更大宽度，它约摸是 8 英尺 ×10 英尺见方。

四个健壮的男人可以在一小时之内建造一座这样的雪屋。每个人从雪橇支架上拿来一把锯刀并且开始动手切割硬雪块。锯刀大约 18 英寸长，牢固且坚硬，一边是利刃而另一边是锯齿。硬雪块尺寸不一，那些排列在底部的要比上面的更大和更重，并且所有的都向内侧弯曲，这样当它们放置在一起时会形成一个圆圈。墙的厚度取决于雪的硬度。如果被紧密地夯实，墙可能只有几英寸厚；如果雪较软，雪块会更厚，它们会保持形状。

底层的雪块有时候长2—3英尺，高2英尺；不过有时候它们要更小，因为并无关于它们的严格规定。

当足够建成一座雪屋的雪块被切好后，一名爱斯基摩人会在将成为这个建筑物中心的地点（通常是一个倾斜的雪堆）占位。接着其他人搬来雪块，相互衔接地竖立放置，形成蛋形环来围绕着中间的人，而他用雪刀灵巧地拼合雪块。第二排放置在第一排的上面，不过稍稍向内弯曲；而随后的几排都按逐渐上升的螺旋垒高，每个后继的层更向内倾斜一点，而每块雪块都被两边的雪块夹紧，直到最后顶部留下一个可以被一块雪块填满的缺口。

这一块随后被雪屋里的人恰当地定形；他把它竖着向上推出缺口，到了顶部后再把它翻过来，向下放置在缺口上，同时用他的刀切削直到它像拱顶的楔石一样嵌入洞口，牢实地粘合整个建筑，那在很大程度上无异于一个蜂窝的构造。

一个刚好够一个男人爬过的洞口会在一侧底部被切开，而任何雪屋里多余的雪通过这个洞口被扔出。在后部或者较大的一端，倾斜的地面被整平而形成一个床平台，在这前面，地面被挖深一英尺或更多，留下站立空间和炊具的位置。

随后床上用品和烹饪用具被放到雪屋里面，并且在狗被喂食和被拴住过夜后，队伍的成员进入，底部的开口被一大块雪堵上，雪块的边缘用锯刀切削成形，紧密地与开口结合，一切都已为夜晚准备完毕。

在炊具被点燃之后，雪屋很快变得相对温暖，而且在北极地区，当人们因长途跋涉而筋疲力尽时，他们一般很容易就入睡了。失眠从不是北极的烦心事之一。

我们从不把闹钟带到野外来唤醒我们。第一个醒来的人会看他的手表，如果到时间再次上路，他就把其他人叫醒。早餐后，我们拔营并再度出发。

这一次在冬季的几个月里，我没有再加入野外队伍，而是留在了船上，斟酌和完善春季行动——朝向北极点的雪橇旅行——的计划并且对新式皮里雪橇、服装细节的改进以及我专为春季工作设计的新酒精炉的试验——决定酒精的最有效装载量、融解碎冰的最有效尺寸等——进行大量研究。在所有雪橇装备中，重量问题是最重要的因素，很有必要通过不断研究来用最小的重量和体积获得最大的效率。至于消遣，我投入很多时间在一种新型标本剥制术上。

11 月中旬前后，我让人在罗斯福号主甲板上的舱口顶部建造了一个大雪屋，我们称它为“工作室”，波鲁普和我开始用爱斯基摩人的闪光灯照片进行实验。他们已经变得习惯于在纸上看见自己的仿制映像，并且是非常耐心的模特。我们还获得了一些很好的月景照片——定时曝光从十分钟变化到两三个小时。

在这次最后的探险中，我不允许自己梦想未来，为了期待，抑或是为了恐惧。在 1905—1906 年探险中，我曾梦想太多；这次我更明白了。过去有太多次我发现自己直面不能逾越的障碍。每当我突然停止想入非非，我要么着手做一些需要密集运用心智的工作，要么就去睡觉——有时候这些梦想是难以抵挡的，尤其是当我在北极月光下的冰足上独行的时候。

11 月 11 日的傍晚，天上有明亮的幻月，在南方天空可以看见两轮明显的晕圈和八个假月。这类现象在北极并不罕见，那是由空气中的雾晶导致的。在这种特殊的时刻，内层的晕圈在它的顶点有一个假月，另一个在它的底点，左右两侧还各有一个。外层是另一个晕圈，上有另四个月亮。

在夏季，我们有时会见到幻日，太阳的一种类似现象。我曾见过假日——船员们把它们叫作太阳犬——在近距离的出现，最低的那一个看上去就落在我和20英尺远的雪堆之间，近到只要前后移动我的脑袋，我就可以把它拉出或者拉进我的视野。这是我曾来到过的最接近发现彩虹脚下的金罐的地方。

11月12日的晚上，有超过两个月时间似乎对我们的闯入都无动于衷的海峡浮冰群突然发威，试图把我们猛推向同样不太友好的海滩上。

整个晚上风力逐渐加强，大约在11点半前后，船开始嘎吱作响，发出低沉的轰鸣声。我躺在我的床铺里，听着绳索间的嗡嗡风声，与此同时，透过舷窗的昏暗月光洒满了船舱。接近午夜，夹杂着船体发出的声响，可以听见另一种更加不详的声音——外面海峡里浮冰刺耳的摩擦声。

我匆忙套上衣服，走到甲板上。潮水正汹涌而来，而浮冰不可抵挡地冲过海角的尖端。在我们和外面冰块之间最近的浮冰在节节增强的压力下发出低吟。借助月光，我们可以看见冰块，因为它已经开始被挤碎，并在我们外面的冰足边缘堆积起来。几分钟后，整个一大块随着一阵急促的轰鸣碎成许多四处翻滚的冰块，有的隆起，有的下沉，而一大块30英尺高的冰椽在离船20英尺之内的冰足边缘形成。大块的入侵者越来越大，节节朝我们迫近。在我们右舷外搁浅的冰块被使劲推入并撞击我们右舷船尾下方的大冰块。船身摇晃了一下，但是冰块没有移动。

伴随着潮水的每一次涌动，压迫和移动都在继续，并且在我来到甲板上不到一个小时之内，一座小冰山从船中间到船尾挤住了罗斯福号。有一分钟时间看上去穿好像就要被整体推上岸。

全体船员都被传唤，船上的所有火苗都被熄灭。我一点也不担心船被冰块挤碎，不过她可能被推倒，从炉子里溅出的煤块也许会引发北极冬夜的惨剧，“火烧船”。爱斯基摩人完全被吓坏了，发出他们怪异的咆哮。一些家庭开始聚集他们的用品，几分钟内，女人和孩子们都翻过左舷围栏上到冰面，走向岸上用箱子搭成的小屋。

罗斯福号朝向左舷或者靠岸一侧的倾斜随着逐渐增强的来自外部压力而逐步增加。由于凌晨 1 点半左右的转潮，移动停止了，不过罗斯福号直到第二年春天才重获平稳。那晚的气温是零下 25°，但似乎不是非常冷。

马文的潮汐雪屋被一分为二，不过他继续着他的观测，那一晚的观测会是特别有意思的；而在浮冰平静下来之后，爱斯基摩人立即被派出来修复雪屋。

说来奇怪，没有一个爱斯基摩人因为受到惊吓而患上“皮布罗科托”，而且我得知一名叫阿特塔的妇女在骚动的全程都在爱斯基摩人的住处平静地进行缝纫。然而，经过这次体验之后，一些爱斯基摩家庭选择岸上的箱屋或者雪屋作为他们的冬季住所。

遥远北方的冬季大风对于任何从没有体验过它们的人来说几乎都是无法想象的。我们这最后一次在谢里登角的冬季不如 1905—1906 年的冬季来的严酷，但是我们也碰上了严厉的风暴使我们想起旧时光。沿海岸横扫而下的北风和西北风是最寒冷的；不过作为绝对的狂暴，夹带着几乎是一面水墙的撞击而落在海岸高地上的来自南方或西南方的大风在北极地区的任何其他地方都是无法逾越的。

有时候这些风暴渐次来临，来自西北的风力逐步增强，并从西转向至西南，每个小时都聚集着狂怒，直到雪被整体从陆地和冰足上卷起，形成白茫茫的水平的薄片穿过船身。在甲板上，不可能站立或移动，除非在围栏的庇护下，而雪片的屏障是如此令人盲目，以至于强烈如灯光的反射在10英尺远处也完全是无法辨认的。

当野外的一队人马遭遇风暴的袭击，他们必须待在雪屋里直到狂怒平息。如果他们附近没有雪屋，在他们看见风暴来临前，要尽可能快地建造一个，或者，如果没有时间那么做，他们必须在雪堆里挖出一个掩体。

11月26日星期四被宣布为格兰特地上的感恩节。正餐我们享用了汤、通心粉和奶酪以及麝牛肉做的肉馅饼。12月期间，巴特莱特船长带着2个爱斯基摩人、2把雪橇和12条狗，外出扫荡船和黑曾湖之间的区域寻找猎物。亨森带着相同的装备去到克莱门茨·马卡姆内湾。波鲁普带着7个爱斯基摩人、7把雪橇和42条狗前往柯兰角和哥伦比亚角。古塞尔医生同时出发，带着3个爱斯基摩人、2把雪橇和12条狗在从黑崖湾到詹姆斯·罗斯湾的区域内狩猎。各支队伍使用北极常规配给的茶、干肉饼和饼干，除非他们发现了猎物，在这种情况下他们可以让人和狗都吃上新鲜的肉食。除了狩猎之外，春季雪橇工作的补给被沿着海岸线从一个储藏点移到另一个。

为了给工作以多样性，在一个月里留在船上的人下个月会去野外。船员、轮机员和水手很少外出狩猎而是跟船在一起，做好他们的常规工作并且有时候协助装备的工作。

在我的船舱里，我有一个真正的北极图书馆——对于最近几年的作品来说绝对是完整的。这包括阿布鲁齐的《在北极海洋里的北极星号上》、南森的《最远北方》、纳尔斯的《极地海洋的航行》、马卡姆有关北极探索的两册书以及格里利、霍尔、海耶斯、凯恩、因格菲尔德的记叙——事实上，包括了所有史密斯湾地区航海者的故事，还有那些曾从其他方向试探极点的人，诸如派尔和魏普雷希特领导的奥地利探险队、科尔德威（Koldewey）的东格陵兰探险队，等等。

此外，在南极文献中，我有斯科特上尉的两册杰出的《发现之旅》、博克格雷温克（Borchgrevink）的《前往南极的南十字探险队》、诺登舍尔德的《南极》、鲍尔奇（Balch）的《南极》以及卡尔·弗里克尔（Carl Fricker）的《南极地区》，还有休·罗伯特·米尔斯（Hugh Robert Mills）的《围攻南极点》。

探险队的成员们经常借阅这些书籍，一次一本，我认为在冬季结束之前，他们都对其他人在此领域曾经完成了什么了如指掌。

整个冬季，每隔一周或十天，我们就不得不从我们的船舱去除由潮湿空气接触冰冷外墙而凝结产生的积冰。在每件靠近外墙的家具后面积冰都会形成，我们经常凿下满满一桶，从我们床铺底下移出来。

书总是被放在书架的最外侧，因为如果一本书被推到后面，它可能会被冻在墙上。然后，如果某天天气比较暖和，或者船舱里点了一把火，冰会融化，水会滴下来而书页会发霉。

水手们按照其他地方水手的方式自娱自乐，玩多米诺骨牌、纸牌和跳棋，练拳击和讲故事。他们习惯于比试力量的技能，比如跟爱斯基摩人拉拽手指。队员中有一人有手风琴，另一个有班卓琴，每当我坐在船舱里工作时，我时常听见他们弹唱《安妮·鲁尼》《麦金蒂》《西班牙骑士》，有时候还有《家，甜蜜的家》。没有人显得无聊。专门掌管留声机的珀西经常款待大家举行音乐会，一整个冬天下来，我没有听到任何人抱怨单调和思乡。

第20章　罗斯福号上的圣诞节

四支 12 月份野外队伍接连回船。巴特莱特船长是唯一发现猎物的人，而他也仅仅捕获五只野兔。在这次旅行期间，假使最终少一分幸运的话，船长或许会有一次对他来说是决定性的不安遭遇。他跟爱斯基摩人一起上到黑曾湖地区，他把他们留在雪屋里而自己四处寻找猎物。他发现一些驯鹿的踪迹，正巧月亮进入一堆云朵后面，夜色突然就变黑了。

他停了一两个小时等待月亮出来，这样他可以看清他在哪里，而与此同时，两个认为他已经走失的爱斯基摩人拔营，出发准备回到船上。那里刚有一点足够的光亮，他就出发去往雪屋的南面，不一会儿就赶上了他的同伴。要是他稍往北走那么一点点，他就不会遇见他们，并且将必须独自走回船，没有补给，七八十英里的距离，还有酝酿中的风暴。

这队人马回来一路上几乎都是坏天气。气温相对温和，只有零下 10° 或零下 15°，而天空是阴沉的。虽然漆黑一片，船长确定了长途跋涉的最后一程。当然他不可能一直保持路径。有时候在雪地里他会跟平地一样行走，接着地平面会突然跌落 10 英尺或 15 英尺，而且，在黑暗中行走，当他看见没有在任何科学天体图中出现过的星星时，他会在这样的力量下仰面倒地。

在旅程中某一时刻，他们遭遇的路面状况非常崎岖，在没有光线的情况下不可能推进和驱赶狗群。他们没有提灯，不过巴特莱特拿了一个糖罐，在边上打出多个小洞，并在里面放上一根蜡烛。借助这个临时凑合的灯标，他可以保持在路线附近的某个地方。不过风相当大，他宣称他用来重新点燃蜡烛的火柴足够保持一个爱斯基摩家庭整个冬季的透亮。

这些队伍未能捕获猎物是一件严重的事情。为了节省食物，我必须进一步减少狗的数量。我们分别检查它们，14 条最瘦弱的——它们本也挨不过冬天——被杀死，用作其他人的食物。

常有人问我，像麝牛和驯鹿那样的野生食草动物怎样在积雪覆盖的大地上过冬。依照一种奇怪的悖论，在那片土地上呼号的狂风帮助它们进行生存的斗争，由于大风在大片土地上几乎把干草和分散的匍匐柳上的积雪扫尽，这样动物可以在那里吃草。

12 月 22 日标志着“长夜”的午夜，太阳从那天起开始向北的回程旅行。下午，所有的爱斯基摩人都被召集到甲板上，我手上拿着手表去到他们中间，告诉他们太阳现在正在返回。马文鸣响了船钟，马特·亨森开了三枪，而波鲁普引发了一些闪光火药。接着男人、女人和孩子们排成一线，通过左舷舷梯行进进入后甲板室，经过厨房，在那里每个人收到每日配给之外的一夸脱咖啡（有糖和奶）、压缩饼干和麝牛肉；女人还提供糖果而男人是烟草。

庆典之后，在厨房协助珀西的十二三岁男孩平加苏（Pingahshoo）自信地出发向南翻越群山迎接太阳。不到几小时后，他相当挫败地回到船上，而珀西不得不向他解释，尽管太阳确实在它回来的路上，它要再花上接近三个月才能到我们身边。

冬至日后的一天，我们来自谢里登角河的水补给断了，爱斯基摩人被派出勘查邻近的水池。警戒号上的英国探险队曾经在整个冬季融冰取水，而在1905—1906年的探险中，我们也曾被迫融冰取水一两个月；不过这一年爱斯基摩人勘测到水池，大约15英尺的水在离罗斯福号一英里的内陆被发现。在冰面的洞口上方，他们建造了一座带有轻质木地板门的雪屋，为的是避免洞里的水太快冻结。水装在雪橇上的桶里，由爱斯基摩犬拖回船上。

当圣诞节在月黑之时降临，探险队的所有成员都在船上，我们用一顿特别的晚餐、野外运动、抽奖等来庆祝。那天并不是非常冷，只有−23°。

早晨，我们以文明世界的“圣诞节快乐”来相互致意。早餐时，我们都有来自家乡的信件和圣诞节礼物，它们被留到那天早上才打开。麦克米兰是典礼的主持人并且安排了运动节目。两点在冰足上有赛跑。一条75码的跑道被摆开，而大约50盏船上的提灯被安放成相距20英尺的平行的两排。这些提灯类似于铁路制动员的提灯，只是更大。这是一个奇特的场景——离地球顶端7度半之内的灯光跑道。

第一场赛跑的是爱斯基摩儿童，第二场是爱斯基摩男人，第三场是风帽里装着婴儿的爱斯基摩妇女，第四场是无负担的女人。妇女赛跑有四名参赛者，单单观察她们，没有人会猜出这是一场跑步比赛。她们四人并排出现，穿着皮衣，她们的眼睛像四头兴奋的海象般鼓起和转动，她们风帽里的婴儿迷惑不解地睁大双眼凝视着闪烁的提灯。对孩子们不会有任何残酷性问题，因为母亲们都移动很慢，不让她们的宝贝摔下来。接着是船员和探险队成员的赛跑，以及船尾队和船首队之间的拔河比赛。

自然本身通过提供相当明亮的极光来参与我们的圣诞庆典。当冰足上的赛跑在进行时，北方的天空中充盈着苍白亮光的流光剪影。与普遍看法相反，北方天空的这些现象在这最北纬度并不是特别常见。破坏一个受欢迎的错觉总是让人遗憾；不过我曾在缅因州看见过我在北极圈以上从未见过的北极光美景。

在赛跑和正餐时间之间，四点钟的时候，我挑选了架子上最愉快的音乐，在我船舱的手风琴上开了一场音乐会。接着我们分头去“为晚宴而打扮”。这场庆典包括穿上干净的法兰绒衬衣和领带。医生甚至炫耀地戴上了亚麻领圈。

为了庆祝这一时刻，膳务员珀西头戴主厨帽子，身系白色大围裙，并且他在餐桌上铺上细麻桌布，摆上我们最好的银餐具。餐室的墙上装饰着美国国旗。我们享用了麝牛肉、英式梅子布丁、巧克力松糕，并且在每个碟子里有一包坚果、糕点和糖果，内附一张卡片：“圣诞快乐，来自皮里夫人。”

晚餐之后是掷骰子的比赛以及前甲板上的摔跤和牵拉比赛。庆典以珀西安排的留声机音乐会结束。

不过我们这一天最有趣的部分或许是分发奖品给各类竞赛的胜利者。为了对爱斯基摩人的心理进行研究，每种情况下都在奖品之间有个选择。例如，在女子赛跑中获胜的图库玛（Tookoomah）在三种奖品中进行选择：三块一盒的香皂；一套缝纫用品，包括一纸包针、两三个顶针和几卷不同粗细的线；以及一块上有糖果的圆饼。这名年轻女子犹豫不决。她也许一只眼睛看着缝纫用品，不过双手和另一只眼睛直奔香皂而去。她知道这意味着什么。清洁的含义她已经领悟——一种对变得有吸引力的突然的渴望。

所有探险队成员最后一次在一起吃饭是在12月29日4点的晚餐上，那天傍晚马文、船长和他们的队伍出发前往格陵兰海岸；而当我们在我从极点返回后在船上聚在一起时，有一个人没有跟我们在一起——那个人永远不会再跟我们在一起了。

罗斯·马文是仅次于巴特莱特船长的对队伍最有价值的人。每当船长不在现场的时候，马文开始指挥工作，并且训练新成员这一时而繁重时而好玩的工作也被移交给他。前一次在罗斯福号上的探险的后半部分，马文对这项工作的基本原则的完整掌握已经优于其他任何人。

他和我一起规划了推进和轮换队伍的新方法的细节。这种方法在哪支队伍去旅行上赋予一个固定面，可以在数学上进行论证，而且它已被证明是进行一次北极雪橇旅行的最有效方式。

在12月29日傍晚出发跨越罗伯逊海峡前往格陵兰海岸的队伍由马文、船长、9个爱斯基摩人和54条狗组成。他们都沿海岸向南到达联合角，然后越过海峡去布雷武特角，马文带着他的队员和支持队伍向北去布莱恩特角进行为期一个月的潮汐观测，船长和他的队员向南沿着纽曼湾（Newman Bay）的冰面前往北极星岬（Polaris Promontory）进行狩猎。

第二天，古塞尔医生和波鲁普每人都带着各自的爱斯基摩人和狗的队伍出发，沿着贝尔纳普角的路线，医生去克莱门茨·马卡姆内湾捕猎，波鲁普在黑曾湖以北第一条冰川的地区捕猎。以前从没有如此广泛的野外工作曾被任何一支北极探险队所尝试，覆盖地区的半径范围是从我们冬季营地辐射的所有方向的90英里。

当在前甲板室和岸上的箱屋及雪屋的爱斯基摩妇女中间分发用于春季缝纫的材料时，我了解到一些爱斯基摩人对于再次向北踏上极地海洋的冰面感到有点不安。他们还没有忘记我们曾在1906年从“最远北方”的回程上重新穿越“大水道”中的死里逃生。尽管我对当这一时刻来临时我应付它们的能力感到自信，然而，我明白我们也许还会遇到麻烦。但是我不会允许自己担心结果。

第一支一月狩猎队伍，古塞尔医生的，在11日回来。他们运气不佳，尽管他们曾看见新鲜的麝牛踪迹。波鲁普第二天早上带着83只野兔和一个有趣的故事回来。他们正面对着冰川时无意中发现了一整群这种白色的北极小动物。他说那里肯定有接近100只。北极野兔不易受惊；它们会非常靠近猎人，以至于他几乎可以用手抓住它们。它们还没有学会害怕人类，因为在它们的荒野里，人类实际上是陌生的。波鲁普和爱斯基摩人包围着野兔，直到最后他们离它们如此之近，他们可以不用任何弹药，而用步枪的枪托敲打这种动物的脑袋。

一天，在这次狩猎旅行中，波鲁普和他的爱斯基摩人迷糊了，有24小时没能找到他们的雪屋。建造雪屋时必备的锯刀也没带在身边，甚至没有一把普通的小刀可以用作替代品。一阵风吹过，月亮被遮住了，空气中充满了飞旋的雪片，天非常地冷。他们大部分时间都花在来回走动来保暖。最后，当他们筋疲力尽，他们把雪橇翻到他们的一侧，爱斯基摩人用他们的脚踩出雪块来加固掩体，这样他们能够小睡一会儿。当天气放晴，他们发现自己离他们的雪屋只有半英里。

波鲁普返回的后一天，船长带着他的队员和马文的四人支持队伍回来。我们刚开始担心他们，因为罗伯逊海峡的冰面在冬季的黑暗中对于雪橇队伍来说并不是最安全的道路。船长汇报他们跨越海峡只用了6个小时；不过，尽管他已勘查了北极星岬的整个平地，他没有看见麝牛。

到1月底，在正午时我们可以看见南方一片模糊的红色，曙暮光正在增强。冬季最后的月亮现在正在天空中环行，而我在日记里写道：“感谢上苍，不要再有月亮！”无论一个人在北极挨过多少个黑暗的冬季，对阳光的渴望绝不会少一分热切。

2月，巴特莱特去了赫克拉角，古塞尔从赫克拉搬运更多的补给到柯兰角，而波鲁普前往马卡姆内湾进行另一次狩猎旅行。在离开之前，医生完成了一次近似季度平均气温的记录，显示除10月之外，每个月都比三年前更冷。12月的平均值要低8度。

马文依旧在布莱恩特角，不过最后的2月队伍在9日进入，而从那时起，我们都忙着准备最后的重大旅行。2月14日星期天晚上，我跟爱斯基摩人简短地谈了一下，告诉他们我们计划做什么，对他们有什么期望，以及跟着我去到最远点的每个人回来以后将得到什么：船、帐篷、温彻斯特连发火枪、霰弹猎枪、弹药、烟草盒、烟斗、套筒、许多小刀、短柄斧，等等。

他们对“大水道”的恐惧在对他们来说是数不尽的财富的期待中逃之夭夭；而当组建我的雪橇队伍的时刻到来时，只有一个爱斯基摩人，帕尼克帕，承认有点害怕。他们曾如此多次看见我返回，因此他们已经准备好这一次再跟着我碰碰运气。

巴特莱特在2月15日星期一离开船，接受指令径直前往哥伦比亚角，然后花上两三天在附近捕猎麝牛。紧接着巴特莱特的三支分队的指令是负载补给前往哥伦比亚角；接着返回柯兰角，那里是一个储藏点，从那儿满载前往哥伦比亚角。古塞尔的分队在星期二出发，星期三有风暴，麦克米兰和亨森在星期四离开。他们都会在2月的最后一天在哥伦比亚角与我会合。

马文和他的队伍在星期三晚上6点左右从布莱恩特角回来。他们都

哥伦比亚角克兰城
离别之时
1909 年 3 月 1 日

状态良好。波鲁普的分队在星期五离船，马文的分队在 21 日星期日离开，而我有一天时间独自待在船上。

那最后一天是绝对安静和放松的一天，没有打扰。早晨，我专心于仔细检查已经完成工作的细节，查看有没有最细微的必要线索被忽略，并且一点一点地再次考虑未来旅程的细节。

当我确信（由于在过去两周的喧闹和频繁中断期间我无法做到）一切都已就位并且对每种可能的意外都做了准备，我有几个小时用来审视直接面对的情况，并且回想其他如我当下所处出发前往无人和未知北方前夜的

通向哥伦比亚角的岸冰陡面，“冰川边缘”

靠近海岸的尖峰

那些时刻。

当最后我上床在早晨出发前睡上几小时觉，我意识到在我的知识和能力范围之内，一切该做的都做了，并且包括我在内的队伍里的每个成员都会在意志、精力和活力方面全力以赴。这些得以解决，结果取决于自然力量——北极冰块的变化莫测以及我们自己身体和精神耐力的质量和总和。

这是我实现我生命中一个梦想的最后机会。早晨的出发将会成为射出我箭囊中最后一箭的引弦。

第21章　北极冰雪橇原貌

假使多费一份力，使读者确切理解带着狗拉雪橇在北极冰块的冰面上跋涉近 1000 英里意味着什么，或许那会有助于他形成一幅当前摆在探险队面前以及探险队最终会做的那种类型工作的更生动画面。出于此判断，我在这个点上将尽力简略扼要地描述我们面临的条件以及那些条件被满足的方式方法。

在谢里登角的罗斯福号冬季营地和我挑选的作为冰面旅行的出发地的格兰特地北海岸最北端的哥伦比亚角之间，沿着冰足跨越陆地朝西北方向相距 90 英里，这是我们在踏上无迹可寻的北冰洋冰原之前必须穿越的。

从哥伦比亚角起，我们要径直向北跨过极地海洋的冰面——地理跨度是 413 英里。很多人的记忆会回到他们年幼时平滑的溜冰池，把北冰洋设想成一个巨大的溜冰池，在水平冰面上雪橇犬欢快地拉着我们——我们舒适地坐在雪橇上，有热砖为我们的脚趾和手指保暖。这样的概念跟将要发生的真相截然不同。

哥伦比亚角和北极点之间没有陆地，也几乎没有平滑的冰面。

只有在离开陆地后的几英里内，我们拥有水平的地面状况，至于那几英里，我们是在“冰川边缘”。这类边缘填满了所有海湾并且延伸到北格兰特地的整个宽度，它实际上是一个被夸大的冰足；在有些地方，它宽几英里。然而在某些地方，外部边缘是漂浮着的，随着潮汐的移动而升降，它从不作为一个整体移动，除了在那些地方，大面积的冰块从中破裂，并在北冰洋的水面上漂走。

冰川边缘之上是沿岸水道或潮汐裂缝难以形容的表面——在厚重的浮动冰块和固定的冰川边缘之间不停冲突的区域。沿岸水道总是持续地开放和关闭；当有离岸风或春季退潮时开放，当有北风或春季涨潮时挤压关闭。这里冰块被挤压成各种大小的碎片，堆积成平行于海岸的大冰脊。

浮冰被推向冰川边缘所凭借的绝对而难以想象的力量将冰块猛地撞入这些冰压脊，就像再远处，在风力和潮汐力下巨大浮冰相互撞击并挤压在一起所凭借的力量形成了这些冰压脊。

这些冰压脊的高度可能从几英尺到几丈；它们的宽度可能从几丈到四分之一英里；构成它们的单独冰块可能从一个台球大小变化到一座小房子的大小。

要越过这些冰压脊，一个人必须尽他可能挑选最佳路线，经常要用鹤嘴锄辟出他的路线，用鞭子和叫声激励狗儿们跟上领头者，提起500磅负载的雪橇翻过冰丘和爬上斜坡，他的困难有时候看来几乎要把肌肉从肩胛骨上剥掉。

冰压脊之间是陈年浮冰，差不多算是平的。与广为传播但错误的概念相反，这些浮冰并非直接由北冰洋的海水冻结而成。它们是由从格兰特地和格陵兰以及偏西地区的冰川边缘碎落并漂入极地海洋的大片的冰组成。这些浮冰区的厚度从不足20英尺到超过100英尺，它们具有各种形状和大小。作为浮冰在简短夏季里持续移动的结果，当巨大的冰块从冰川分离，并且在风和潮水的推动下四处漂流——相互碰撞、在与其他大冰块的暴力接触后碎成两块、挤成它们之间更厚的冰块、把它们的边缘撞碎以及堆积成冰压脊——冬季期间，极地海洋的表面可能会变得几乎不可想象的参差不齐和粗糙。

哥伦比亚角和北极点之间的极地海洋表面至少九成是由这些浮冰组成的。另外一成，浮冰之间的冰块，是每年秋季和冬季由海水直接冻结而成。这些冰块的厚度从没有超过 8 英尺或 10 英尺。

秋季的气候条件在很大程度上决定了在随后的冬季极地海洋冰面的特性。如果在渐增的寒气正在逐步粘接冰块在一起的时候有持续的向岸风，那么更沉重的冰块将被推向岸边；并且在更远一点的冰块边缘，当它们碰在一起时，会堆积成一系列冰压脊，一个在另一个的上面，任何人从陆地向北行进都必须越过它们，就像越过一系列山丘的人一样。

另一方面，如果秋季里很少刮风，当极地海洋的表面粘连并冻结，这些大浮冰中的多数会与其他类似大小和特性的冰山分离，也许在它们之间会有大片相对平滑、幼年（或者说新的）冰块。如果在冬季到来之后，那里仍然有狂暴的大风，大部分这类较薄的冰块会由于更重浮冰的移动而被挤压；但是如果冬季保持平静，这类更平整的冰块会继续存在直到随后夏季里的常规解冻。

不过上面描述的冰压脊并不是北极冰块的最坏特征。棘手和危险得多的是“水道”（捕鲸者指未结冰水面的术语），这是冰块在大风和潮汐的压力下移动而造成的。这些是跨越极地海洋冰冻表面的旅行者永远的噩梦——在上行旅程中，害怕它们会阻止进一步前行；在回程中，害怕它们会切断他返回陆地的生命之路，留他在靠北一侧徘徊并且饿死。他们出现与否是一件不可能预测或估算的事情。它们在旅行者面前突然没有预警地打开，没有明显的规则或定律可循。它们是北极方程式的未知量。

有时候这些水道仅仅是穿透陈年浮冰的接近一条直线的裂缝。有时候它们是恰好宽到不可能跨越的曲折水道。有时候它们是宽一到两英里的未结冰水面的河流，向东和向西延伸超出目光所及。

有各种方式可以跨越这些水道。人们可以向左或者向右走，意图发现某个地方相对的冰块边缘足够接近，这样我们的长雪橇可以像桥一样架在上面。或者，如果有水道正在关闭的迹象，旅行者可以等待直到冰块几乎连在一起。如果天非常冷，人们可以等待直到冰块成形变厚，足够承受重载雪橇的全速通过。再者，人们可以寻找一大块冰，或者用鹤嘴锄凿出一块来，它可以被当作渡船使用来运送雪橇和队伍到对岸。

不过当有“大水道”发威时，所有这些手段都是徒劳，这样的大水道在其沉入北冰洋的地方标志着大陆架的边缘，开放刚好足够的宽度可以在中间保留连续的未结冰水域或者不能通行的幼冰，就像 1906 年我们的上行旅程和那次探险的永生难忘的回程中所发生的一样，当时这条水道几乎断送了我们的性命。

当我们在极地海洋的表面睡觉时，一条水道可能正好穿过我们的营地或者其中一座雪屋而打开。只是——它没有。

假使冰块打开而穿过雪屋的床平台，并且使其居住者猛地落入下面的冰水里，他们并不会立刻被淹没，原因是他们毛皮衣物里空气的浮力。一个以这种方式掉入水中的人或许可以爬到冰面上而拯救自己；但是由于温度在零下 50°，这不会是一件令人愉快的意外。

这也就是为什么当我外出在极地冰面上时从不使用睡袋的理由。我更愿意让我的手脚自由，并且为随时的紧急情况做好准备。我在外出到海冰上时从不会脱掉我的连指手套再入睡，而且如果我把手臂缩入袖套，我的手套也会缩进去，这样以备即时行动。假使一个在睡袋里的人突然醒来发现自己在水中，他还有怎样的机会呢?

北极点之旅的困难和艰苦太过复杂，很难用一段话来概括。不过，简单地说，最坏的情况是：旅行者必须拖着重载雪橇越过粗糙的山丘状冰面；常常令人生畏的大风，带有一面水墙的冲击，他有时必须面对它推进；早已描述过的开放水道，他总得一再跨越；极端的寒冷，有时候低至零下60°，他必须——通过毛皮衣物和持续活动——保持肉体不被冻僵；在参差不齐的和间有“水道”的路线上，把为了保持他身体充足力量用于旅行的足够多干肉饼、饼干、茶、炼乳和液体燃料拖来拖去的困难。在这最后一次旅行的大部分时间里天气非常寒冷，白兰地都是结冰的固体，煤油是白色和半流质的，而且几乎看不见狗呼吸所散发的蒸汽。与这主要问题本身的困难相比，每晚建造我们狭小而不舒适的雪屋和我们必须在上面睡上几小时的那个雪屋的冰冷床平台等这些由于我们殊死进取的迫切需要所给予我们的次要困难看来都不值一提。

有时候，人们可能被迫整日长途跋涉，面对令人炫目的暴风雪，还有寻找衣服上每个开口的刺骨寒风。我的读者中那些曾在零上10°或20°的气温下被迫面对暴雪走上哪怕一小时的人，可能都有对此体验的深刻记忆。或许他们也记得他们的旅程结束时家里的温暖炉边有多受欢迎。不过让他们想象一下整日在这样的风暴下远征，翻越粗糙不平的冰块，气温在零下15°和30°之间，并且在每天的行进结束时没有可指望的庇护所，除了一个狭窄和冰冷的雪屋，他们还不得不在他们可以吃饭或休息前自己在那风暴中建造。我经常被问到在那旅程中我们饿不饿。我很难知道我们饥饿与否。早晨和夜晚我们吃干肉饼、饼干和茶，先锋或领头的队伍在每日行军的中间吃午餐和茶。假使我们吃得更多，我们的食品补给将会短缺。我自己在我离开和返回船之间掉了25磅肉。

不过单单靠勇气和耐力并不足以把人带到北极点。只有凭借多年在那些地区旅行的经验，只有凭借同样曾经历那种性质工作的一大队人马的协助，只有凭借对北极详情的了解以及使他自己和他的队伍对一切紧急情况有所防备的装备，才使一个人有可能触及那个长期追寻的目标并返回。

第22章　成功的要素

有关我们前往北极点的旅程并非漫无目标的“突击”的事实早已讲过一些了。那实际上完全不是一次“突击”。或许那可以被恰当地描述为一次“行军”——就雪橇旅程开始进行时我们以有时几乎令人窒息的速度奋力前进的意义而言。但是没有什么事情是冲动而为的。一切都按照一个经过深思熟虑后才制定的预先考虑每个可能事项的计划来进行。

我们成功的来源是一套细心规划的体系，可以用数学来论证。一切可以被控制的都被控制，而暴风雪、未冰封水道以及人、狗和雪橇的意外等不确定因素都尽最大可能地放入可能性百分比的考虑并做预备。当然，在途中雪橇会折断而狗会跌倒，但是我们一般可以用两把折断的雪橇合并成一把，而狗的逐渐损耗也在我的计算之中。

所谓的“皮里体系”太过复杂，很难用一个章节来涵盖，并且那涉及太多技术细节，不适于在大众叙事作品中详述。不过它的要点大致如下：

驾驶一艘船穿越浮冰到可能抵达的最远北方陆地，以此为基地她可以在来年驶回。

在秋季和冬季期间进行足够多的捕猎，保持队伍的新鲜肉食的健康供给。

拥有足够数量的狗，为它们中的百分之六十由于死亡或其他原因的损失留出余地。

拥有大量爱斯基摩人的信任，通过以往的平等对待和慷慨礼物赢取，这样他们会追随领头人到他指定的任何地点。

拥有一批智慧和意志兼具的有教养的助手来领导各个爱斯基摩人分队，当领头人委派他们为代表时，其权威被爱斯基摩人接受。

预先运送足够的食物、燃料、衣物、炉子（油或酒精）以及其他机械装置到探险队离开陆地进行雪橇旅行的地点，保证突击队到达北极点并返回，其他各队到达他们的最远北方并返回。

拥有最佳种类的雪橇的充足供应。

拥有足够数量的分队，或者说接替队伍，每队受一名称职助手的领导，在上行旅程中适当并仔细计算过的阶段返回。

拥有质量上最适合于目标、经过全面测试并且重量尽可能轻的每件装备。

通过长期经验，了解跨越未结冰水面的宽阔水道的最佳路径。

沿上行行军的相同路线返回，利用已踏平的小径和早已建造的雪屋来节省在建造新雪屋和路径开拓中可能耗费的时间和力量。

了解每个人和每条狗在没有受伤的情况下可能工作的极限。

了解每名助手和爱斯基摩人的潜在身体和精神能力。

最后，但不是无足轻重的，对队伍的每位成员具有绝对的信任，无论其肤色是白色、黑色还是褐色，这样领队的每条命令都会被无保留地遵守。

巴特莱特的分队要开辟道路，保持比主队提前一天。当时让先锋队靠近主队是我的计划，这样避免其由于快速形成的领先导致与主队被切开的可能性，可以有足够的补给既可进一步前进也可退回主分队。巴特莱特的先锋队由他自己和三名爱斯基摩人普德鲁纳、“哈里根”和乌奎亚组成，带着一把雪橇和一队狗来携带他们自己的装备和维持分队五天的补给。

波鲁普的分队由他自己和三名爱斯基摩人克顺瓦、希格鲁和卡尔科组成，带着四把雪橇和几队狗来运送几乎是标准的负载。他的分队将作为前进支持队伍，会陪伴巴特莱特三次行军，接着在一次行军中带着空雪橇返回哥伦比亚角。他将留下他的负载和一把雪橇在他离开巴特莱特的地点，形成行军线上的一个贮存点；然后赶回哥伦比亚角，重新装载，再追上将在他自己和巴特莱特之后一天离开陆地的主队。

通过这样的安排，如果没有延迟，主队将在波鲁普开始返回的同一时间开始它的第三次行军；第三天的傍晚将发现主队在波鲁普的贮存点，而波鲁普在哥伦比亚角；第二天早上，当主队开始它的第四次行军，波鲁普将以三次行军的落后离开哥伦比亚角，这个差距由于可以遵循已经被往返多次的路线，那很可能在三次行军中消除。

这样为了额外的负载将波鲁普派回，穿过他与主队之间的开放水道并追上主队，因为后来由此而产生的复杂性，正如后面将要交待的，正是一连串会导致严重问题的延迟中的一环。

为了使读者明白这次跨越极地海洋冰面的旅行，先锋队和支持队伍的理论和实践必须得到全面理解。正如被以前探险的经验所充分证明的，没有这套体系，对于任何个人来说抵达北极点并返回按自然规律是不可能的。当然，在北极工作中接替队伍的使用并不新鲜，尽管这个概念在皮里北极俱乐部的这最后一次探险中得到前所未有的发展；但是先锋队是我的探险队独创的，因为这个理由，那或许值得详细描述。

先锋队是一个单元分组，由探险队的四名最活跃和最有经验的队员构成，带着装有五六天给养的轻载雪橇，由整群中最好的狗队牵引。当我们从哥伦比亚角出发时，由巴特莱特带领的这支先锋队提前主队 24 小时启程。后期，当我们到达 24 小时持续白昼的时间，先锋队领先主队只有 12 小时。

这支先锋队的职责是在每 24 小时里完成一次行军，不顾每一个障碍——当然，一些无法逾越的水道除外。无论要面对暴风雪或者狂风，还是要翻越山一般的冰压脊，先锋队的行军必须完成；因为以往的经验已经证明，先遣队伍以轻雪橇走完的距离可以在更少的时间里被主队甚至以重载雪橇走完，因为有迹可循的主队不必在勘查路线上浪费时间。换句话说，先锋队是探险队的领路人，它完成的任何距离都是主队最终成绩的尺度。先锋队的领队起初是巴特莱特，他通常穿着雪鞋在他的分队前面出发；接着队伍的轻雪橇会跟随他。这样先锋分队的领队在他自己队伍的前面开路，而那整个分队在主队的前面开路。

为最初三分之二跨越更靠近陆地的高低不平冰面的距离做道路开辟的艰巨任务必须由两个分队交替完成，以使主队节省力量用于最后冲刺。我在这次探险中所拥有的主要优势是，归功于我队伍的人数，无论何时这支先锋分队里的队员在艰苦工作和缺乏睡眠下变得精疲力竭，我都可以把他们撤回主队，并派出另一个分队来取代他们。

支持队伍对成功的必要性是因为，单支队伍无论其包含的人和狗的数量多或少，不可能把足够那支队伍的人和狗在旅行期间消耗的食物和液体燃料（总量逐渐减少）一路拉到北极点并回来（大约 900 多英里）。很容易理解的是，当一大队人和狗出发跨越人迹未至的冰面前往极地海洋，那里没有任何在路上获取哪怕一点点食物的可能性，在数日行进之后，一把或多把雪橇上的给养会被人和狗耗尽。当这种情况发生时，驱赶者和狗跟那些雪橇一起应该立即被送回陆地。他们不能是以继续被向前拉的雪橇上的宝贵补给为食物的多余的嘴。

继续前进，又会有一两把雪橇上的食物被耗尽。为了保证主队尽可能远地推进，这些雪橇及其狗和驱赶者必须一起被撤回。再过些时候，还有其他分队因为相同理由必须回撤。

不过我的支持队伍还有另一个职责要履行，重要性只比已经提到的那个稍低一点；那就是为了主队的快速返回而保持路线的开放。

这项职责的重要性等级是明白无误的。极地海洋的冰面并不是固定的表面。24 小时——或者甚至是 12 小时——的强风，哪怕是在最寒冷的隆冬，都会使得大浮冰相互碾磨和扭动，在一处揉成冰压脊，在另一处又裂出水道。

然而，在正常条件下，这种冰块的移动在八天或十天的时间里并不是非常剧烈，以至于一队人马在几天之后顺着外出路线返回时，能够把这条路线上在那段时间里出于冰块移动的原因而发生的所有间断都连接在一起。

几天之后从再远一些的地点折返的第二支支持队伍连接自己分队路线上的间断；而当它来到第一支支持队伍走过的路线上，重新弥合自第一支支持队伍在它返回陆地的路上走过它之后出现的其他间断。第三和第四支支持队伍也是如此。

当我谈及路线上间断的连接，我的意思仅仅是从路线由于冰块移动而中断的那个地点到路线再度向前延伸的地点之间的一段向东或者向西延伸的支持队伍通道，那是人和狗队的通行而被向下踏实的冰和雪，本身会重续被中断的路线。所以当主队折返时，它只要沿着支持队伍的足迹，而不

柔软雪地里的典型路线（回视）

必搜寻路线。

作为这种保持折返路线持续开放的手段的结果，当主队开始返回，它拥有一条连续不间断的返回陆地的路线，沿着它能够以比外出旅行所可能达到的快百分之五十到百分之一百的速度前进。对此的理由是明显的：没有时间被浪费在挑选和开辟路线；狗在沿着被踩过的回家路线行进时更具有能量；没有时间被浪费在建造营地上，在外出旅行时建造的雪屋在回程中被重新占用。

必须了解的是，当每支支持队伍再度抵达陆地时，它有关极地冲锋的工作已经结束了。它不会再带着任何为主队准备的更多补给回到冰面上。

最后关头，当支持队伍已经执行其路线开辟和补给运输的工作，进行最后旅程的主队必须是小而精的，因为通过挑选最合适人选而组成的小队伍可以比大队伍更快速地旅行。

每支四人分队都是绝对独立的并且拥有自己完整的旅行装备；事实上，除了酒精炉和烹饪用具，每把雪橇本身都应有尽有。在每把雪橇上是人和狗的给养以及驱赶者的衣物。标准的雪橇负载可以支持驱赶者和狗队大约 50 天，并且通过牺牲一些狗并把它们用作其他狗和人的食物，这个时间可以延长到 60 天。假使任何雪橇及其给养与分队的其余部分被切断，它上面的人会有他所需要的一切，除了烹饪装备。假使携带酒精炉的雪橇因为一条水道或其他原因而被丢失了，它所属的队伍将不得不与其他分队中的一支合并。

我已经优化设计的新型冬季酒精炉在这次向北的雪橇之旅中被全程使用。我们几乎没有带煤油炉，除了带有两英寸灯芯的非常小的一些之外，它们被用来烘干手套。

装载每把雪橇的标准方式如下：在底部是一层红罐装狗食干肉饼，覆

格兰特地以北的北冰洋冰面的典型景观

盖雪橇的完整长度和宽度；这上面是两罐饼干和蓝罐装的队员干肉饼；然后是酒精和炼乳的罐头，队员晚上在雪屋里睡觉时用的小皮毯，雪鞋和多余的鞋袜，切割雪块用的鹤嘴锄和锯刀。实际上，唯一被携带的额外穿戴用品是几双爱斯基摩海豹皮“卡米克”(靴子)，因为可以容易地想象，在几百英里的冰雪上如此蹒跚而行对于可以被做出的任何种类的鞋袜都相当艰难。

密实性是装填这些雪橇时的主旨，负载物的重心被尽可能地压低，这样雪橇不会轻易倾覆。

在所有探险队里，为向北极点进发的最后雪橇旅行的任务准备的标准每日配给如下：

1 磅干肉饼、1 磅压缩饼干、4 盎司炼乳、½盎司压制茶、6 盎司液体燃料（酒精或煤油）。每人每天总共 2 磅 4½盎司固态食物。

按此配给，在最低的气温里一个人能够努力工作并保持健康状态很长一段时间。我确信不再需要其他食物品种，无论是为了摄取热量或者肌肉塑造。

狗的每日配给是每天一磅干肉饼；不过这些北极狼的后代非常能吃苦耐劳，当食物短缺时，它们可以在很少吃东西的情况下工作很长时间。然而，我总是尽力按照在野外的时间长度来分配给养，这样狗至少应该吃得跟我自己一样好。

一部分探险队的科学工作是从哥伦比亚角到北极点的一系列深海探测。在离开哥伦比亚角时探险队的测深设备构成如下：两个长度跟雪橇宽度相等的木质卷盘、一个可以安在每个卷盘末端上的可拆卸的木质曲柄、每个卷盘各 1000 英寻（6000 英尺）直径 0.028 英寸的特制钢琴丝以及用于带起海床样本目的下端有一个在它触及水底时会自动翻动的小铜质蛤壳装置的一条 14 磅引线。这套装备的重量如下：每条 1000 英寻丝线 12.42 磅，每个木质卷盘 18 磅，每条引线 14 磅。一整套 1000 英寻装备重达 44.42 磅。两套装备因此重达 89 磅，并且第三个额外的引线使其总计达 103 磅。

测深引线和丝线都是特别为探险队定制，据我所知就其能力而言它们是曾被使用过的中间最轻的。

在我们前进的早期阶段，一套测深设备由主分队携带，另一套在先锋队那里。当有水道时，我们在它边缘测量深度；当没有空旷水面时，如果我们可以找到足够薄的地方来达到此目的，我们会在冰面上凿开一个洞。

由于设备轻盈，两个人就可以轻松地完成这些深海测量。

我们每天行进的距离首先是由航迹推算来决定的，此后通过纬度观测

典型的冰面营地

来证实。航迹推算的方向仅仅由罗盘指针确定，距离是由巴特莱特、马文和我自己对于当天行军长度的估算的平均值。在格陵兰的内陆冰上，我的航迹推算是罗盘指针和我的里程计（带有转数记录仪器的转轮）的读数。这不可能在极地海洋的冰面上使用，因为它在崎岖不平的路面状况下会被颠成碎片。有人或许会说基本上在极地冰面上的航迹推算是大致距离的个人估算，总是时不时地通过天文观测来核对和纠正。

探险队的三位成员在北极冰面行进上具有充足经验，使他们可以非常接近地估算每天的行程。这三个人是巴特莱特、马文和我自己。当我们用天文观测来核对我们的航迹推算时，我们三个估算的平均值被发现是基本符合观测结果的近似值。

不言而喻，完全未通过天文观测来核准的简单航迹推算对科学目标是不够的。在我们旅程的更早阶段，那里没有太阳可以用来进行观测。后来，当我们有了阳光，我们进行对核查我们的航迹推算是必要的那些观测——但是仅此而已，因为我不希望浪费马文、巴特莱特或我自己的能量和眼力。

事实上，这些观测每过五次行军就做一次，只要有可能就尽快做。

第23章　终于穿越冰封之海

探险工作，是以2月15日巴特莱特离开罗斯福号朝向北极点的最后雪橇旅行动为开端，此前数月的所有细枝末节都仅仅是预备性的。在前面的夏天，我们已经驾船驶过位于伊塔和谢里登角之间几乎连成片的浮冰；我们已经在秋季漫长的暮色中狩猎来用肉食供应自己；我们已经熬过黑暗的、令人发愁的、绵延数月的极夜，用在回归的光明会使我们可以着手解决穿越极地海洋冰面的问题时最后成功的希望来支撑我们的士气。现在这些事情都被抛在身后，而最后的工作将要开始。

那是2月22日——华盛顿的生日，早晨10点，我最后离开船开始朝向极点的旅程。这比三年前我曾为了同样的使命离开船早了一天。我带着两名年轻的爱斯基摩人阿柯和库德鲁克图、2把雪橇和16条狗。天气阴霾，空气中充满着小雪，而气温在零下31°。

在早晨10点，现在有足够的光线可以行进。当巴特莱特一周前离开船时，天依然很黑，为了沿着冰足上的路线向北行进，他被迫使用了一盏提灯。

当我最后离开船时，投入北向工作的共有7名探险队成员、19名爱斯基摩人、140条狗和28把雪橇。正如早已讲明的，6支先遣分队将在2月最后一天在哥伦比亚角与我会合。这些队伍跟我自己的一样，都沿着常规路线前往哥伦比亚角，在秋季和冬季期间，我们通过狩猎队伍和供应链已经保持其开放。这条路线大部分是沿着靠海岸的冰足，只有为了穿过半岛并由此缩短路程才偶尔进入陆地。

2月最后一天，光线刚够旅行之时，巴特莱特和波鲁普就起身带着他们的分队前往北方。天气仍然保持清澈、平静和寒冷。在先锋分队出发向北之后，所有剩余的雪橇都被排成一排，我检查它们，看每把是否都有标准负载和全套设备。在离开罗斯福号时，我有刚好足够的狗投入工作，在冰面上分成每队7条狗的20支队伍，并且也指望着这么做；但是当我们在哥伦比亚角时，咽喉犬热症在一支队伍中暴发，死了6条狗。这使得我只够组成19支队伍。

我的计划由于两名爱斯基摩人的因伤减员而进一步被打乱。我原指望有一支鹤嘴锄编队，由马文、麦克米兰和古塞尔医生组成，在主队前面改善道路，但是发现有两名爱斯基摩人不适合走上冰面——一个脚跟冻伤而另一个膝盖肿胀。这一雪橇手队列的减员意味着马文和麦克米兰各自必须驱赶一支狗队，而鹤嘴锄小队将被缩减为一个人——古塞尔医生。最后的结果是，这并没有造成任何更多的差异。在开始阶段路面状况并不是如我预期的那样崎岖，大部分所需的鹤嘴锄工作可以由雪橇手抵达困难地点时完成。

当我在3月1日晨光初现前醒来，大风在雪屋周围呼啸。这一现象在多日平静之后出现在我们启程的当天，看似坏运气的任性逞强。我透过雪屋的窥孔看出去，发现天气依旧是晴朗的，而星星像钻石般闪烁。风来自东边——一个在我所有在那个地区的多年经验中从未见识过的风向。这一不寻常情况确实是一件值得注意的事情，当然被我的爱斯基摩人归因于他们的死敌托纳苏克——用简单的英语说就是恶魔——对我计划的干扰。

早餐过后，晨曦微露中，我们走出雪屋环视四周。大风正在独立海崖的东端周围呼啸；而北面的冰原还有所有陆地上地势较低的部分都消失在那灰霾中，每位有经验的北极旅行者都知道这意味着凶猛的风暴。衣物不如我们完备的队伍会发现那天早上的条件非常难受。一些队伍会考虑这种天气不适合行进，并且会回到他们的雪屋里。

但是，受三年前的经验启发，我曾给我队伍的成员指示，从船到哥伦比亚角以及在那里的时候穿他们的旧冬衣，而当他们离开哥伦比亚角时，穿上为雪橇旅行定制的新服装。因此，我们都包裹在我们新的并且是完全干燥的皮衣里，可以无视凛冽寒风。

各分队一个接一个从雪橇和狗队的主力部队中拉出，采用巴特莱特的路线跨越冰面，在风霾中消失在北方。队列的离开无声无息，因为凛凛东风卷走了所有声响。在最初一会儿之后也是无影无形的——人和狗几乎立即在风霾和飘雪中被吞噬。

最后在表面看来诸事顺遂之后，我带着我自己的分队殿后，并且给两名留在哥伦比亚角的伤员最后的指令，在那里的雪屋里安静地待着，使用留给他们的定量补给直到第一支支持队伍回到哥伦比亚角，然后他们会跟着它回到船上。

我离开营地一小时之后，我的分队已经翻越冰川边缘，而这支向北队伍——由 24 个人、19 把雪橇和 139 条狗组成——的最后一个人、雪橇和狗最终站上了北冰洋的冰面，大约在北纬 83°。

我们这最后一次从陆地上的出发比三年前的出发早八天——六天的日历表时间和两天的距离，我们现在的纬度大约比我们上次的出发点赫克拉

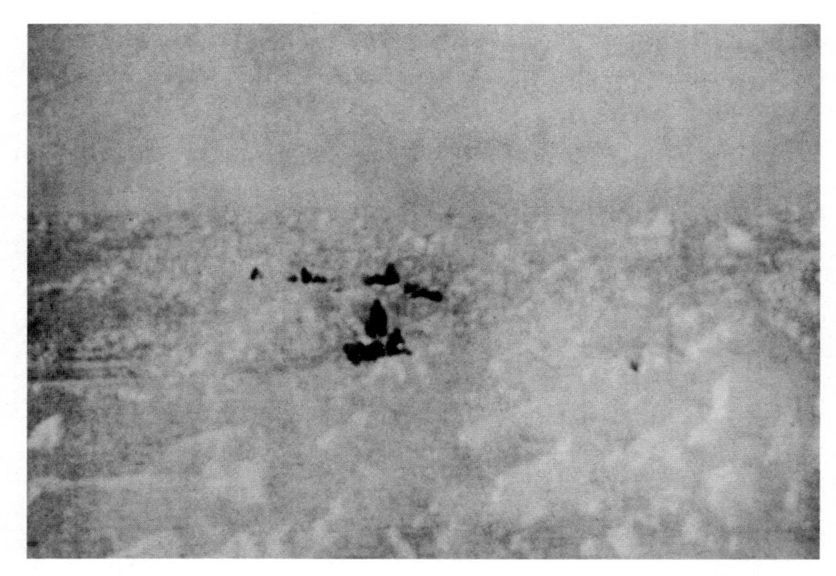

攻克广袤的糙面冰

角靠北两次行军的距离。

当我们在冰面上足够远离了陆地的庇护，我们遭遇了狂风的完整力量。但是那不是直接吹在我们脸上，由于我们有一条路线可以跟随，哪怕低着头半闭着眼，大风并没有阻碍我们或者造成我们严重的不适。虽然如此，我并不喜欢去细想那会在冰面上进一步产生的必然影响——我们路径上水道的开放。

当我们从冰川边缘下降到前面描述过的潮汐裂缝的冰压脊上，尽管有我们的鹤嘴锄和之前走过的先锋分队的鹤嘴锄的随意使用，这条路线对于人、狗和雪橇还是最费劲的，尤其是对老式爱斯基摩雪橇。由于长度和外形的原因，新的“皮里”雪橇比起其他的更加容易骑行，也更省力。每个人都非常高兴越过这片宽几英里的疯狂冰区抵达陈年浮冰的表面。一旦我们到达陈冰上，路面状况就好很多。那里看上去没有很深的积雪，只是几英寸，并且已经被冬风吹打得相当硬实。我们行进的表面仍旧是非常不平整的，有很多地方对于木材已经因为现在 −50° 的低温变得易碎的雪橇来说无疑是艰难的。然而总的说来，我感觉如果我们在离开陆地最初的 100 英里之内没有遇见比这更糟糕的事情，我们就没有可以抱怨的理由。

行进得更远一点，当我在分队后面独自行走时，我遇上了马文分队的基尤塔（Kyutah），他正跟空雪橇一起快速返回。他的雪橇撞坏了，看来最好返回哥伦比亚角换一把保留的雪橇而不是试图修复坏掉的那把。他被告诫不要浪费一分一秒，保证在那天晚上在营地追上我们，他很快消失在我们身后的风霾中。

穿过糙面冰里的隘道

再往前走，我碰到因相同使命而返回的库德鲁克图（Kudlooktoo），稍晚一点又遇上被迫停下来修理雪橇的其他分队，他们的雪橇在与粗糙冰面的碰撞中损坏严重。

最终我抵达了10英里外船长的第一个营地。在这里我挑选了两座雪屋中的一个，而马文选了另一个。古塞尔、麦克米兰和亨森的分队在第一个晚上建造了他们自己的雪屋。领先的巴特莱特和波鲁普会在他们每一个营地各建造一座雪屋。我作为队伍中最年长的人，将挑选这些中的一个，而马文、麦克米兰、古塞尔和亨森分队占据第二座已建造雪屋的先后顺序已经在哥伦比亚角通过抽签决定，首签落在马文手里。以后，当只有巴特莱特的分队单独领先时，在行进路线的每个营地里只有一座已建造的雪屋。

当天持续大约12小时的暮色在最后一把雪橇抵达这第一个营地后彻底消失了。对于雪橇来说这是艰苦的一天。新的“皮里”雪橇由于它的外形和更长的长度而占尽优势。尽管其中的两把稍有损坏，它们中没有被放弃使用的。两把老式爱斯基摩雪橇完全被撞坏，另一把也差不多如此。

狗很快得到喂食，而每支分队都吃了晚餐并回到它自己的雪屋里休息，把崎岖的冰面留给黑暗以及咆哮的狂风和漂移。这次行军对我来说多少有点艰难，因为16年来第一次我1891年在格陵兰骨折的腿给我带来了相当的麻烦。

我雪屋的门勉强被一块雪块挡住，这时亨森手下的一名爱斯基摩人跑了过来，吓得面色铁青，告诉我托纳苏克在营地里，他们不能点亮新炉子里的酒精。我对此迷惑不解，因为炉子在船上都被试用过，可以完美地工作；不过我出去走到亨森的雪屋，看上去在点亮他的炉子的不成功努力中他已经用完了一整盒火柴。我们的炉子是彻底全新设计的，不使用灯芯，而一小会儿的检查解决了难题。天气太冷导致酒精没有汽化，它不能像在更高温度那样直接被点燃。放进去并点燃的一小片纸就是解决办法，这样也没有更多麻烦了。

我们酒精炉中哪怕一个失效都会严重削弱我们的机会，因为那个分队的队员将不能煮茶，而这对于在如此低温下的工作是绝对必须的。驾着坏雪橇回到陆地的爱斯基摩人基尤塔在那天晚上回来，但是库德鲁克图未能现身。这样我们在极地冰面上第一天的结尾发现探险队少了一名队员。

第24章　第一片未结冰水面

雪橇旅行的第一个重大障碍在离开陆地后第二天遇到的。这天多云，大风继续从东面以未曾减弱的狂暴吹来。我再次有意在我的分队后面殿后，为的是看到每件事情都正确运转，每个人都负起责任。路面状况跟之前一天差不多一样崎岖，对于人、狗和雪橇的忍耐力都是考验。

当我们完成大约四分之三的行进时，我们看见在我们前面北方地平线上一片不祥的乌云，这总是意味着未结冰水面。在水道的附近总是有雾气。未结冰水面供应了蒸发量，冷空气充当了冷凝器，而当风吹得刚刚好，这会形成一片浓雾，有时候那看上去就像草原大火的浓烟一样黑。

果然，就在我们前方是积雪上的多个黑点，我知道是我的各个分队被一条水道阻挡。当我们赶到他们身边，我看见一条大约四分之一英里宽的未结冰水面，是在船长前一天通过后形成的。大风已经进入工作状态！

我下令宿营（也没有其他事情可做），而当雪屋正在被建造时，马文和麦克米兰在水道边缘做了一次测深，结果是 96 英寻。

这次到水道边缘的行军使我们超越了由皇家海军马卡姆上校于 1876 年 3 月 12 日在约瑟夫·亨利角以北创造的 83°20′ 的英国纪录。

第二天早上天亮前，我们听到冰块的摩擦声，这告诉我们水道最终被挤在一起，通过用斧头重击我雪屋的冰底面，我向其他三座雪屋发出信号，生火并且赶紧吃早饭。早晨又是晴天，除了还有风霾，不过大风仍然继续以未曾减弱的狂暴吹拂。

天刚蒙蒙亮，我们就在不固定的幼冰上快速跨越这条水道，随着水道两侧的关闭幼冰正在移动、挤压和堆起。如果读者会想象在一连串巨大的木瓦片上跨越一条河，一排、两排或三排都是漂浮和移动的，他或许会形成我们跨越的这条水道上面的不固定表面的概念。这样的一次通行确实费劲，因为任一时刻都会损失一把雪橇及其队伍，或者使队伍的一名成员陷入冰水中。另一边没有巴特莱特路线的记号。这意味着水道冰岸的侧向移动（那就是东西向的）已经把路线随它一起带走了。

在一两个小时的行进之后，我们发现自己在另两条水道的岔口里，不能朝任何方向行动。幼冰（即新近冻结的冰块）在这些水道更靠西侧的地方，尽管对于支撑雪橇的重量来说太薄了，仍然足够承担一个爱斯基摩人，我派基尤塔去西面搜寻船长的路线，同时其他爱斯基摩人用雪块建造一个避风掩体，并且修复我们雪橇的一些小损伤。

大约半小时左右，基尤塔从西面回来，发出他已发现巴特莱特路线的信号。就在他抵达我们身边之后，西边的水道两岸的一次移动碾碎了他刚从上面通过的不安全幼冰的狭长地带，这样我们可以驾着雪橇快速通过并且向西朝大约在一英里半距离的路线进发。

当我们抵达路线时，通过人和狗向南的踪迹，我们察觉波鲁普依照他的计划早已在他返回哥伦比亚角的途中经过那段路。他很可能已经跨过水道，现在正在南侧的某个地方搜寻我们的路线。

就在一直跟随着我的马文赶到之后，我让基尤塔扔下他雪橇的负载，并且派马文和这个爱斯基摩人沿着返回路线前往“克兰城”哥伦比亚角。

我这么做部分是因为那里很可能会有波鲁普作为这项工作的新人会感到需要一个有马文那样更丰富经验的人来应付的复杂问题，部分是因为我们的许多酒精和煤油罐都在最近几天的颠簸路面状况下有了裂缝，需要通过额外的补给来弥补当前和将来可能的损失。负载的改变几分钟内就见了效果，没有来自继续向前的主队的延迟，马文和他意志消沉的同伴很快消失在视线中。

我们在那天晚上天黑前到达船长的第三个营地。一整天大风都伴随着我们，而我们可以通过在我们四周的水云看到水道在每一个方向开放着。幸运的是，它们中没有一条穿过我们的路线，而路面状况跟前一天差不多。

在这次行进中我们察觉，在我们南方依旧可见的陆地高山的顶峰之上

接近一条穿过糙面冰的水道

被未结冰水面阻拦

一抹明亮的黄色光线延伸到了天顶的一半——换句话说，在接近五个月之后，当太阳就在南方地平线下掠过时我们几乎可以再度看见它了。只消再过一两天，它的光芒会直射我们。在漫长黑暗之后回归的太阳对于北极旅行者的感受是一种很难向那些习惯于每天早晨看见太阳的人解释的感受。

随后的一天，3 月 4 日，天气转变了。天空中阴云密布，经过一晚风已经完全转到西面，偶尔有一些细雪随风吹过，而气温计已经升到了只有零下 9°。在我们前面行程中的 −50° 之后，这个温度几乎是令人难以忍受的温暖。水道的数量比前一天甚至更多，而它们的存在被浓密的乌云清晰地描绘。我们东面一两英里有一条水道与我们的路线平行并延伸到北方很远的地方，不会引起我们的任何疑虑。但是一条宽阔而不祥的黑带横跨我们的路线在东西向延伸，看上去在我们北面 10 英里或 15 英里，让我极度担心。很显然冰块朝每个方向都在漂浮，而高气温和伴随着西风的雪证明在那个方向有大量的未结冰水面。

前景并不乐观，但是作为一些补偿，路面状况并不是相当崎岖。随着我们的前进，我很惊奇地发现还没有一条水道切断巴特莱特的路线。因此我们进展顺利，尽管这次行进无疑比前一次更长，我们及时地抵达巴特莱特的雪屋。

这里我发现了一张来自巴特莱特的纸条，显然是由一名爱斯基摩人送来的，纸条上面说他正在向北大约一英里的营地——被未结冰水面阻挡。这解释了我已经观察数小时的在北方地平线上的不祥黑带，随着我们的靠近，它已经逐渐升起，到现在几乎在头顶上了。

继续奋力前进，我们很快抵达了船长的营地。那里我发现了曾在1905—1906年的探险中经常横在我面前的不受欢迎的景象——宽阔的白色冰面被一条墨黑色的水面切开，散发出一片片浓密的水汽聚集成头顶阴沉的穹盖，有时候在风力下低悬，遮挡住这条凶恶冥河的对岸。

这条水道直接穿过巨大的浮冰而开放，并且，考虑到这些大浮冰有时候厚达100英尺，并且具有几乎无法想象的重量，可以穿过它们开出一条河流的力量跟在大陆上举起山峰和在陆地间开出海峡的力量不相上下。

巴特莱特告诉我，前一天晚上在一英里以南我发现他的纸条的营地里，由于这条大水道的开放而产生的声响使他从睡梦中惊醒。这片未结冰水面现在大约有四分之一英里宽，并且东西向延伸到当我们爬到我们营地附近最高的冰尖塔上能看见的最远处。

在我们东面两三英里的地方，由于我们可以通过悬挂在它上方的水汽来观察，与我们前两次行进平行的南北向水道与这条我们正傍着扎营的水道交叉。

尽管比我们1906年在赫克拉角以北遭遇的“大水道”更靠南面，这一条几乎完全与那条宽阔的未结冰水面相似，在上行时我们把它称作“哈德逊”，而在我们返回的路上，那些黑色水道似乎永久地将我们与陆地切断，我们便改称它“冥河”。相似度是如此明显以至于甚至在三年前的探险中跟着我的爱斯基摩人都在谈论它。

我很高兴看见冰块中没有横向移动；那就是说，水道的两岸没有向东或西移动，或者是以相反方向移动。这条水道仅仅是冰面在大风和春潮压力下的开口，现在正为6日的满月而胀满。

一贯体贴的巴特莱特船长在我到达前早已为我建造了一座雪屋。当其他三个分队在建造它们的雪屋时，船长做了一次测深，并获取了110英寻的深度。我们现在大约在哥伦比亚角以北45英里。

第二天，3月5日，天气非常晴朗，只有一丝偏西风，气温在零下20°。中午前后有一小会儿，太阳那巨大的黄色光球沿着南方地平线出现。我们重新看见它的喜悦几乎补偿了在那里被耽搁的不耐——傍着正在逐渐加宽的水道。假使4日不是多云的天气，我们应该会更早一天看见太阳。

夜间，幼冰的形成多少使水道变窄了一些。接着，在潮汐波的推动下，它比之前更加开放了，尽管持续地有冰块凝结成形，仍然留给我们宽阔的黑水带。我派麦克米兰带着三支狗队和三名爱斯基摩人回去把基尤塔在跟随马文返回陆地前扔下的负载带回来，并且还带回一部分我们没能装载到我们雪橇上的波鲁普的贮藏物。麦克米兰还把一张纸条留在基尤塔的贮藏点，告诉马文我们在哪里被阻拦，并且催促他尽可能以全速向前赶路。队伍中其余的人都忙着修理自己的雪橇并在小手提油灯上烘干他们的衣物。

接下来的一整天，我们依旧在那里傍着水道。又是一天，我们还在那里。第三、四、五天在难耐的无所作为中度过，在我们面前仍然有一道宽阔的黑水横淌。那几天都是旅行的好天气，气温在 −5° 和 −32° 之间，一段或许可以把我们带过 85° 纬线的时间，但是出发时那三天的大风，形成了我们路线上的这一障碍。

在那五天里，我来回踱步，悲叹在其他一切——天气、冰面、狗、人和装备都极其有利的时候竟出现未结冰水面阻碍我们途中的运气。在那些天里巴特莱特和我并没有太多交谈。这是一段沉默似乎比任何言语具有更多表达力的时间。我们偶尔相互看着对方，而且我可以从巴特莱特绷紧的下巴中看见我所需要了解他脑海里正在思考的全部东西。

每一天水道都在我们面前继续加宽，并且每一天我们都向南顺着马文和波鲁普将赶来的路线观望。但他们并没有到来。

只有曾处在相似境地的人可以理解被迫无所事事的那些天的痛苦折磨，当我大多数时间在雪屋前面的浮冰上踱步，每一小会儿爬上雪屋后面的冰尖塔顶部睁大眼睛穿透南方的微光，在每个 24 小时里一边留一只耳朵听着最细微的声响一边睡上几小时，反复地起身进一步倾听急切期盼的狗群到来的声音——尽管在我自控的最大努力下，前一次探险中在“大水道”的延迟对我前景的影响的记忆都不时闪现。总之，我认为大部分的精神磨损都挤在这些天，而不是我们离开文明世界的 15 个月里余下的所有日子。

马文和波鲁普将会带给我的额外补给，我觉得对我们的成功是关键；但即使他们没有带着它前来，我也不能在此回转。在浮冰上踱步时，我盘算出如何用我们的雪橇碎片当作炊具的燃料，在煤油和酒精用完之后煮茶。到雪橇的木料用尽的时候，天气会足够温暖，我们可以吮吸冰雪来解渴，并且在没有茶水的情况下应付我们的干肉饼和生狗肉。不过，尽管我做了计划，那是一个绝望的计划。这是一段折磨人的时间，那等待的时期。

第25章　一些爱斯基摩人失去勇气

旷日持久的延迟，对于探险队的所有成员都是难以忍受的，尤其对我的一些爱斯基摩人具有一种挫伤锐气的心理影响。接近等待时期的末尾，我开始注意到他们中有些人正变得紧张不安。我会看见他们三三两两在一起谈论，就在我听力所及范围之外。最终，两个曾多年跟我在一起并深得我信任的较年长的人来到我身边，假装生病了。我有足够的经验来一眼看清一个生病的爱斯基摩人，而普德鲁纳和帕尼克帕的借口并没有使我信服。我告诉他们尽一切手段以他们可以的最快速度返回陆地，并且捎带一张纸条给马文，催促他赶路。我还通过他们递送一张纸条给船大副，下达有关这两个人以及他们家庭的指令。

随着日子一天一天过去，其他爱斯基摩人开始抱怨这个那个的虚构的小毛小病。他们中的两个被他们雪屋里酒精炊具的烟雾熏得暂时失去意识，惊得所有剩下的爱斯基摩人几乎完全不知所措，而我则严重地困惑于我应该对他们怎么做。这是一个或许不曾在每个人身上发生的实例，一支北极探险队的领队有时候要跟浮冰和气候等自然条件之外的其他事情抗争。

在 9 日或 10 日，我们也许有可能殊死一搏在幼冰上跨过水道；但是，考虑到我们 1906 年的经验，当时我们在波动冰面上重新跨越“大水道”

时几乎丧命，并且还考虑到马文此时一定在附近的某处，我又等了两天来给他机会赶上。

麦克米兰在这段时期对我是无价的。看到了爱斯基摩人的焦虑不安并且未经等待来自我的任何建议之下，他把自己完全投入到保持他们有所事事并且感兴趣于一种又一种游戏和运动“绝技”的难题中。这是展示环境赋予一个人默默地证明他的品质的那些机会之一。

3 月 10 日傍晚，水道接近关闭，我下令第二天早上出发。延误已经变得无法忍受，我决定碰碰马文带着煤油和酒精追上我们的运气。

当然有替代选择是我折返去看一下有什么麻烦。但是这个主意被摒弃了。90 英里额外的旅行对我毫无吸引力，还不要说对探险队成员的心理影响。

关于这两个人他们自己我并不担心。波鲁普，我确信没有延误已经抵达陆地。马文，如果他曾暂时被开放的海岸水道阻挡，已经装上了曾被库德鲁克图在他的雪橇被撞坏时扔下的负载，而这批负载包含了所有必要补给品。但是我不能相信海岸水道会如此长时间地保持开放。

11 日的早晨晴朗而平静，气温是 −40°，这意味着所有开放水面都已冻结。我们一早出发，在这个营地的我的雪屋里留下以下的纸条给马文：

4 号营地，1909 年 3 月 11 日

已在此等候六天。不能等待更久。我们燃料短缺。以最大可能的速度推进来赶超我们。会在每个营地留纸条。当靠近我们时，轻雪橇冲刺并注意前面的信息来追赶我们。

预计在此之后三到五次行军后派医生和爱斯基摩人折返。他应该

会遇见你并给你信息。

我们径直跨越了这条水道（东南东）。

这 7 天里浮冰没有横向移动。只是开放和关闭。*不要在此宿营*。**越过水道**。全给养喂食并让你的狗加速。

你赶上我们并给我们燃料至关重要。

3 月 11 日星期四早晨 9 点离开。

皮里

附言：鉴于你可能到达太晚，不能跟上我们，已要求船长从你的包裹里带走大部分原料。

我们没有遇到麻烦就越过了水道，并且完成了一次不少于 12 英里的顺利行军。这一天我们跨越了七条水道，每一条宽度在半英里和一英里之间，都覆盖着勉强可通行的幼冰。在这段时间，包括巴特莱特分队在内的各支分队都在一起旅行。

在这次行军中，我们穿越了 84° 纬度线。那一晚，我们营地周围的冰块随着潮汐的移动而漂浮。随着冰块咬在一起，连续不断的吱嘎吱嘎的研磨和碎裂声持续了一整夜。然而，这声响并没有阻止我入睡，因为我们的雪屋是在一块厚重的浮冰上，它本身看上去不会碎裂，而它周围的大部分冰块也都是新而薄的。

早晨天气依旧晴朗，而气温下降到 −45°。我们再度完成一次不少于 12 海里的顺利行军，前半段跨越了许多裂缝和狭窄水道，而在后半段，穿过了一片不间断的旧浮冰。我自信满满地认为上两次行军中我们已经跨越的这片多水道区域就是“大水道”，我的看法是我们已经安全地跨过了它。

水道营地的竞技运动

我们希望马文和波鲁普会带着他们的队员和关键燃料补给在我们遇到更多大风之前跨越“大水道”；因为六个小时的五级强风会造成冰块的移动并彻底抹去我们的踪迹，而他们在这片宽阔的白色荒原里寻找我们就犹如谚语所说的大海捞针一般。

随后13日的行军无疑是干净利落的。当我们出发时，气温计是−53°，夜里的最低值曾到过−55°；而当傍晚的暮色来临，下降到了−59°。借助正午的灿烂阳光和无风，我们身穿皮衣并未遭受寒冷之苦。当然，白兰地是凝固的，煤油是白色黏稠的，而行进中的狗被包裹在它们自己呼吸生成的白雾中。

这次行军中我行进在分队的前面，而每当我往回看时，看不到人和狗——只有一堆低垂的雾气在它后面南来的水平太阳光线照射下闪耀着银光——这雾气是狗队和人冒出的蒸汽。

凿出一条穿过糙面冰的路

良好天气下探险队行军的典型场景
（使用一路纵队来节省人和狗的体力并且使路线更明显。
每把雪橇的通过都使得路线对其后面的那个更加容易。）

这次行军中的路面状况相当好，除了开始阶段，有大约5英里我们在一片非常崎岖冰面的区域里曲折而行。完成的距离至少在12英里。那一晚我们的营地是在一座高大冰雪丘背风处的大片陈年浮冰上。

就在我们刚完成建造我们的雪屋时，一名站在冰丘顶上的爱斯基摩人激动地大叫：

“克林–米克–苏！”（狗来了！）

不一会儿我就爬上冰丘站在他身边。极目向南望去，长长的距离之外，一小团银白色薄雾出现在我们的路线上。是的，这确实是狗。过了一会儿，波鲁普队伍里的希格鲁驾着八条狗拉的轻雪橇冲过来，捎来马文写的带有喜讯的纸条，他、波鲁普和他们的队员前一晚在我们后面第二个营地过夜；接下来的晚上，他们将在我们后面的第一个营地过夜，并在随后的一天赶上我们。后方部队带着它煤油和酒精的宝贵负载已经跨过了“大水道”！

亨森立刻接到命令，第二天早上一早带着他的爱斯基摩人和狗的分队出发，为后五次行军开辟道路。医生被明确地告知，第二天早上将带着两个人返回陆地。余下的队伍将留在此地，修理雪橇和烘干衣物直到马文和波鲁普到来，这时我可以重新分配我的负载，并且送回所有多余的人、狗和雪橇。

那一晚，我的头脑再次得到休息，我睡得像个小孩子。早晨，亨森一早向北出发，带着他的3名爱斯基摩人乌塔、阿瓦汀瓦、库鲁汀瓦（Koolootingwah）以及雪橇和狗队的先遣分队。又过了一小会儿，古塞尔医生带着2名爱斯基摩人维沙库西和阿柯、1把雪橇和12条狗取道返回。

医生用每种可能的方式协助我；但是他在野外的服务是不必要的，对此他也理解。哪怕他的医疗服务不是十分必需，为了他存在的精神影响，他的位置自然是在船上，在那里还留有更多数量的人；而且，我对进一步使他承受着不牢靠幼冰的水道的危险也觉得不合情理。医生折返的纬度大约是84°29′。

3月14日下午的后半段，另一团银色烟雾被看到沿我们的路线前来，不一会儿，马文在拖后分队的前头大摇大摆地走来，队员和狗像一支战舰编队一样冒着水汽，带来了足够的燃料补给。在其他方面，为了允许快速行进，他的负载是轻的。过往多少次我曾乐意看见罗斯·马文真诚的双眼，但从没有比这一时刻更快乐。

现在已被整修的雪橇装载了前已描述的标准负载，而我发现只有12把。这使得一些人和狗多余了，所以当麦克米兰提醒我注意他几天来一直在担心但没有跟任何人提起的冻伤脚跟时，也不算是一个严重的消息。我立刻明白对于他唯一可做的事情就是折返。

对我来说这么早失去麦克米兰有点失望，因为我曾希望他能够去到相对更高的纬度；不过他的伤病并不影响主要的计划。我有充足的人手以及给养、雪橇和狗；而且队员跟装备一样是可交替的。

这里或许要注明的是，除了我在哥伦比亚角对巴特莱特所说，我希望条件可以允许在超越阿布鲁齐的最远点的某个地方之前都受益于他的能量和刚毅的肩膀，没有队伍的成员知道他会去到多远，或者何时他会折返。然而这对他们工作的渴望毫无影响。自然，我有我确定的计划；不过条件或意外可能使对它的即刻和根本的改变成为必需，使它看来完全不值得被公之于众。如果有的话，也只是很少的探险者有如我这最后一次的有效率和意气相投的团队。每个人都乐于放低他自己的个人感情和志向，服从于探险队的最终成功。

马文在营地以北大约半英里处完成了一次测深，获得825英寻的结果，这证实了我对我们已经跨过“大水道”的判断。这条水道很可能沿大陆架延伸，而这次测深显示大陆架在那里和4号营地之间（有位于4号和5号营地之间的可能性），很可能在84°纬度线附近。大陆架就是围绕所有大陆的海底高原，“大水道”标志着大陆架沉入极地海洋的北缘。

3月15日星期一，又是晴朗而寒冷的天气，气温在−45°和−50°之间。风向再度转向东并且非常强劲。巴特莱特和马文刚吃完他们的早茶和干肉饼，就带着鹤嘴锄出发了，而他们的分队以及波鲁普和他的分队一旦雪橇装满也跟着出发。

麦克米兰带着2名爱斯基摩人、2把雪橇和14条狗出发前往哥伦比亚角。主探险队现在由16个人、12把雪橇和100条狗组成。1把雪橇被拆开来修复其他雪橇，3把已经由折返队伍带走，而2把被留在这个营地，等返程时再用。在目前继续使用的雪橇里，7把是新式皮里雪橇而5把是旧的爱斯基摩样式。

在与麦克米兰道别之后，我跟着其他三支分队前往北方，跟之前一样殿后。这次行军中路面状况跟前一次相似，相当地好，因为那是在陈年浮冰上的。从哥伦比亚角起一路上曾多多少少困扰我的我曾骨折的腿的疼痛现在几乎彻底消失了。

下午稍晚的时候，我们开始听见浮冰中发出的爆裂声和隆隆声，还有在各个方向传来的幼冰冻结的嘶嘶声。这意味着有更多未结冰水面在我们前面。很快一条活动水道恰好横贯在我们的路径上，而在它较远或者说靠北面的一侧，我们可以看见冰块正在移动。这条水道看来西面较窄，我们顺着它走一小段路，直到我们来到一处有大块浮动冰块的地方，它们中的一些跨度在50英尺或100英尺。我们把狗和雪橇从一块浮冰弄到另一块上——在一起形成了一种浮桥。

当波鲁普正在使他的队伍跨过两块浮冰之间的开放裂缝，狗滑入水中。这位精力充沛的年轻运动员向前纵身一跳，拦停雪橇不让它跟着狗入水，然后握紧把狗拴在雪橇上缰绳，他把它们整个地拉出水面。一个不如波鲁普那般敏捷和强健的人或许会丢失整支队伍以及装载着500磅补给的雪橇，考虑到我们在那莽莽冰原上遥不可及的位置，那比同样重量的钻石对我们更有价值。当然，假使雪橇掉进去，它的重量会带着狗沉入海底。我们长长地舒了一口气，然后，到达这座浮桥另一侧的坚冰上，继续插向北方。不过我们只走了很短的距离，这时冰块就在我们前方在响亮的爆裂声中分离，形成另一条未结冰水面，而我们不得不宿营。

那晚的气温在零下50°；有一股来自东南方向的轻劲风，而在我们附近的未结冰水面有足够的湿气使得风带上了利刃，这造成忙碌于建造雪屋的时间毫无疑问变得不舒服。但是，我们都对避免了那把危在旦夕的带有宝贵负载的雪橇的损失感到欣慰，个人的不适似乎都微不足道。

第26章　波鲁普的最远北方

那一晚是我曾在雪屋里度过的最吵闹的夜晚，我们中没有人睡得很熟。每个小时冰块都不停地发出隆隆声，如果在某个时刻冰块直接穿过我们的营地裂开，或者甚至穿过我们雪屋中一个的中间，我们都不会感到太惊讶。这不是一个适宜的位置，当再度出发的时间到来时，队伍中的每位成员都很高兴。

早晨，在我们营地东面很短距离的一些经过寒冷夜晚变得粘在一起的碎片上，我们发现了一条跨越水道的通道。我们仅仅向前走了几百码，这时我们来到了亨森曾占用的雪屋。这并不暗示迅速的进展。

在六个小时之后，我们来到了另一个亨森的雪屋——不算太出乎我的意料。根据经验我知道，昨天我们周围的冰块移动和水道形成会耗费亨森队伍的全部心智，直到主队再度追上他们。果不其然，下一次行军用时更短。四个小时刚过一会儿，我们在营地发现了亨森和他的分队，他们正在用剩余的两把雪橇拼出一把来。给雪橇造成的损坏是造成延误的原因。

这次行军大部分是在一大片崎岖碎冰区域之上，我自己的一些雪橇也遭遇到轻微的损坏，现在整支队伍都停下来，彻底整修雪橇。

在短暂的睡眠之后，我派马文带着试图完成两次长距离行军来提升平

行进中的雪橇翻越冰压脊的困难的典型示例

均值的命令向前开辟路线。

马文很早就出发了，稍后跟着的是巴特莱特、波鲁普和亨森，他们带着鹤嘴锄来进一步改善马文辟出的路线。之后是他们分队的雪橇，跟通常一样，我在我分队的后面殿后，这样我可以让一切都在我前面，并且知道事情如何运转。马文为我们奉献了一次不少于 17 英里的出色行军，起初都在非常崎岖的冰面上，然后在更大且更平整的浮冰上，中间有大量的幼冰。

这次行军结束后，在19日的傍晚，当爱斯基摩人正在建造雪屋，我向剩余的队伍成员巴特莱特、马文、波鲁普和亨森描述从那时起我将尽力遵循的计划。在下次行军结束时（那将是从麦克米兰和医生折返起的第五次行军），波鲁普将带着3名爱斯基摩人、20条狗和1把雪橇折返，留给主队——12个人、10把雪橇和80条狗。再过五次行军，马文会带着2名爱斯基摩人、20条狗和1把雪橇折返，留给主队9个人、7把雪橇和60条狗。再过五次行军，巴特莱特会带着2名爱斯基摩人、20条狗和1把雪橇折返，留给主队6个人、40条狗和5把雪橇。

我期待借助好天气，并且冰面不比我们已经遇到的更加糟糕，波鲁普会超越85°，马文越过86°，而巴特莱特越过87°。在每五次行军阶段结束后，我会送回最瘦弱的狗、最没有效率的爱斯基摩人和损坏最严重的雪橇。

正如即将出现的情况，这个计划被顺利无阻地推行，而每支分队的最远点甚至比我预期的更好。波鲁普和他的爱斯基摩人的补给、装备和个人用品被留在这个营地，以备他们在回家的路上带走，这样避免了大约250磅的重量在下次行军中来回的运输。

19日是一个有着黄色日光的明媚日子。季节轮转已久，在这样的纬度总是环绕天空一圈又一圈的太阳现在有接近一半的时间在地平线之上，并且在另一半时间里，也几乎没有黑暗——只有一片灰色的暮霭。

这一天的气温是−50°，冰冻的白兰地和水汽笼罩的狗可以作证；可是在我所有的酒精温度计出现的气泡阻止了确定温度的读取。这些气泡是由柱管的裂隙造成的，归因于我们在极地海洋的崎岖冰面上持续颠簸引起的温度计震动。夜晚在营地里，气泡可以被去除，但这需要一些时间，并且在我们前往北极点并返回的六七周行军期间，气温的精确提示似乎对我们的事业并非生死攸关，足以让我每天晚上矫正温度计。当我不是太累的时候，我会把气泡弄出来。

仍然在开辟路线的马文再度为我们奉献了一次15英里或更长的顺利行军，初期是在密集并且大部分冻结的冰块上，然后到了面积更大、表面更平整的浮冰上。但是读者必须理解的是，我们所看作极地冰的平整表面在其他任何地方或许都被确定无疑地认为是崎岖的路面。

这次行军的结尾把我们带到了85°7′和85°30′之间，大约在我们三年前的“风暴营地”的纬度；不过我们比那个日子提前了23天，并且就装备、补给和人与狗的普遍状况而言没有可比性。在这个营地，巴特莱特对我们位置的估计是85°30′，马文是85°25′，而我自己是85°20′。实际的位置是85°23′，这是后来从我们由于太阳高度的提升第一次可以进行纬度观测的地点往回推算出来的。

早上，巴特莱特再次接管先锋分队，一早带着2名爱斯基摩人、16条狗和2把雪橇启程。波鲁普稍后带着3名爱斯基摩人、16条狗和1把雪橇启程返回陆地。

我很遗憾各种条件使得在这里派波鲁普指挥第二支持队返回是适宜的。这名年轻的耶鲁运动员是探险队有价值的成员。他的全部心思都投入到工作中，并且他一路推进他沉重的雪橇并且差不多以一名爱斯基摩人所具有的技巧驱赶他的狗，这种方式值得整支队伍的钦佩，并且假使他的父亲可以看见的话也会使他眼睛一亮。但是凭借他对这项工作的满腔热情，他在冰雪世界的种种背叛行为面前仍旧是缺乏经验的；而且我也不愿意使他经受更多的风险。他也跟麦克米兰一样冻伤了一个脚跟。

对于波鲁普来说他被迫折返是一种极度的失望；不过他有理由对他的工作感到骄傲——正如我对他感到骄傲一样。他已经把耶鲁的色彩带到接近85.5°的纬度，并且已经承载着它们跨过了跟南森曾经从他的船到他的“最远北方”所走过的完整旅程一样多的极地冰面里程。

我依旧可以看见波鲁普渴望而青涩的面庞，当他最后转身离开并且跟他的爱斯基摩人和冒水汽的狗一起消失在回程路线的冰丘中时，泛起的那一丝遗憾。

波鲁普向南走后几分钟之内，亨森带着2名爱斯基摩人、3把雪橇和24条狗开始沿着巴[illegible]特莱特的路线向北进发。为了给巴特莱特领先我们一次行军的距离，[illegible]自[illegible]跟4名爱斯基摩人、5把雪橇和40条狗一起[illegible]在营地多留[illegible]着波鲁普的支持队伍的离开，主探险队由12个[illegible]10把雪橇和80条狗组成。

从这个营地开始，每支分队由3个而不是4个人构成；但我并没有缩减分队每天茶、奶和酒精的限额。这意味着这些补给更多一点的个人消耗，但是只要我们保持现在的速率，我认为那是合理的。凭借由持续工作而引起的食欲增进，3个人可以轻易地消耗掉4个人的茶叶配给。干肉饼和饼干的每日限额我不能增加。3个人在一座雪屋里也比4个人更加舒适，而更小的雪屋差不多在时间和能量上与留下来建造它的更少数量的人相抵。

我们现在已经恢复了先遣队和主队的计划，这在上两次行军中被打断了。现在持续的日光允许了对之前有关每隔24小时让两支队伍接头的安排的调整。主队在先遣队离开后留在营地12个小时。先遣队完成它的行军，扎营并入住。当主队走完由先遣队完成的行军路程并抵达他们的雪屋，在主队占据他们的雪屋并入住睡觉时，先遣队整装待发。

这样在每个24小时里，我都与巴特莱特及其分队接头，在看来可取的情况下做出负载的改变，并且在需要的时候激励队员。在我们旅程的这个阶段，亨森的队伍随巴特莱特的先锋队行进，而马文和他的队员跟着我行进。

这样的安排保持各支队伍更紧密的联系，减轻先锋队所有的忧虑，并且降低队伍被开放水道分隔的机会50个百分点。

偶尔，我发现把一名爱斯基摩人从一个分队转到另一个是可取的。有时候，正如已经发现的，这些奇特的人相当难于管理，并且如果巴特莱特或者探险队的任何其他成员不喜欢某个爱斯基摩人[illegible]管理他有困难，我会把那个爱斯基摩人放入我自己的分队，把我[illegible]中的一个给其他队伍，因为我可以跟他们中的任何人相处。换句话说，我给其他[illegible]先选择权，自己选择被剩下的人。当然，当我要决定最后冲刺的人选时，我从最有效率的爱斯基摩人中挑选我最中意的。

在后面一个营地，马文完成了一次测深，出乎我们预料的是在只有310英寻的深度就触及海底，但是在卷起丝线的过程中它绷断了，导线和一部分丝线丢失了。

午夜过后不久，我们就出发了，马文带走一把雪橇，在一次短程行军后——只有大约10英里——我们抵达了巴特莱特的营地。他由于他的一把雪橇的破损而被耽搁，而我发现他的一名队员和亨森的队伍仍旧在那里修理雪橇。巴特莱特自己继续前进，而亨森和其他人在我们达到后不久出发。

马文做了另一次700英寻而未触及海底的测深，不幸地损失了两把鹤嘴锄（被用来替换导线）和拖拉它上来的更多丝线。然后我们进雪屋休息。这天天气很好，阳光明亮而耀眼，北方吹来微风，而气温在−40°。

22日的下一次行军很顺利，路程不少于15英里。路面初期在崎岖、密集的冰块上迂回曲折，使得雪橇、狗和驱赶者压力重重；接着我们开辟了一条跨越平整大浮冰的直行线。在这次行军结束时，我发现巴特莱特和他的一名队员早已离开；但是亨森和他的队伍在他们的雪屋里。巴特莱特队伍里的乌奎亚也在营地，他的雪橇在前一天损坏了。我把马文的雪橇转交给乌奎亚，好让巴特莱特在他的先锋工作中没有进一步的妨碍，然后让他和亨森的队伍出发。被损坏的雪橇我转交给了马文，给他的负载也较轻。在这段时间的旅程中我们并非没有困难，但是我们的计划运转顺利并且我们都满怀希望、情绪高涨。

第27章　告别马文

到现在为止，没有进行任何观测。太阳的高度还是太低，使得观测不可靠。此外，我们正在全速前行，巴特莱特、马文和我自己基于我们以前的冰上经验的平均估值足以应付航迹推算。现在，晴朗而平静的一天，气温不低于 −40°，对我们的航迹推算进行一次核实似乎是值得的。所以我让爱斯基摩人建起一座挡风雪障，好让马文可以观测子午线高度来获取纬度。我打算让马文执行所有的观测直到他的最远点，然后都是巴特莱特直到他的最远点。这部分是为了节省我的眼力，不过主要是获得核查我们进展的独立观测。

人工地平仪的水银在雪屋里被彻底变温；一个半圆形挡风的两层高雪块被堆起，开口朝向南方；一块麝牛皮被盖在这里面的雪地上；我的特殊仪器盒被放在南端，牢牢地安置在水平位置的雪上；特别为此类工作设计的人工地平仪的水银槽被放在顶部，水银被注入其中直到它正好加满，这时它被盖上地平仪玻璃顶盖。

马文接着俯卧在地上，头朝着南方，双肘支撑在雪地上，他可以固定住六分仪，足够在人工地平仪有效的狭长条里获得与太阳边缘的目光接触。右手下方一支笔和打开的笔记本提供了记录被读取的纬度的方式。

马文的观测结果宣布我们的位置大致在北纬 85°48′，计算折射的校正

马文在雪障下进行观测

值只到华氏 -10° 的温度，这是我们有表格的最低温度。正是从这个地点起，测算我们上两次行军的 25 英里里程，我们推算出波鲁普折返的 19 号营地的位置在 85°23′，与此对照的是我们各自航迹推算 85°20′、85°25′ 和 85°30′ 的估值。这次观测显示我们到目前为止每次实际的行军平均弥补了 11 分半的纬度。这其中还包括了四次由我相信在未来我可以避免重现的原因造成的较短行军。我确信，假使我们不被未结冰水面打断，对此没有任何计算和人力可以战胜，从这个时刻起我们可以稳定地增加这个均值。

下一次行军是在 −30° 的气温下完成的，空气里满是明显由附近未结冰水面导致的雾气。从营地起大约 5 英里，我们刚通过最积极的工作成功地把我们五把雪橇中的四把跨过一条正在打开的水道。使最后一把雪橇通过导致了数小时的延误，因为我们不得不用鹤嘴锄切出一条冰筏把雪橇、狗和爱斯基摩驱赶者摆渡过去。这条临时的渡船在我们这一边被切开，并且用两卷扣紧在一起从一端向另一端拉伸的绳索的方式移动过水道。当冰块准备就绪，两名我的爱斯基摩人跳到上面，我们把缆绳扔给在另一边的爱斯基摩人，在冰筏上的爱斯基摩人抓紧绳索，两岸的爱斯基摩人抓住两段，冰筏就被拉过去了。接着狗、雪橇和三名爱斯基摩人在冰块上就位，我们用力把他们拖到我们这一边。当我们正忙于这项任务时，我们看见一头海豹在水道的未结冰水面里嬉戏。

在下一次行军结束时，那大约是 15 英里，并且使我们跨过了 86° 纬线，我们抵达了巴特莱特的下一个营地，我们发现了亨森和他的队伍在他们的雪屋里。我让他们出来并立刻上路，并由他们其中一人送了一张激励巴特莱特的字条，告诉他上一个营地超越了 86°，他很可能那一晚在超过挪威人纪录的地方睡觉，并且鼓励他尽全力提升我们的速度。

在这次行军中有一些相当苛刻的路面状况。部分路线是在小块陈冰上，它们被许多季节以来大风和潮汐无休止的争斗打碎。围绕这些差不多算平整的浮冰的是密集的冰压脊，我们和狗不得不爬过它们。负载沉重的雪橇的驱赶者经常会被迫全靠力气把它抬过一些障碍。那些曾想象我们舒适地坐在雪橇里驶过如滑冰池一般平滑的数百英里冰面的人，应该看见我们抬起和拖拉我们 500 磅重的雪橇，用我们自己的力量补充我们狗的力量。

这一天是雾蒙蒙的，空气里充满着霜，粘附在我们的睫毛上，几乎把它们粘在一起。有时候，当张开嘴向爱斯基摩人发号施令时，一阵突然的刺痛会打断我的话语——我的小胡子冻在大胡茬上了。

此次15英里的行军使我们超越了挪威人的纪录（86°13′6″；参见南森的《最远北方》第2卷，第170页）并且比那个纪录提前了15天。我的领头雪橇在营地发现了巴特莱特和亨森；不过在如往常一样殿后的我进驻之前，他们再度出发，开辟路线。伊京瓦的雪橇在这次行军中损坏了，由于我们一路已经吃掉了不少东西，我们的负载现在可以用4把雪橇携带，我们拆散了马文的坏雪橇，使用里面的材料来修复其他4把。因为马文和两名爱斯基摩人将从下一个营地起折返，我把他为回程准备的补给和部分装备留在这里，以便节省不必要的往返运力。用于修理雪橇和转移负载的时间削减了我们睡眠的时间，在3小时的短暂休息之后，我们带着4把雪橇以及各10条狗的队伍再度上路。

接下来的这次行军相当顺利。巴特莱特像一匹纯血马一样对我的激励进行回应。受惠于良好的路面状况，他一口气走了整整20英里，尽管其中还有一段暴风雪造成视线困难。气温在零下16°到零下30°之间起伏，暗示着在西面风过来的方向多少有一些未结冰水面。这次行军中，我们跨越了几条被幼冰覆盖的水道，在新近飘落的积雪下暗藏着危险。顺着这些水道中一条的方向，在这离陆地超过200英里的地方，我们看见一头北极熊向西的新鲜踪迹。

25日早晨10点半，我偶然遇见巴特莱特和亨森及他们的队员，都在营地里，按照我的命令在他们第五次行军结束时等着我。我让他们都出来，每个人都投入到修理雪橇、重新分配负载、淘汰效率最低的狗以及在

在营地修理雪橇

剩余分队里重新安排爱斯基摩人的工作中去。

这些工作进行的同时，得助于晴朗天气的马文进行了另一次子午线观测并获得86°38′的纬度。如我预期，这置我们于意大利人的纪录之前，并且显示在我们的前三次行军中，我们已经覆盖了50分纬度的距离，每次行军平均16⅔英里。在时间上我们领先意大利人的纪录32天。

对于观测的结果我有双倍的喜悦，不单是为了马文，他的服务是无法估量的，并且他配得上拥有比南森和阿布鲁齐更高北纬的特权，也是为了康奈尔大学的荣誉，那是他所隶属的学院，并且两位校友和赞助人也曾是皮里北极俱乐部的慷慨捐助者。我曾希望马文能够在他的最远北方进行一次测深，但是在营地附近没有幼冰可以来挖洞。

大约下午4点，巴特莱特带着乌奎亚和卡尔科、2把雪橇和18条狗出发打前站。巴特莱特带着在接下来的五次行军之内（在此之后他将折返）斩获 88° 纬线的决心启程，我真心希望他能够一挥而就到达那个地点，因为他肯定配得上这样的纪录。

后来我了解到他曾打算在他的第一次行军中走完 25 英里或 30 英里，如果条件没有对他不利的话他会做到的。尽管因长途行军和营地里日常工作而感到疲惫，在前一晚的短暂睡眠之后，我在巴特莱特出发后的几个小时之内都不能入睡。有许多细节需要个人关注。有要写的信和让马文带回的命令，还有他筹划的前往杰塞普角的指令。

第二天早上，3 月 26 日星期五，在每个人都美美地睡上一觉之后，我在 5 点把整支队伍都敲醒。就在我们吃完我们通常的干肉饼、饼干和茶的早餐之后，亨森、乌塔和克顺瓦带着 3 把雪橇和 25 条狗沿着巴特莱特的路线出发。

马文带着库德鲁克图和“哈里根”、1 把雪橇和 17 条狗在早晨 9 点半

在 88° 以北的一座大冰丘的背风处稍作停顿

启程向南。

没有对未来忧惧的阴影笼罩在那支队伍上。那是一个晴朗而清新的早晨，阳光在冰和雪上闪耀，狗在它们长长的睡眠之后显得警觉和活跃，空气里吹拂着来自极地空间的清寒，而马文自己尽管不情愿往回走，却满怀欣喜于他已把康奈尔大学的彩旗带到一个超越南森和阿布鲁齐的最远北方的地点，并且除了巴特莱特和我自己之外，他也是进入到延伸过北纬86°34′的专属区域的仅有白种人。

我应该对马文在那些最后的日子里跟着我行进永远感到高兴。当我们一路并肩跋涉时，我们曾讨论他前往杰塞普角的旅程的计划以及他从那里起向北的测深路线；而当他转身返回陆地，他的心情闪耀着对未来有所期待的光芒——这个未来他注定永远不会知道了。我对他说的最后的话是：

“小心那些水道，我的孩子！”

于是我们挥手在那片孤寂的白色荒原上道别，马文面朝南迈向他的死亡，而我转身再次向北迈向北极点。

第28章　我们打破所有纪录

一个奇怪的巧合是，就在马文离开我们踏上从 86°38′ 返回陆地的致命旅程后不久，太阳被遮住，一片阴暗的铅色雾霾遍布整个天空。这片灰色跟冰与雪惨白色表面以及光线奇异散射的特性形成对比，造成了一种难以描述的效果。这是一种无影的光，在其中人不可能搜寻任何客观的距离。

那种无影光在极地海洋的冰原上并非罕见；不过这是自从离开陆地后我们第一次遇到这种情况。寻找北极地狱最佳图解的人会发现它就在那灰色光线里。甚至但丁本人都不曾想象过的更加阴森的氛围——天空和冰面看来完全苍白而不真实。

尽管事实是我现在已经越过了所有我的前辈的“最远北方”，在远好于我曾敢于期待的条件下，带着我的 8 名同伴、60 条狗和 7 把满载雪橇，接近我自己的最佳纪录，我们在离开马文后这一天的旅程中这奇异而忧郁的光线给了我一种不可名状的心神不安。人在其自我中心里，从最原始时期到我们自己的年代，总是在自然与人类生活的事件和情感之间想象一种感应关系。所以——根据后面发生的事件——承认我在凝视那一天的阴森灰色中感到一种特别的敬畏，我只是在表达对我所参与竞赛的根深蒂固的直觉。

26 日，马文折返后的前四分之三的行军里，路线很幸运地是在一条直线上，跨越不同高度的平整的积雪覆盖的大块浮冰，它们被中等崎岖的陈年冰椽围绕；而最后四分之一几乎完全在平均一英尺厚的破碎而呈筏状的幼冰上，呈现出模糊光线下要通行的崎岖和艰难表面。假使没有巴特莱特的路线可循，行军会变得更加困难。

接近这一天的末尾，我们由于一条开放水道再度偏向西面一些距离。每当在一天开始时站立的地方气温升高到 −15° 时，我们就确信遇上了未结冰水面。不过就在我们到达巴特莱特的先锋分队的营地前，我们一整天都在其中行进的灰霾升起，太阳清晰而明亮地现身了。气温也降到了 −20°。当我抵达时巴特莱特就再度出发，我们一致认为在上次行军中我们完成了足足 15 英里。

第二天，3 月 27 日，是北极阳光下灿烂的一天，天空是闪亮的蓝色，而冰面是闪亮的白色，要不是队伍的每位成员都戴着烟熏护目镜，肯定会使我们中的一些人雪盲症发作。从北极春天再现的太阳高挂在地平线上的时间起，这些护目镜就被连续地佩戴。

这次行军期间的气温从 −30° 跌到了 −40°，刺骨的清风从东北吹来，狗在它们自己那一团白色蒸汽里前行。在极地冰面上，我们由衷地欢呼极端的寒冷，因为更高的气温和小雪总是意味着未结冰水面、危险和延误。当然，冻伤和渗血的面颊和鼻子之类的小枝节我们当作了这伟大比赛的一部分。冻伤的脚跟和脚趾要严重得多，因为它们减弱了一个人的旅行能力，而旅行正是我们到此的目的。单单疼痛和不便是不可避免的，但是，从全局上，是不值得考虑的。

这次行军是这些日子里到目前为止最艰难的。起先有连续的碎裂、呈筏状的冰块，它们锋利而呈锯齿状，有时候看上去几乎要割破我们的海豹皮靴子和兔皮袜子，刺透我们的双脚。接着我们冲击一片深厚积雪覆盖的密集碎冰块，不夸张地说我们是犁出我们的道路，抬起并稳住雪橇直到我们的肌肉酸疼。

这一天里，我们在这格兰特地北岸接近240海里的遥远冰野看见了两只狐狸的踪迹。

最后我们在一个朝每个方向放射的非常密集的小块陈冰构成的迷宫里遇上了巴特莱特的营地。他只在他的雪屋里待了很短的时间，而他的队员和狗都精疲力竭，暂时因让人费心的开辟道路工作而气馁。

我叫他在重新上路之前好好睡一觉；而当我队员在建造雪屋时，我减轻了巴特莱特雪橇的负载大约100磅，使它们处在为崎岖路面探路的更佳情形中。增加的重量在我们自己的雪橇上要比在他的上面少一些累赘。尽管我们在疯狂之路上行进，这次行军让我们向目标净赚足足12英里。

我们现在跨过了87°纬线，进入永久日照的地区，因为太阳在上次行军中不曾落下。对我们在人和狗处在良好状态并且雪橇上的补给充沛的情况下跨过87°纬线的了解使我那一晚带着轻松的心情入睡。超过这个地点只有大约六英里的地方，在87°6′，我曾在接近三年前，带着筋疲力尽的狗、所剩无几的补给和沉重而气馁的心情，被迫折返。那时候似乎对我来说，我生命的故事已经讲完，失败那个词已经盖棺定论。

现在，年长了三岁，随着又三年在我身后这不可阻挡游戏的难以避免的磨损，我再度站立在这超越87°纬线的地方，仍然向前触及曾召唤我如此多年的目标。哪怕现在，在一切顺遂的条件下触及我最高纪录之时，我也不敢建立太多在我跟终点之间向北延伸180海里的白色而危险的冰原的机会上。多年来我一直相信，这件事情可以做到，并且做到它是我的使命，不过我总是提醒自己，多少人曾对某个热切期待的成就有如此感觉，但只是以失败告终。

当我在第二天 3 月 28 日醒来，天空纯净透亮；但是在我们前方有一片浓密的不祥雾霾在冰面上升腾，而刺骨的东北风在北极正字法里明白无误地拼写出未结冰水面。这意味着再度失败吗？没有人可以说。巴特莱特当然已经离开营地，在我和我分队的队员醒来之前很久，重新出发开辟路线。这是依照我之前规划的大致计划，先锋分队应该在主分队睡觉的时候行进，反之亦然，这样两支分队可以每天都有交流。

在沿着巴特莱特的路线以良好速度行进六个小时之后，我们在一条宽阔水道边上遇到他的营地，朝西北、北和东北是一片稠密、昏暗、湿润的天空，下面是我们面对一整天的烟雾。为了不打扰巴特莱特，我们在 100 码之外扎营，尽可能安静地搭起我们的雪屋，在我们通常的干肉饼、饼干和茶的晚餐后入睡。我们在比前几次行军好很多的路面状况下完成大约 12 英里路程，几乎以一条直线穿过大块浮冰和幼冰。

就在我刚入睡时，我听见冰块在雪屋附近发出吱嘎声，但是由于这骚动不剧烈，持续时间也不长，我把它归结为来自就在我们前方的水道关闭的压力；在聊以自慰于我的手套在紧急状况下我可以立刻拿到的地方之后，我翻滚到我的鹿皮床上，躺下身准备睡觉。就在我昏昏欲睡时，我听见有人在外面激动地大喊大叫。

我跳了起来，从雪屋的窥视孔里望出去，我惊讶地看见一条宽阔的黑水道横亘在我们两座雪屋和巴特莱特的雪屋之间，水面的近侧靠近我们的入口；而在水道的另一边，站立着一名巴特莱特的队员，以一名激动和彻底受惊吓的爱斯基摩人所有的狂放在叫喊和做手势。

一边叫醒我的队员，我一边把我们的雪门踢得粉碎，瞬间就到了外面。冰块的裂缝就出现在我们狗队之一的扣栓处一英尺之内，这一队只差那么几英尺避免了被拖入水中。另一队刚好摆脱了被埋在冰压脊下的厄运，冰块的移动在埋葬了留有他们去到冰面的踪迹的曲岸之后如有神助地戛然而止。巴特莱特的雪屋正在已断裂的冰筏上向西移动，而在它前面，水道喷射出的雾气让我们看见的最远处，什么都没有，只有黑色水面。带着巴特莱特分队的冰筏看上去似乎会在稍远一点的地方撞上我们这一侧，我大声呼唤他的队员拔营，并且迅速拉起他们的狗，准备好机会降临时冲向我们。

然后我回头考虑我们自己的位置。我们的两座雪屋，亨森的和我的，在一小块陈年浮冰上，被一条裂缝和一段低矮冰压脊与位于我们西面几码之外的大块浮冰隔开。很清楚的是，只消非常细微的拉力或压力就会使我们像巴特莱特的分队一样被分开和漂浮。

我要求亨森和他的队员走出雪屋，下命令给每个人立即打包收拾，并且在这么做的同时，平整出一条跨过裂缝到我们西面的大浮冰的路径。这得用一把鹤嘴锄来完成，平整冰块向下填入裂缝，以便形成雪橇可以通过的连续表面。一旦负载通过并且我们安全到达浮冰上，我们都去到水道的边缘，站在那里准备协助巴特莱特的队员在他们的冰筏触碰到我们这一边的时刻拉着他们的雪橇冲过来。

冰筏缓缓地越漂越近，直到它的一侧碾压在浮冰上。两条边缘相当齐整，冰筏就像停泊在码头的小船一样靠在我们边上，而我们没遇到什么麻烦就把巴特莱特的队员和雪橇拉到我们这边的浮冰上。

尽管总会有一条水道直接穿过像这块一样大的浮冰而开放的可能性，我们也不能浪费我们的睡眠时间熬夜望哨。我们之前的雪屋丢失了，但也做不了什么，只有立即建造另一座并入住休息。这项额外的工作并不特别令人愉快是不言而喻的。那一晚，我们戴着手套睡觉，随时准备好应付可能发生的任何事情。假使一条新的水道直接穿过我们雪屋的睡觉平台形成，使我们猛地落入冰水中，我们也不会在冷水浴的最初打击之后惊慌失措，而是应该爬出来，擦干我们皮衣上的水迹，并且为我们危险的敌人——冰所作出的下一步行动做好准备。

尽管特别疲劳以及我们营地岌岌可危的位置，这最后一次行军已经使我们超过三年前的纪录，很可能是87°12′，所以我带着最终战胜我自己纪录的满足感入睡，不去管翌日会发生什么。

第二天，3月29日，对我们并不是快乐的一天。尽管我们都累够了要休息，我们并不享受在这北极的“地狱火河”边野餐，它似乎时不时地，朝北、东北、西北方向，喷出如草原大火一样的黑色烟雾。这片由水汽凝结和下方黑水在其中的反射而形成的云雾是如此浓密，以至于我们都不能看见水道的对岸——如果它实际上有北岸的话。就我们感官的迹象所及，我们或许被困在那片开放的极地海洋的边缘，神话制造者们曾把它想作永久阻拦人类前往地轴北端的道路。那让人心碎，但是没有什么事情可做，只有等待。早餐过后，我们仔细检查雪橇并做一些修复，在小油灯上烘干我们的衣物，正是为了那个目的我们才带着它们，而巴特莱特完成了一次1260英寻的测深，但是没有发现海底。他并没有让所有的线都出去，害怕丝线里或许有瑕疵导致我们再失去一个，因为我们想要为在我们“最远北方”的一次测深保留所有我们能用的工具，我们希望那会是在北极点。我现在只有一个测深导线留下，我不会让巴特莱特在这个地点冒险，而是让他用一双雪橇鞋（正是为了这个目的一路从上一把拆散雪橇那里带来）带着线缆下沉。

当我们的手表告诉我们现在已是睡觉时间——因为我们当前处在极昼的周期内——我们再次转入在前一晚我们的刺激体验之后迅速建造的雪屋。如远处的海浪般的潺潺低声从我们前方的黑暗中传来，并且音量稳步增大。对于没有经验的人，它或许是一种不祥的声音，但是对于我们，这是一件值得欢呼的事情，因为我们知道那意味着阻挡我们道路的拉伸的未结冰水面的变窄，或许是闭合。所以那一“晚”我们在霜冻的小屋里喜滋滋地入睡。

第29章　巴特莱特抵达87°47′

我们的希望很快得以实现，因为在3月30日凌晨1点，当我醒来看着我的手表，来自正在关闭水道的低吟声已经增强为嘶哑的咆哮声，不时夹杂着吱嘎声和像步枪一样的爆裂声，像来自激烈火线的声音一样朝东西方向消逝。透过窥视孔看出去，我看见那片黑色帷幕变薄了，以至于我可

跨过一大片新冰，北纬87°
（“如地板一般平整”的六七英里。这个地方冰块非常薄，
它在雪橇和驱赶者的压力下变得弯曲）

以透过它看到另一片类似却更厚的帷幕在后面，暗示着接下来还有另一条水道。

早晨8点，气温下降到$-30°$，吹着刺骨的西北风。冰块的研磨声和吱嘎声停息，雾霾已经消失了，就像通常当一条水道关闭或冻结时那样。我们在冰块重新开放之前急速通过。整整这一天，巴特莱特的分队、亨森的和我的，我们都一起行进，不断地穿越幼冰的狭窄通道，这些只是最近才成为未结冰水面。在这次行军期间，我们不得不穿过一片六七英里跨度的幼冰——如此之薄以至于当我们全速冲向另一边时冰块在我们下面弯曲了。我们尽全力弥补前一天的延迟，当我们最终在一块厚重陈冰上宿营时，我们足足完成了20英里。

我们在前四次行军中曾通过的整个区域充满了对未来令人不快的可能性。我们太清楚哪怕几个小时的强风就会使冰块朝每个方向散开。在向北的旅程中通过这样的区域，只是问题的一半，总是有回程要估计在内。尽管北极的格言必定是，“一天的难处一天当就够了”，我们衷心期盼那里没有狂风直到我们在回程中再度处在这片区域以南。

下一次行军将是巴特莱特的最后一次，而他让自己放开速度做到最好。路面状况相当好，不过天气是阴霾的。强劲的北风全吹在我们脸上，刺骨而急切，气温在$-30°$。但这阵北风尽管难于反抗，却比东风或西风来得好，无论哪个都使我们在未结冰水面上漂浮，同时，正因为其北向，风会闭合我们后面的每条水道，由此使得巴特莱特的支持队伍在回程中更加轻松。诚然，风的压力会迫使冰块向南越过我们曾行进的距离，并由此使我们损失里程；但是冻结水道的益处足以补偿这一损失。

巴特莱特在最后半程的行军中步调非常出色，假使我出于任何目的停一小会儿的话，我不得不跳上雪橇或者奔跑来追上他，而在最后几英里，我在前面走在巴特莱特身旁。他非常冷静并且渴望走得更远；但是留给他的计划是从这里指挥第四支持队伍折返，而且我们也没有足够的补给应付主队的增员。他和他的两名爱斯基摩人及狗队的食物会在这个地点和北极点之间耗尽，可能在上行途中也可能在回程中，这意味着在我们能够重新抵达陆地之前我们都会挨饿。

假使天气晴朗，我们毫无疑问应该在这次行军中走完25英里；但是在阴霾天气里很难跟晴天一样开辟路线，这一天我们净得只有20英里。我们明白如果在这次行军结束时我们没有站上或者接近88°纬线，那将是因为过去两天的北风使浮冰南移，挤压我们和陆地之间的水道里的幼冰。

正当我们准备扎营时太阳出来了，看来我们应该拥有第二天的晴朗天气，为巴特莱特在他“最远北方”的子午线观测做好准备。

当我们的雪屋被建好，我告诉两名爱斯基摩人克顺瓦和卡尔科，他们将跟着船长第二天返回；这样他们可以把他们的衣物尽可能弄干，因为他们很可能在回家的急行军中没有时间来弄干它们。巴特莱特会带着这2名爱斯基摩人、1把雪橇和18条狗返回。

在大约四个小时的睡眠之后，我在早晨5点让每个人都出来。风一整夜都从北面猛烈地吹来，并且仍在继续。

早餐过后，巴特莱特继续向北走了五六英里，以便确信抵达88°纬线。在他回程中，他将进行一次子午线观测来确定我们的位置。在他出去的同时，我从他的队伍里挑选最好的狗，用来自主队的狗队里较差的狗替换它们。狗整体上处在非常良好的状态，远好于我之前任何一次探险。我曾把拖拉雪橇的主推力扔给那些我判断会被舍弃的最瘦弱的狗，以便为最后的冲刺保持最好的狗的活力。

我的理论是运用支持队伍到极限，以使主队保持活力；而我从开始就希望会在最后形成主队的那些人一路上留给他们的都是能够尽可能轻松完成的事情。乌塔、亨森和伊京瓦就在这个组里。每当我可以这么做，我就减轻他们的负载，给他们最好的狗，并且把最差的狗留在我知道将返回的那些爱斯基摩人的狗队里。这是深思熟虑方案的一部分，即为了保持主队活力到可能的最远地点而尽量大力运用支持队伍。

从一开始，就有某些爱斯基摩人我知道除非某些不可预见的意外会跟着我去往北极点。也有其他人被指定不能前往接近那里的任何地方，以及其他可用于两种过程的人。如果任何意外发生在那些我最初挑选的人身上，我计划用愿意前往的次佳人选填补他们的位置。在巴特莱特回来后，爱斯基摩人建起早已描述过的常用风障，而巴特莱特进行了一次纬度观测，测得 87°46′49”。

巴特莱特自然非常失望地发现，哪怕加上他早晨向北 5 英里的行进，他仍未到达 88° 纬线。我们的纬度是最后两天北风的直接后果，它在我们向北跨越浮冰时挤压它们。在最后五次行军里，我们已经行进了比他的观测所显示的整整多了 12 英里，但是由于在我们后面幼冰的挤压和水道的闭合而错过了它们。

巴特莱特在这里执行观测，就像马文在往前五个营地那样，部分是为了节省我的眼力，部分是为了让探险队的不同成员有独立的观测。当计算完成，便做好两份拷贝，一份给巴特莱特，一份给我，他也就准备好指挥我的第四支持队伍，带着他的 2 名爱斯基摩人、1 把雪橇和 18 条狗向南踏上回程路线。

当我看见船长宽阔的肩膀随着距离越来越小，并最终消失在南面白色闪闪发光的广阔区域里的冰丘后面，我感到强烈的遗憾。但是没有时间留给沉思，我猛地转身离开，把我的注意力放在我前方的工作里。我对巴特莱特没有挂念。我知道我将在船上再次看见他。我的工作仍然在前方，而不在后面。巴特莱特对我曾无可估量，境遇把开路先锋的主要冲力强加于他，而不是我原先计划的在几个人中分担。

尽管对没有抵达 88° 纬线他自然感到失望，他有一切理由去自豪，不仅仅在于他总体上的工作，而是他已经超越意大利人的纪录 1¼纬度。我把指挥我最后的支持队伍的荣誉岗位授予他有三个理由：首先，因为他对罗斯福号杰出的操控；其次，因为他从探险开始到那一天止，始终欣然站在我和每件可能的小烦恼之间；第三，因为对我来说似乎正确的是，在英国对北极探索的卓越工作的观点里，一位仅次于一位美国人的英国子民应该能够说，他曾站在最接近北极点的地方。

随着巴特莱特的离开，主队现在由我自己和亨森的分队组成。我的队员是伊京瓦和希格鲁；亨森的队员是乌塔和乌奎亚。我们有 5 把雪橇以及从我们离船时所有的 140 条里挑选出的 40 条狗。凭借这些，我们现在为旅行的最后一程做好了准备。

我们现在距离北极点 133 海里。在我们建造雪屋附近的冰压脊的背风处来回踱步中，我制订出了我的计划。每条神经必须被拉紧来完成五次每次至少 25 英里的行军，以如此方式来催逼这些行军是为了使我们在中午前结束第五次行军，以便立即执行一次纬度观测。只要天气和水道允许，我相信我可以做到这一点。从冰块正在改善的特性，并考虑到近来的北风，我希望在路面状况上我应该不会有严重的麻烦。

在北纬 85°48′ 宿营，1909 年 3 月 22 日

如果因为任何理由我未能完成这些预设的距离，我有两种保留的方式来弥补不足。一个是加倍最后一次行军——那就是说，完成一次出色的行军，享用茶和丰盛的午餐，让狗休息一小会儿，然后不睡觉重新上路。另一个是，在我的第五次行军结束时，让一把轻雪橇、一队双倍的狗和队伍中的一两个人继续推进，把剩余的人留在营地里。即使路面状况比当时预期的要差，像从 85°48′ 到 86°38′ 那三次一样的八次行军，或者类似于我们最后一次的六次行军，都可以达到目的。

为所有这些计算提供基础的是以下时时存在的知识，一次 24 小时的狂风会打开或许无法通过的水道，并且所有这些计划会被否定。

当我来回地踱步，推算我的计划，我记起三年前我们曾在我们向北的路上跨过“大水道”的那一天，1906 年 4 月 1 日。现在和当时条件的比较使我对未来充满了希望。

正是为了这个时刻，我曾保留所有我的能量；为了这个时刻，我曾工作了22年；为了这个时刻，我过着简单的生活并且像准备一场竞赛一样训练自己。尽管到了我的年龄，我觉得能胜任未来日子的要求并且渴望踏上路线。至于我的队伍、我的装备和我的补给，它们是超越早些年我最乐观梦想的完美程度。我的队伍或许可以被看作现在已经变成现实的理想典范——如我右手的手指一般对我忠实并有求必应。

我的四名爱斯基摩人保有如他们种族遗产的针对狗、雪橇、冰和寒冷的技艺。亨森和乌塔在三年前探险的最远点就曾是我的同伴。伊京瓦和希格鲁在克拉克（Clark）的分队，那时候几乎是死里逃生，曾被迫多日以他们的海豹皮靴子维生，所有他们的其他食物都没有了。

还有第五个人是年轻的乌奎亚，他以前从未在任何探险队服务；但是如有可能，他甚至比其他人更愿意和渴望跟着我到我会选择的任何地方。因为他总是念及我曾许诺给每个会跟着我去往最远点的人的财宝——捕鲸船、步枪、霰弹枪、弹药、小刀等——超越爱斯基摩人最大胆梦想的财富，对他来说将会赢得约克角的老爱克瓦的女儿，他的心已经属于她。

所有这些人对我总会有办法让他们回到陆地具有盲目的信任。但是我完全认识到队伍的所有推动力是以我为中心的。无论我把握怎样的进击节奏，其他人都会履行；但是如果我完蛋了，他们会像轮胎瘪气的汽车一样停下来。我对条件无可挑剔，并且我带着自信面对它们。

第30章　最后冲刺开始

此刻，或许适合来讲一些有关选择亨森作为我前往北极点的旅行伙伴的理由的内容。在这个选择上，我恰如过去 15 年所有我的探险中所做的那样行事。他在那些年里在我最远北方的地点总是跟我在一起。此外，亨森还是除爱斯基摩人之外跟着我从事此类工作的最佳人选，爱斯基摩人凭借他们冰上技巧的种族遗传和他们驾驭雪橇和狗的能力，作为我自己个人队伍的成员对我要比任何曾有过的白种人更加必需。当然他们不能够领导，但是他们可以比任何白种人更好地跟随和驱赶狗。

亨森凭借他多年的北极经验，几乎跟爱斯基摩人一样熟练于此项工作。他可以驾驭狗和雪橇。他是旅行机器的一部分。假使我再带上探险队的另一名成员，他会成为一名乘客，使额外给养和其他辎重的携带成为必须。那实际上会是雪橇上的额外负载，而带着亨森是符合节省重量的益处的。

第二个理由是虽然亨森比我探险队的任何其他成员在跟着我最后的队伍在极地冰面上行进的时刻到来时更加有用，他并不会如探险队的白人成员那样胜任于使他自己以及他的队伍返回陆地。如果亨森受遣带着支持队伍之一从冰面上较远距离返回，并且如果他遭遇类似于那些 1906 年在回程中我们不得不面对的条件，他和他的队伍永远不会抵达陆地。虽然忠诚于我，并且在跟着我的时候比任何其他人在驾着雪橇覆盖距离方面更有效率，他由于种族遗传并不具有巴特莱特或马文、麦克米兰或波鲁普的勇气和主动性。有鉴于此，我不让他经历他从气质上不适合面对的危险和责任。

至于狗，它们中的大多数是强壮的公狗，如铁一般刚强，身体状态良好，而又没有一盎司多余的脂肪；并且，由于直到这个地点我对它们的悉心照料，它们都跟队员一样精神饱满。那一天正在修整的雪橇也处在良好的状态。我的食物和燃料补给足够支持40天，并且通过狗本身作为保留食物的逐步利用，如果到了紧要关头，或许可以最后支撑50天。

当我们在4月的第一天在那里休整时，由于爱斯基摩人一直在修理雪橇，他们时不时停下来吃一些煮熟的狗肉，这是巴特莱特的返回队伍使他们可以拥有的剩余数量。他们杀了一条最瘦弱的狗并且用一把多余坏雪橇的碎片当作燃料在他们的炊具里把它煮熟。它是新鲜肉食，热乎乎的，并且他们看来尽情享受它。尽管我记得很多次在极度饥饿的时候，我也曾乐于吃生狗肉，但我并未感觉有参与我黝黑皮肤朋友的盛宴的倾向。

4月2日凌晨，刚过午夜不久，在几个小时酣熟、温暖和使人精力恢复的睡眠以及一顿丰盛的早餐之后，我启程沿向北的路线上行，留下其他人收拾、装载雪橇然后跟上。当我爬上我们雪屋后面的冰压脊，我扣上我皮带里的另一个扣眼，从我32天前离开陆地起的第三个。我们中的每个人和每条狗都像木板一样精瘦和平腹，也一样结实。

直到此时，我都有意保持在队尾，纠正任何小的故障或者激励雪橇坏掉的队员，并且观察一切是否在良好的行军秩序中。现在我占据了领头的适当位置。尽管我尽力控制自己，我仍感到最强烈的愉快，甚至是狂喜，因为当我爬过冰压脊，呼吸到了直接来自北极点吹过巨大冰块的刺骨寒气。

当我跳下冰压脊进入深及大腿的水中，这些感觉一点儿也没有被抑制，在那里压力迫使我们北面的浮冰边缘下沉，并使得海水涌入表面积雪下方。我的靴子和裤子是密封的，这样没有海水可以进入，而当海水在我裤子的外皮上冻结，我用随身携带的冰矛上的刀片把它刮掉，而且我非自愿的晨浴也不算糟糕。我想起我在 330 海里以南的罗斯福号上未曾使用的浴缸，并且笑了起来。

这是早晨行军的好天气，晴朗而阳光灿烂，气温在 −25°，过去几天的大风减弱为微风。路面状况是自从离开陆地后我们拥有的最好的。这些浮冰是巨大而陈年的，坚硬而平整，上面几小块宝蓝色的斑块（前一个夏天的水池）。虽然围绕它们的冰压脊是巨大的，它们中的一些有 50 英尺高，越过它们并不是特别艰难，要么通过一些缺口要么爬上大雪堆的缓坡。灿烂的阳光、除冰压脊之外的良好路面状况、我们旅程的最后一段现在已顺利启程的意识以及再度领头的愉悦如红酒般感染着我。岁月似乎从我身边溜走，我的感觉如同回到十五年前的那些日子，当时我率领我的小队跨过格陵兰的大冰盖，日复一日在我的雪鞋后面留下 20 英里和 25 英里，并且加把劲就延长到 30 英里或 40 英里。

或许一个人总是在接近他事业的末期想起他工作的最初阶段。这一天北方冰原巨大而平整的外表、天空明亮的蓝色、风的刺骨特性——除了冰面之外的一切，在大冰盖上那是绝对一成不变，地平线呈一条直线——使我记起很久以前的那些行军。

最显著的区别是影子，在冰盖上是彻底不存在的，不过在巨大冰压脊耸立的北极冰面上是深暗色的。然后还有，已经提到的极地冰面上那些由上个夏天的水池形成的宝蓝色小斑块。多年前在格陵兰大冰盖上，我曾由于在我的补给耗尽前触及独立湾麝牛的必要性而飞驰。现在我因达成目标的必要性而飞驰，如果可能，赶在下一轮满月搅动不息的潮水并且打开穿过我们路径的水道网络之前。

在几个小时之后，雪橇追上了我。那天早上在一天的休憩之后，狗是如此活跃，以至于我被迫频繁地坐上雪橇几分钟，否则就得跑步追赶它们，而我现在还不愿这么做。就像乌鸦正北飞过一块又一块浮冰、一座又一座冰压脊，我们的路线差不多径直通向我借助罗盘排成一线的一些冰丘或尖峰。

以这条路线，我们没有暂停地行进了10个小时，我感觉确定走完30英里，然而，为了保守一点，我说是25英里。我的爱斯基摩人说我们已经走得跟从罗斯福号到波特湾一样远的距离，这根据我们的冬季路线在图表上标刻了35英里。无论如何，我们都跨过了88°纬线，处在一个以前从没有人类曾到过的地区。并且无论我们完成怎样的距离，我们都很有可能保持它，现在风已经停止从北风吹来。甚至有可能的是，随着风压的减缓，冰块多少会有所反弹，把前三天从我们这里偷走的一些辛苦挣得的英里数归还给我们。

接近行军的结尾，我遇到一条刚开放的水道。它在我正前方宽10码，不过向东几百码明显是一个可通行的岔口，在那里单条裂缝分成了好几条。我发信号让雪橇赶路；然后跑到那个地方，我还有时间选择一条路线跨过移动的冰块并且在水道变宽以致不能通行前回来帮助队伍通过。这条通道的生效是通过我从一块冰块跳到另一块，挑选路线，并且确信不会在狗和雪橇的重量下倾斜，再返回到狗所在的前一块冰块，在驱赶者控制雪橇从一块跨到另一块并为了它不致倾覆而左右摇摆的同时激励狗向前进。我们使得雪橇跨越了几条相当宽的裂缝，虽然狗跳过去没有困难，人却不得不为了紧跟长雪橇而全力以赴。幸运的是，雪橇都是新的皮里式的，有12英尺长。假使它们是老的爱斯基摩式的，我们也许不得不使用绳索，手把手拉着它们在一块冰块上通过。

让狗跳过正在加宽的裂缝总是困难的，尽管一些最好的驱狗者可以利用鞭子和哨音立刻做到这一点。糟糕的驱狗者很可能在尝试中把所有东西都浸入水中。有时候有必要走到狗的前面，把手往下探并摇动，就好像拿着一些好吃的东西，这样来激励它们跳跃的勇气。

也许在此之上一英里的地方，在一条狭窄水道边缘的冰块的碎裂在我跳跃着地时把我送入几乎深及我臀部的水中；不过由于海水并未没到我的防水裤的腰带以上，在它有时间冻结之前就很快被刮掉和抖掉。

这条水道并没有宽到给雪橇带来麻烦。

当我们停下来在一条巨大的冰压脊附近扎营时，正在逐渐升高的太阳看上去似乎有了一点温度。在我们搭建雪屋时，通过位于我们东和东南方向几英里远距离的水云，我们可以看见一条宽阔水道正在那个方向打开。接近满月显然起到了效果。

当我们继续行进，月亮对应着太阳在天空中绕行，银色圆盘对照着金色圆盘。望着它被太阳更明亮光线偷走色彩而显得暗淡、幽灵般的脸，似乎很难意识到，它在那里的存在具有不安分地搅动我们周围的巨大冰原的力量——即使现在，当我们如此接近我们的目标，用不可通行的水道阻断我们路线的力量。

月亮在漫长冬季里曾是我们的朋友，每个月给我们一或两周可供狩猎的光亮。现在它似乎不再是朋友，而是值得敬畏的危险存在。它的力量，从前曾是仁慈的，现在成为恶意的并具有无法预估的恶魔效力。

4月3日早晨，当我们在几个小时睡眠后一早醒来，我们发现天气依旧晴朗而平静。这次行军的开始阶段有一些宽阔而密集的冰压脊，我们不得不大量地使用鹤嘴锄。这稍稍拖延了我们，不过一旦我们到达平整的陈年浮冰，我们就尽力弥补损失的时间。由于日光现在是持续的，我们可以尽情长时间行进，按我们所必需的短时间睡眠。我们再度跟前面一样，一路猛攻10个小时，却因为早期使用鹤嘴锄的延迟以及在一条狭窄水道前的另一次小耽搁，只完成了20英里。我们现在在去89°纬线的中途，而我被迫扣上我皮带的另一个扣眼。

在这次行军中可以看见一些巨大的冰筏，不过它们不在我们的路径上。一整天我们都听见冰块在我们四周的研磨声和吱嘎声，但没有任何移动进入我们的视线。要么是冰块正在松弛回到平衡状态，在它从风的压力下释放后向北漂流，要么是它正在感受满月带来的春潮的影响。继续，我们继续推进，而我并不羞于承认我的脉搏加速，因为成功的气息似乎已经进入我的鼻孔。

第31章　离北极只剩一天

随着一天天过去，甚至连爱斯基摩人都变得更加渴望和感兴趣，尽管长途行军让人疲惫。当我们停下来宿营时，他们会爬上冰尖塔，极目向北望去，好奇地看看北极点是否在视线内，因为他们现在确信我们这一次应该会到达那里。

下一个晚上我们只睡了几个小时，在4月3日和4日之间的午夜之前就出发。天气和路面状况比前一天甚至更好。除了被偶尔出现的冰压脊打断，冰面如从赫克拉到哥伦比亚角的冰川边缘一样平整，而且更坚硬。一想到如果天气保持良好，我应该可以在6日中午前完成五次行军，我就庆幸不已。

我们再次径直向前行进了10个小时，狗经常是在小跑，偶尔会加速奔跑，而在那10小时里，我们一口气走了至少25英里。那一天我遇上了一次小事故，当我在狗队边上跑步时跌倒，一块雪橇滑板压过我右脚的一侧；不过这次受伤并没有严重到阻止我行进。

接近这天的结束，我们跨过一条大约100码的水道，上面的幼冰非常薄，在我跑到前面引导狗时，为了分散我的重量，我不得不滑开我的双脚，像熊的样式行进，同时队员们靠自己把雪橇和狗拉过来，在它们可以通过的地方滑移过来。最后两个人是四脚着地匍匐过来的。

我在另一边看着他们心都跳到了嗓子眼——看着冰块在雪橇和队员的重量下弯曲。当其中一把雪橇接近北侧时，一块滑板清晰地割开了冰块，而我每一刻都在担心全部东西，狗和所有物品，会穿过冰块沉到海底。不过那没有发生。

这次冲刺让我想起差不多三年前的那一天，当时为了拯救我们的生命，我们曾在类似于此的冰面上孤注一掷再度跨过“大水道”——冰块在我们下面弯曲并且在我的长雪鞋在上面滑过时我的脚趾数次切过。一个等待冰面真正安全的人在这样的纬度会很少有走远的机会。在极地冰面上行进，一个人要选择各种各样的时机。经常一个人会有在继续前进而溺水的可能性或静止不动而饿死之间的选择，并且挑战带有时间更短、痛苦更少的机会的命运。

那一晚我们都相当疲累，但满足于我们如此远的进展。我们几乎在89°纬线之内，而我在我的日记里写道：“再给我三天这样的天气！”在这次行军的开头，气温曾是－40°。那一晚我把所有最瘦弱的狗放在一队，在情况变得必须时，开始淘汰它们并喂给其他狗吃。

我们只停下来短暂睡了一觉，而在同一天，4日的上半夜，我们重新启程。气温那时候是－35°，路面状况相同，不过雪橇总是在气温上升时更容易拖拉，而狗大部分时间都在轮换。接近行军的结束时，我们遇到了一条南北方向的水道，由于幼冰足够厚可以支撑队伍，我们在上面行进了两个小时，狗一路飞奔，用一种让我心花怒放的方式刷下里程数。在行军的最初几个小时里从南方吹来的微风转向东方，随着时间的延续变得更加锐利。

我从不敢期待我们正在做出的如此进展。尽管如此，刺骨的寒冷不可能由不被无法改变的目标所支撑的任何人来面对。刺骨的风刺痛我们的脸，使它们开裂，并且每天在我们进入营地很久以后，它们仍引起我们的疼痛，使我们几乎无法入睡。爱斯基摩人抱怨很多，在每个营地，用他们毛皮衣物扎紧他们的脸、腰、膝盖和手腕。他们也抱怨他们的鼻子，我倒是以前从未见过他们这么做。空气像冰冻的钢铁一样锐利和刺骨。

在下一个营地，我让人把另一条狗杀了。自从我们离开罗斯福号到现在已经整整六个星期了，而我感到目标似乎就在眼前。我打算下一天在天气和冰面允许的情况下做一次长行军，在途中“煮一壶水”，然后不睡觉继续前行，试着弥补我们在4月3日拉下的5英里。

在每天的行军过程中，我的头脑和身体忙于覆盖尽可能多的里程数的问题，不允许我欣赏我们所踏过的冰封荒野的美丽。不过在每天行军结束时，当雪屋正在被建造时，我通常有几分钟时间环顾四周，体会我们所处位置——我们，在一片人迹未至、苍白、荒凉的冰的沙漠里仅有的生物——的自然之美。只有怀有敌意的冰和敌意更甚的冰水横躺在世界地图上我们遥远的地方和地球母亲的陆地最北端之间。

我当然知道总是有一种可能性仍然使我们在那里结束我们的生命，而我们对未知空间的征服和极地空间的静寂或许永远保持不为我们留在身后的世界所知。不过我们很难意识到这一点。那被说成是人类胸怀中的永恒春泉的希望总是鼓励我要有信心，我们能够沿着我们来时的白色之路返回是理所当然的事。

有时候我会爬上我们营地以北的冰尖塔顶部，极目前方横卧的一片苍白，试图想象自己已身处北极点。我们已经走得很远，反复无常的冰在我们路径上设置的障碍如此之少，使我现在敢于释放我的想象力，怀抱在此以前我的意志曾禁止我去幻想的景象——我们自己达成目标的景象。

迄今为止，就水道而言我们都非常幸运，但是我处在持续并不断增强的担心里，唯恐我们会在迈向最终点时遇到一条不可通行的水道。随着一次又一次的行军，我对这样不可通行的水道的担心与日俱增。在每条冰压脊前，我发现自己屏息向前赶，害怕就在它后面会有一条水道，而当我到达顶峰，我会长舒一口气——只是发现我自己在下一条冰压脊的相同路线上继续赶路。

在我们 4 月 5 日的营地里，我给了队伍比之前稍多一点的睡眠时间，因为我们全都筋疲力尽，需要休息。我进行了一次纬度观测，这显示我们的位置是 89°25′，或者说，离北极点 35 英里；不过我决定，如果太阳可见的话，为了正午的观测按时进行下一次宿营。

在倒数第二个营地为雪屋切割雪块，北纬 89°25′
（在这个营地为雪屋找到足够的雪非常困难）

在5日午夜前，我们重新上路。天气是阴霾的，有跟马文折返后那次行军相同的灰暗而无影的光线。天空是苍白的幕布，逐渐加深到地平线上几乎是黑色的，而冰面是阴森似白垩般的白色，就像格陵兰冰盖那样——就是富有想象力的艺术家会用来描绘极地冰景的颜色。它看上去跟过去四天我们曾在其上行进的蓝色苍穹下被太阳和满月照亮的闪耀冰原是如此不同。

路面状况甚至比之前更好。在陈冰硬颗粒状表面上几乎没有任何积雪，而宝蓝色湖泊前所未有地大。气温已经升到－15°，这减轻了雪橇的摩擦力，使得狗看上去感染了队伍的高昂士气。它们中的一些甚至一边行进一边摇头吠叫。

尽管天色灰暗，周围世界也让人惆怅，通过一些奇特的情感转移，对水道的恐惧却完全从我身上消失。我现在感觉成功在望，尽管过去五天的强行军让身体疲乏，我却不知疲倦地前行又前行，爱斯基摩人几乎自动地跟随，虽然我知道他们肯定感到疲惫，但我兴奋的大脑使我无法感知。

当我们按我所推测已经走完足足15英里，我们停下来，煮茶，吃午饭，并且让狗休息。接着我们继续前进，完成另一个预计的15英里。在12个小时的实际行进时间内，我们完成了30英里。很多外行人都好奇为什么在送回各支支持队伍，尤其是最后那队之后，我们能够更快地行进。对任何有结队行进经验的人来说，这不需要任何解释。更大的队伍和更多数量的雪橇，有更多的机会因这个或那个理由造成损耗或延迟。大队伍不能够像小队伍那样被强制快速行进。

拿一个军团来举例。这个军团不可能做出跟军团中精选连队的强行军一样的平均日行军里程。精选连队也不可能做出跟那个特定连队里选出的

在最后一次急行军中停下用午餐，89°25′到89°57′，展示雪障里的酒精炉
从左到右：亨森、伊京瓦、乌塔、希格鲁、乌奎亚

行动小组的强行军一样平均行军里程；而这个小组也不可能做出整个军团里最快速的旅行者在一定数量的强行军中做出的相同平均值。

所以，随着我的队伍缩减到五名精选队员，每个人、每条狗和每把雪橇都在我个人眼皮底下，我自己带头，并且所有人都认识到此刻已经到了使出我们全部精力的时候，我们自然比之前速度更快。

当巴特莱特离开我们时，雪橇事实上已经被重新组装，所有最好的狗都在我们这一组，并且我们都明白，我们必须达成我们的目标并尽我们所能快速地返回。天气对我们有利。从陆地到北极点的整个旅程中平均行军里程是刚过15英里。我们曾反复展开20英里的行军。从最后一支支持队伍折返的地点起的五次行军我们平均走了大约26英里。

第32章　我们抵达北极点

最后一次向北行军在 4 月 6 日午前 10 点结束。从巴特莱特返回的地点起到现在，我已经完成五次计划中的行军，并且我的推测显示我们就在我们全部努力的目标的不远处。在大致当地正午进入哥伦比亚子午线上的营地的常规安排之后，我在我们的极地营地完成了第一次观测。那指示我们的位置在 89°57′。

我们现在位于上行旅程中最后一次长途行军的结尾。北极点实际上

莫里斯 · K. 杰塞普营地，89°57′，1909 年 4 月 6 日和 7 日

已然在望，我却太疲倦，不能走出这最后几步。所有这些日日夜夜的强行军和睡眠不足累积的疲劳、持续的危险和焦虑似乎突然向我袭来。我已耗尽所有力气，在那一刻都不能认识到我毕生的目标已经达成。就在我们的雪屋建成，我们吃完晚餐并双份喂养了狗之后，我上床准备睡上几小时绝对必需的觉，亨森和爱斯基摩人已经把负载卸下雪橇，使它们为必要时的修理做好准备。不过，尽管我疲惫不堪，我睡不了多长时间。因而只过了几个小时我就醒了。我醒来后所做的第一件事情是在我的日记里写下这些话："终于到了北极点。三个世纪的奖赏。我 20 年的梦想和目标。终于是我的了！我不能说服自己那已成为事实。一切看来都是那么简单和平常。"

一切都为哥伦比亚子午线时间下午 6 点的观测 [1] 准备就绪，只要天气晴朗，不幸的是在那个时辰天气依旧阴霾。不过有迹象显示不久之后天

北极点的侦察雪橇使用的双倍狗队，展示它们的警觉和良好状态
（每条狗获得接近两倍于标准配给的每天一磅干肉饼）

气就会转晴，两名爱斯基摩人和我自己准备好只携带仪器、一罐干肉饼和一两张兽皮的轻雪橇；并在双倍配置的狗队的牵引下，我们推进了10英里的预计里程。在我们行进的同时，天空放晴，而在旅行的结尾，我可以在哥伦比亚子午线午夜时间执行一系列令人满意的观测。这些观测显示当时我们的位置跨越了北极点。

当时围绕我们环境中的几乎所有东西都看来奇怪得让人难以完全明了；不过那些环境里在我看来最奇怪的是这样的事实，在只有几个小时的行军里，我已经从西半球到了东半球，并且曾见证我的位置在世界的顶端。难以理解的是，在这次短暂行军的最初几英里，我们曾朝正北行进，然而，在同一次行军的最后几英里，我们向南行进，尽管我们在所有时间都精确地朝相同方向行进。或许很难设想一幅更好的画面来诠释大部分东

北极点的侦察队
（在雪橇上只是仪器、一罐干肉饼以及一两张兽皮）
（注意表面冰的坚固特性。雪鞋在这里并不需要）

西是相对的这一事实。再一次，请考虑这不寻常的环境，为了返回我们的营地，现在变得必须要回头再向北走几英里，然后径直向南，所有时间都在同一方向行进。

当我们沿着没有人曾见过或者也再不会见到的路线返回，某些强加给它们的想法我认为可以恰如其分地成为独一无二。东、西和北已经在我们面前消失。只有一个方向保留，那就是南。每一阵可能吹向我们的风，不管来自地平线上的什么地点，必定是南风。在我们所处的地方，一日一夜构成了一年，一百个这样的日与夜构成了一个世纪。假使我们整个北极冬夜的六个月时间都站在那个地点，我们应该会看见北半球的每颗星星在离地平线相同距离的天空中环行，其中北极星几乎正在天顶。

整个返回营地的行军期间，太阳都在其永动圆环里绕行。4 月 7 日早晨 6 点，重新抵达杰塞普营地后，我进行了另一系列的观测。这些显示我们的位置在离北极点四五英里的地方，朝向白令海峡。于是，带着双倍配置的狗队和一把轻雪橇，我们径直朝着太阳的方向行进了八英里的预计距离。我再次及时返回营地，在哥伦比亚子午线时间 4 月 7 日正午进行最后和完全令人满意的一系列观测。这些观测的结果本质上跟 24 小时之前在同一地点所做出的那些一致。

我现在已经在两个不同的站点、三个不同的方向、四次不同的时间获取了总共 13 个单一太阳高度，或者说六个半等高度。除了第六次的首个单一高度之外，所有都在令人满意的天气条件下。这些观测期间的气温在华氏 −11° 到华氏 −30°，天空晴朗且气候平静（除了在已经注明的第六次里的单一观测之外）。我在这里给出一份这些观测的典型集合的复印件。(参见后两页。)

皮里在北极点跟精密计时器、六分仪和人工地平仪在一起

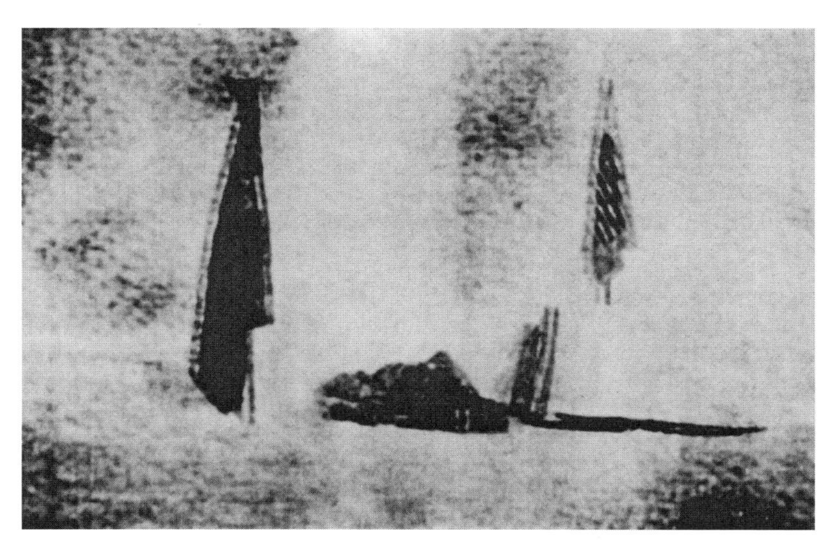

皮里在北极点进行的观测，在雪障里使用人工地平仪
亨森摄，4 月 7 日

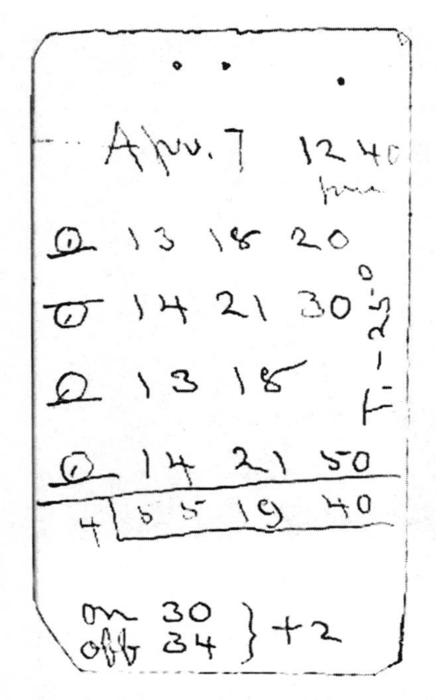

在莫里斯·杰塞普营地的观测复印件（1），1909年4月7日

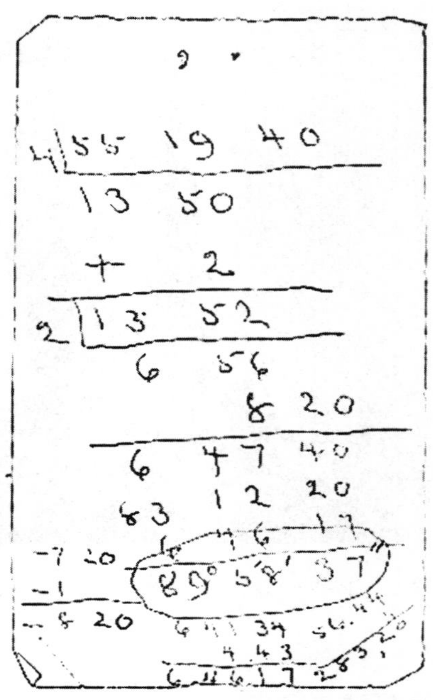

在莫里斯·杰塞普营地的观测复印件（2），1909年4月7日

在我已经完成的这些不同方向横贯冰面的过程中，我在观测中允许大约10英里的可能误差，而在这些行军和反向行军期间的某个时刻，我曾经过或非常接近[2]东南西北融为一体的地点。

当然，或多或少会有一些非正式的仪式跟我们抵达不同的终点相联系，不过它们都不属于非常煞费苦心的性质。我们在世界的顶端插上五面旗帜。第一面是皮里夫人十五年前给我的丝质美国国旗。那面旗帜曾参与的高纬度旅行比任何其他的都多。我在我的每次向北探险中都携带它，在那里成为我的领地之后用它包裹我身体，并且我在每次相继的“最远北方”都留下它的一个片段：莫里斯·K. 杰塞普角，已知世界里陆地的最北

四名北极点爱斯基摩人
从左到右：乌塔、乌奎亚、希格鲁、伊京瓦

端；托马斯·哈伯德角，格兰特地西面的杰塞普地的已知最北端；哥伦比亚角，北美陆地的最北端；还有我1906年所到达的最远北方，极地海洋冰面上的87°6′纬度。到此刻它真正到达了北极点，所以，它有几分破损和掉色了。

这面旗帜的大块斜片现在会标记地球的最远目标——我和我黝黑皮肤的同伴站立的地点。

同样被认为合适的是，升起在我还是鲍德温学院的学生时就加入成为其成员的德尔塔·卡帕·艾普希龙大学生联谊会（Delta Kappa Epsilon fraternity）的彩旗、白底上有红白蓝三色的“世界自由与和平旗”、海军联合会旗和红十字旗。

我在冰上插入美国国旗之后，告诉亨森让爱斯基摩人按节拍做三次欢呼，而他们给以最大的热情。于是，我跟队伍的每位成员握手——无疑是最受大众认同的十分不拘礼节的庆祝活动。爱斯基摩人如孩子般欢欣于我们的成功。虽然，他们当然没有完全认识到它的重要性或者它的全球意义，他们肯定理解它意味着一项他们曾看着我从事多年的任务的最后完成。

接着，在一条冰压脊的雪块之间的一片空地，我放置了一个玻璃瓶，其中包含我的旗帜的斜条，下面是其中的文字记录的拷贝：

北极点，北纬90°

1909年4月6日

今日抵达此地，从哥伦比亚角起的27次行军。

我有5名队员跟我在一起：马修·亨森，有色人种；乌塔、伊京瓦、希格鲁和乌奎亚，爱斯基摩人；还有5把雪橇和38条狗。我的船罗斯福号汽轮在谢里登角的冬季营地，哥伦比亚以东90英里。

在我指挥下已经成功抵达北极点的探险是在纽约市的皮里北极俱乐部的赞助下，并且为了获得这项地理奖赏的目标，如果可能，也为了美利坚合众国的荣誉和声望，由俱乐部成员和伙伴配备并派向北方。

俱乐部的官员是主席，来自纽约的托马斯·H.哈伯德；副主席，来自马萨诸塞州的泽纳斯·克兰；秘书及司库，来自纽约的赫伯特·L.布里奇曼。

我将在明天启程返回哥伦比亚角。

罗伯特·E.皮里

美国海军

北极点，北纬 90°

1909 年 4 月 6 日

今日我在此地升起了美利坚合众国国旗，我的观测显示此处是地球北极轴，并且以美利坚合众国总统的名义正式拥有这整个地区及其毗邻区域。

我谨将这个纪录和美国国旗留在此地。

罗伯特·E. 皮里

美国海军

假使一个人有可能在没有身心俱疲的状态下抵达北纬 90°，他无疑会

队伍成员欢呼星条旗插上北极点，1909 年 4 月 7 日
从左到右：乌奎亚、乌塔、亨森、伊京瓦和希格鲁

享受一系列独一无二的感受和反应。但是，北极点的获得是持续几星期的强行军、身体不适、睡眠不足和折磨人的焦虑的顶点。自然规定的绝妙在于人类意识只能把握头脑能够忍受的那样程度的强烈感受，而地球上最远地点的无情卫士不会让某个人成为访客，直到他经受了最严酷折磨的考验和测试。

或许那不应该是这样，但是当我确定知道我们已经达成目标，这世界上我想要的只有一件事情，就是睡觉。但是在我拥有它几小时之后，继之而起的一种精神亢奋状态使我不可能进一步休息。有超过 20 年的岁月，地球表面上的那个地点曾是我每一次努力的目标。我的整个存在，身体上、精神上和道义上，都致力于对它的获取。多少次我自己的生命以及那些跟着我的人的生命曾经历风险。我自己的还有那些我朋友的物资和精力都被奉献于此目标。这次旅程是我第八次进入北极荒原。我从 30 岁到 53 岁的 23 年里已有接近 12 年在那片荒原上度过，而那段时期里在文明社会中度过的间隔时间也主要被重返荒原的准备所占据。抵达北极的决心已经成为我如此多的一部分存在，那可能看来有点奇怪，我很久以前就停止关心我自己，除了作为一台达成那个目的的仪器。对于外行来说，这或许看来有点奇怪，但是发明家可以理解它，或者是艺术家，或者曾年复一年把自己奉献于为某个想法服务的任何人。

不过尽管在北极点度过的 30 小时的间歇，我的思绪萦绕着美梦成真的令人振奋的想法，有一种其他时间的令人吃惊的清晰回忆不时闯入。那是对三年前的一天——1906 年 4 月 21 日的回忆，当完成跟冰块、未结冰水面和风暴的斗争之后，我所指挥的探险队由于食物补给无法支撑我们走得更远而被迫从北纬 87°6′ 折返。那一天的极度抑郁和当前时刻的狂喜之

伊京瓦探查地平线寻找陆地

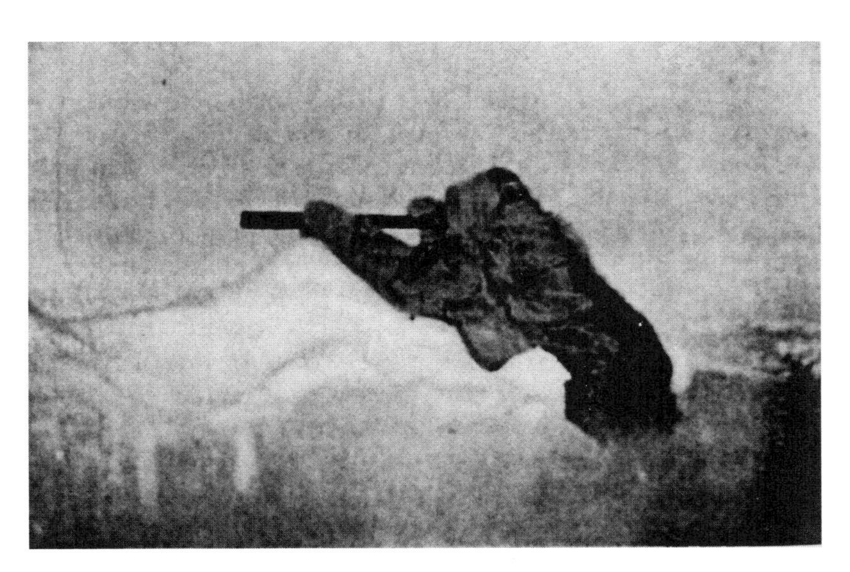

皮里探查地平线寻找陆地
（从杰塞普营地雪屋后面的冰压脊顶部）

间的反差并不仅仅在于我们在北极点短暂逗留的愉悦表象。在1906年那次回程中的黑暗时刻里，我曾告诉自己我只是长长北极探险者名单中的一行，那可以回溯几个世纪，一路从亨利·哈德逊到阿布鲁齐公爵，还包括富兰克林、凯恩和梅尔维尔——一长列曾经奋斗和失败的英勇的人。我告诉自己我只有成功，以我生命的最佳年月为代价，在从文明世界的纬线引向极地中心的链条上添加几环，毕竟若非如此，在最后我不得不写下的词是失败。

但是现在，在从我们营地朝不同方向冰面搜索的同时，我尽力认清，在23年的搏斗和失望之后，我最终成功地把我祖国的旗帜安插在举世瞩目的目标上。记述这样一件事情并非易事，但是我知道我们将带着伟大冒险故事的最后篇章回到文明世界——一个世界曾等待近四百年才听到的故

眺望切柳斯金角

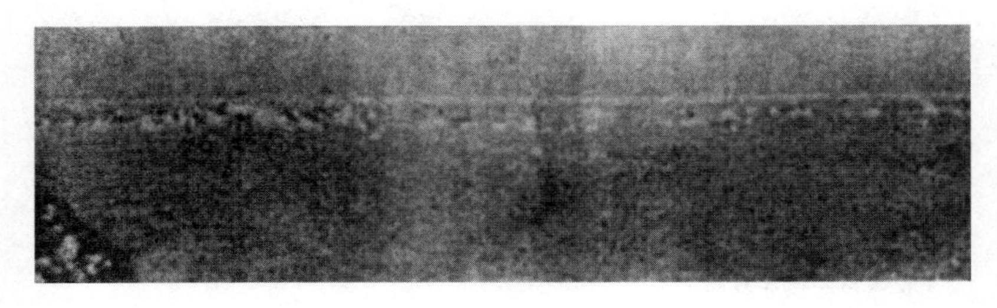

眺望斯匹次卑尔根群岛

眺望哥伦比亚角

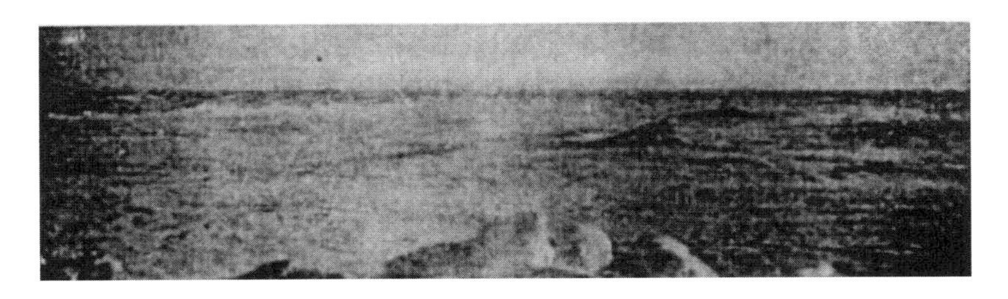

眺望白令海峡
（北极点的四个方向）

事，一个最终将在星条旗的褶皱下传颂的故事，这面旗帜在曾经历的孤单和被隔绝的使用周期里对我而言成为家乡和我所爱的——并且也许是再也见不到的——一切的象征。

在北极点的30个小时，包括我的行军和反向行军，还包括观测和记录，时间安排得相当紧凑。然而我还是找到时间在一张美国明信片上写信给皮里夫人，那是我冬季期间在船上发现的。在向北旅程的不同重要阶段写下这样的短笺已经成为我的习惯，为的是如果有任何严重的事件发生在我身上，这些简短的音讯最终会在幸存者的手中传递给她。这是后来传到在悉尼的皮里夫人手中的明信片：

北纬 90°，4 月 7 日

我亲爱的乔，

我最终胜利了。在这里呆了一天。一个小时内我就要启程回家，回到你身边。向“孩子们”致以爱意。

伯特

7 日下午，在摆动我们的旗帜并拍下照片之后，我们走进我们的雪屋，试图在重新向南出发之前睡一小会儿。

我不能入睡，和我占用同一座雪屋的两名爱斯基摩人希格鲁和伊京瓦看来同样静不下来。他们翻来覆去，而当他们安静的时候，我从他们不平静的呼吸中可以分辨出他们没有睡着。尽管前一天当我告诉他们我们已经抵达目标时，他们并不是特别兴奋，他们似乎还是被同样使得我无法入睡

扛着旗帜返回营地，1909 年 4 月 7 日

皮里在莫里斯·K.杰塞普营地的雪屋，1909年4月6日；世界上最北面的人类居所。（背景中飘扬着皮里15年来一直随身携带的北极旗）

的兴奋情绪所支配。

最后我爬起来，告诉我的队员和在另一座雪屋里同样醒着的三个人，我们将尝试在睡觉之前在大约30英里以南扎营，我下令拉起狗然后出发。在我们雪屋的睡觉平台上辗转反侧中浪费如此完美的旅行天气看来是不明智的。

无论是亨森还是爱斯基摩人都不需要任何激励就重新上路了。他们自然急切于尽可能快地返回陆地——现在我们的任务已经完成。大约在4月

7 日下午 4 点，我们转身离开在北极点的营地。

尽管强烈意识到我正在离开的是什么，我并没有等待任何向我毕生目标依依不舍的告别。人类站立在地球上至今无法到达的顶峰的大事件已经达成，而我的工作现在转向南方，在那里仍旧有 430 海里浮冰和可能开放的水道横躺在我们和格兰特地北岸之间。我向后看了一眼——然后转过脸朝向南方，朝向未来。

第33章　告别北极

我们在4月7日下午大约4点转身离开位于北极点的营地。对于抵达遥远地点的快乐，我尽力给出一个恰如其分的印象，但是无论我们触及它的体验是多么的愉悦，我都留给它一丝淡淡的忧伤，时而在一个人的思绪中闪过，“这场景我的双眼将无法再次看到”。

我们再次踏上回家之路的喜悦多少被有关仍旧摆在我们前面的任务的焦虑直觉所冲淡。所有的探险计划都把期待从北极点的安全返回跟抵达它的任务相提并论。北极点的探险跟飞行的问题有一些共通点：相当多的人已经发现，尽管飞行并不是非常困难，安全降落的难度却更加值得考虑。

无疑将被记得的是，1905—1906年的探险队遇到的最大危险并不在上行旅程中，而是在我们从最远北方返回的极地冰面的路线上，因为正是在那时我们遇到了无情的“大水道”，它的险情差一点造成整支队伍的毁灭。将被更久远地记住的是，甚至在安全通过“大水道”之后，我们曾勉强在格陵兰最北边的荒凉边缘蹒跚而行，我们只差最狭小可能的限度逃过了饿死的结局。

当我们转身离开北极点时，这次死里逃生的记忆因此出现在我们这支小队伍的每位成员脑海里，我敢说我们中的每个人都想知道是否一次类似的体验正等待着我们。我们已经发现了北极点。我们可以回来讲述这个

尝试测深，1909年4月7日

故事吗？在我们上路之前，我跟队伍里的人做过一次简短的交谈，使他们理解至关重要的是我们应该在下一次春潮前到达陆地。为了这个目标，每根神经必须被拉紧。从现在起，那将成为一次“大旅行”的实例，少睡觉并且抓紧每一分钟。我的计划是在整个回程旅行中尽力做出双倍里程的行军；那就是说，出发，覆盖一次向北行军的里程，煮茶和吃午餐，接着覆盖另一次行军里程，然后睡上几小时，再继续推进。事实上，距离完成这项计划我们也没有落下太多。精确地说，日复一日，我们在三次回程行军中覆盖了五次向北行军的里程。每一天在回程中我们所赚取的，减少了路线因狂风吹移冰块而被毁坏的机会。只有一片正在 87° 纬线之上的大约 57 英里宽的区域给予我大量关注，直到我们通过了它。从除北面之外各个方向吹来的 12 小时强风会把那片区域变成一片开阔的大海。当我们把 87° 纬线抛在身后时，我长舒了一口气。

或许将会被记起的是，尽管 1905—1906 年的探险跟这最后一次探险完全一样是从格兰特地北岸出发前往北极点，这前一次探险经由不同的路线返回，在格陵兰海岸重新抵达陆地。这个结果是由强风席卷我们曾在上面行进的冰块远远偏向我们上行路线的东面所造成的。然而这一次，我们没有遭遇如此的不幸。大部分的路线，我们发现都被我们的支持队伍更新而变得容易辨识，并且在大多数情况下都处在良好的条件下。此外，有充足的食物为队员和狗准备，而在装备运转的范围内，我们都像在竞速那样

真实测深，极点以南 5 英里，1909 年 4 月 7 日，
1500 英寻（9000 英尺）未触及海底

脱去衣服。一定不能忘记的还有队伍高昂士气的激励作用。简单说，一切都对我们有利。在我们回程旅行的最初5英里，我们全速疾行。然后我们来到一条被新结的冰填满的狭窄裂缝边上，这提供了一次机会尝试测深，这件事情在北极点由于冰块的厚度而变得不可行。然而在这里，我们能够剁穿冰块，直到我们触及水面。我们的测深仪器给了我们未触及海底的1500英寻水深。当爱斯基摩人正在卷起它时，丝线断了，导线和丝线都沉入海底。随着导线和丝线的丢失，卷盘也变得没有用处，随后被扔掉，减轻了乌奎亚的雪橇18磅。我们早早抵达了位于89°25′的营地，对我这本该是一次愉快的行军，只可惜我的双眼因前几个小时持续观测的负担而刺痛。

在几个小时睡眠之后，我们再次赶路，爱斯基摩人和狗都处在警惕状态。

在这个营地，我开始执行贯穿整个回程行军都遵循的规则，根据覆盖的距离来喂狗；那就是说，当我们覆盖两次行军的里程时，双份喂养它们。我能够做到这一点，是因为在我们可能会被开放水道严重耽搁的情况下，我单独留给狗的保留食物补给。

在下一个营地，我们在雪屋里煮茶和吃午餐，让狗休息，然后继续推进。天气很好，然而有发生转变的明显迹象。为了抵达接下来的雪屋耗费了我们全部的意志力，不过我们做到了，并且在我们吃完晚餐之前就几乎睡着了。没有对这些雪屋的期待和努力，我们应该完不成这次行军。

4月9日星期五，是天气狂暴的一天。一整天，风从北到东北方向猛烈地吹来，最后增强为八级风，同时气温计悬在零下18°到零下22°之间。在上行旅程中我们曾在这里通过的所有水道都被大大加宽，并且有新的水道已经形成。我们在 88° 纬线以北遇到的一条至少有一英里宽，不过幸运的是，它完全被可通行的幼冰覆盖。这不是一个让人安心的日子。因为这次行军的后半部分，在咆哮狂风的压力下，冰块在我们四周甚至就在我们脚下浮动。很幸运，我们差不多在风的前面行进，因为如果大风迎面而来，我们几乎不可能沿着路线移动。事实上，大部分时间狗都在风的前面一路飞奔。在风暴的作用下，冰块承载着我们随着它被明显地推向南方。这让我猛地想起 1906 年在我们回程行军中重获“风暴营地”的狂风。幸好没有冰块的侧向移动，否则我们会有严重的麻烦。当我们那一晚在 87°47′ 宿营时，我在日记里写道：“从这里到北极点并返回是一次具有蛮荒终点的荣耀冲刺。它的成绩归应于努力的工作、较少的睡眠、较多的经验、第一流的装备以及天气和未结冰水面相关的好运气。”

巴特莱特和他的队伍准备从北纬 87°47′ 返回，1909 年 4 月 1 日

在当作渡船的冰块上跨过水道
（弗雷德里克·A. 斯托克斯公司版权所有，1910 年）

晚间，大风减弱并逐渐平息，留下非常阴霾的天空。全体队员都发现光线要进入眼睛极端地费劲。我们几乎不可能看见路线。尽管气温只有零下 10°，我们只覆盖了巴特莱特那一天最后一次行军的里程。我们没有尝试做得更多，因为狗正在感到最近高速度的影响，并且急需让它们为下一天保持最好的可能状况，我预计我们肯定会遭遇一些跟幼冰有关的麻烦。在这个地点，我们被迫在狗中间进行固定淘汰，留下 35 条的总数。

4 月 11 日星期天，结果是阳光灿烂的一天。就在我们离开营地后不久，太阳穿透了云层。空气几乎平静，太阳看来有点热度，而它的光线强烈。如果不是因为我们的烟灰色护目镜，我们应该会遭受雪盲症之苦。尽管以对麻烦的预期作为我们这次行军的开始，我们却愉快地发现预期并未成为现实。在上行旅程中，所有这片区域都曾被幼冰覆盖，而我们认为有理由预期在这里的未结冰水面，或者最好的情况也是路线会被抹掉；可是冰块没有足够的移动来阻断路线。至少没有侧向——东西向的冰块移动。这就是回家旅程的伟大、幸运和自然特性，以及为什么我们只有如此少麻烦的根本原因。我们在“水道”雪屋停下来午餐，当我们完成进餐时，冰面在我们身后开放。我们刚好及时通过。在这里我们注意到一些刚留下的狐狸踪迹。这个动物很可能被我们的靠近所打扰。这些是曾被发现的最北面的动物踪迹。

受到好运气的鼓舞，我们继续推进，完成两次行军，而当我们扎营时已经非常接近87°纬线。那一晚在我日记里记述的内容也许值得引用：“希望明天能够到达马文的回程雪屋。当我们再度踏上那里的大冰块，我会很高兴。这里的这片区域晚到2月和3月初都是未结冰水面，而现在被作为回程手段是极端不可靠的幼冰覆盖。几个小时猛烈的东风、西风或南风会使这整片区域形成南北向50—60英里、东西向广度未知的未结冰水面。只有平静的天气或者北风保持它的可通行。”

一次双倍里程的行军把我们带到86°38′的为纪念阿布鲁齐公爵的最远北方而命名的阿布鲁齐营地。路线在几处中断了，但是我们每次都没费太多困难就找了回来。接下来的一天是恶劣的坏天气。在这次行军中，我们满面都是从东南吹来的清风，时不时地，飞雪像针一样刺痛并且搜寻我们衣服里每一个缝隙。不过对于跨过幼冰我们都非常高兴，这些事情看来都只是微不足道的事。这次行军的终点是在为纪念南森的“最远北方”而命名的“南森营地”。

这次回程旅行显然注定充满了反差，因为接下来的一天是阳光灿烂和完美平静的日子。尽管天气很好，狗却显得几乎没有活力。不可能使它

转动冰块跨过水道形成一座临时的桥

们比散步移动得更快，尽管负载很轻。亨森和爱斯基摩人也显得有点不在状态，所以看来比较明智的是在这里完成一次单程行军而不是惯常的双程行军。

在好好睡了一觉后，我们开始进入另一次双程行军，然后我们开始感受风的影响。甚至在我们拔营之前，冰块开始在雪屋四周开裂并发出吱嘎声。靠近营地，一条水道在我们出发时打开，而为了通过它，我们被迫使用一块冰块做渡船。

在那里和下一个营地之间，在85°48′，我们发现了三座雪屋，马文和巴特莱特曾在那里被现在已冻结的水道所耽搁。我的爱斯基摩人通过在它们的构造中认出巴特莱特和马文队伍里的人的手艺来辨识这些雪屋。爱斯基摩人几乎总是能够辨别是谁建造的雪屋。尽管它们都基于一个普遍原则来构建，总是有这些经验丰富的北方之子可以容易地辨认的个人手艺的独特性。

在这一天的第一段行军中，我们发现路线被严重破坏，冰块在风的压力下向所有方向碎裂，其中一些路程我们都是在奔跑，狗从一块冰上跳到另一块。在第二段行军期间，我看见一条新近的熊迹，很可能是由我们曾在上行旅程中看见的同一头猛兽留下的。沿着这里一路上是无数的裂缝和狭窄水道，不过我们可以在没有大的延迟的情况下通过它们。有一条在上行旅程之后形成的一英里宽水道，上面的幼冰目前正在解冻。

或许我们在这里抓住机会，或许没有。一件事情对我们有利：我们的

过桥

雪橇比上行旅程中轻了许多，我们现在可以使它们“跃”过一刻也不能支撑它们的薄冰。无论如何，我们没有遭遇来自意外事件的震颤和不规则脉动。那事实上成为每天工作的一部分。

当我们离开我们为午餐而逗留的营地，一堆危险的浓密黑云从南方升起，我们预料有一阵大风，不过风减弱了，而我们在一次 18 小时的行军之后在宁静而耀眼的阳光里抵达下一个营地，在那里马文曾做了一次 700 英寻的测深并且丢失了丝线和鹤嘴锄。我们现在离陆地大约 146 英里。

我们现在在良好状态下从北极点顶峰下来，4 月 16 日至 17 日的另一次双程旅行把我们带到我们第 11 个上行营地，纬度 85°8′，距离哥伦比亚角 121 英里。在这次行军中，我们跨过了 7 条水道，由于路线的反复中断，又一次延长我们的行军到 18 小时。4 月 18 日星期天，我们仍旧在马文和巴特莱特走出的路线上赶路。他们已经错失了主路线，不过除了时间这对我们来说差别不大。当在主路线上时，我们能够做出更长的行军，因为在那里我们在上行旅程中早已建造的雪屋里宿营，而不是不得不为我们自己建造一座全新的。这是另一次 18 小时行军。它有一个平静而温暖的开始，不过，就我个人而言，结尾是极度不适的。这一天里，我的衣服由于汗水而变得潮湿。此外，由于我们的长行军和短睡眠使我们轮转了日历日，我们正面朝太阳，而这借着东南风严重地刺痛我的脸，简直可以说是折磨。不过我用我们现在离陆地不到 100 英里的想法来安慰自己。我尽力通过遥望我们可以从这个营地看见的陆云来忘记我刺痛的肉体。这些云不会被弄错，它们是持久的，由来自陆地的水汽在上层大气凝结而形成。我们知道，甚至就在明天，我们也许能够看见大陆。与此同时，狗再一次变得完全没有活力。它们中的三条已经彻底耗尽体力。额外的给养被喂给它们，而我们在这个营地做了较长的停留，部分是因为它们的原因，也有部分是为了使我们重新转回太阳在我们背后的“夜”行军。

在4月18日至19日星期天至星期一的下一次行军中，有连续的好天气，而我们仍然按照我规划的时间表一路行进。我们前一晚较长的睡眠已经使我们自己和狗都振作起来。凭借重续的精力，我们在下午大约1点重新上路。在2点1刻，我们路过在一条自我们上行后形成的巨大水道北侧的巴特莱特的雪屋。我们跨过这条水道用了两个小时稍多一点。

直到那天晚上11点，我们在亨森的首次先头行军中重新找到主路线。当时在雪橇前面行进的我偶然发现它，并且发信号给我的队员，他们几乎高兴得发狂。我们刚走过的区域在上一个满月时曾是一片开阔的大海，来自除北面之外的任何方向的清风都会使它重新恢复原样；或者源自北风的浮动会使它成为碎玻璃板一样的崎岖表面。

对于读者来说或许看来奇怪，在这单调的冰雪荒野里，我们可以分辨出我们上行行军的不同部分，并且在回程中认出它们。但是，正如我曾说过的，凭借跟候鸟辨识它们前一年的旧巢相同的直觉，我的爱斯基摩人知道谁建造或者甚至谁曾占用一座雪屋；而我曾如此长时间地在这些北极荒原上旅行并且跟这些自然之子一起生活，我的方位感几乎跟他们自己的一样敏锐。

在午夜，我们遇到了伊京瓦在上行路上抛弃的雪橇碎片，而在19日早晨3点，我们抵达麦克米兰–古塞尔折返的雪屋。我们已经在15个半小时的行进中覆盖亨森的三次先头行军。

又一条狗在那天耗尽体力并被射杀，留给我30条的整数。在这次行军的结尾，我们可以在南面很远的距离看见格兰特地的山峰，这场景使我

拔营。向着疲惫的狗推动雪橇

们激动不已。那就像漂泊已久的水手看见故乡海岸的场景。

第二天，我们再度完成双程行军。在下午后半段出发后，我们抵达外出的第六个营地，“煮一壶水”，随便吃了点午饭；然后继续推进，直到20日凌晨我们抵达第五个外出营地。

到目前为止，我们似乎具有保护我们免于所有困难和危险的魔力。正如我后来所发现的，尽管巴特莱特和马文，还有波鲁普曾被开放水道耽搁，却没有一条单独的水道拖延我们超过一两个小时。有时候冰块足够牢固以使我们通过；有时候我们做出一次小的改道；有时候我们停下来等待水道关闭；有时候我们使用一块冰块作为临时的渡船：但是无论我们的跨越方式是怎样的，我们都没有任何严重困难地通过。

看上去似乎最终被人类征服的极地荒原的守卫精灵已经接受失败并且退出竞争。

回程中最后的冰上营地

测深

然而现在，我们已经进入“大水道”致命影响范围之内，并且在自哥伦比亚角起的第五个营地里（水道以北的第一个），我度过了极度不适的一个夜晚，遭受各种我诊断为扁桃腺炎的不适症状。在这次行军中，我们非常快速地靠近陆地，这样为我的不适带来一些慰藉。至多在三四天里，不考虑意外情况，我们的双脚将再次踏上陆地。尽管我咽喉疼痛且没有睡觉，我从这一受欢迎的想法中得到不少安慰。

第34章　重回陆地

我们现在到达了“大水道”附近，在1906年，它曾在上行旅程中牵制我们如此多的日子，并且几乎付出我整支队伍的生命的代价。因此，我预料到在4月20日至21日的行军中有麻烦，而我也没有失望。尽管“大水道”被冻结，我们发现巴特莱特回程中在此丢失了主路线并且再也没有找到。因此在剩下的冰上之旅中，我们不得不遵循巴特莱特走出的单程路线，而不是我们早已踏平的外出路线。我不能抱怨。我们已经保持踏平路线回到离陆地大约50英里之内。

对我来说这是整个旅程中最不舒适的行军。那是紧接着一个在寒冷雪屋里的不眠之夜而进行的。因为所有我的衣服都被汗水浸湿，我的下巴和脑袋不停地抽痛和刺痛，尽管接近行军的尾声，我开始感到我服用的奎宁的作用，而在我们到达船长的雪屋不久以后，最糟糕的状况已经消失。不过那天仍然是艰苦的操练，于狗看上去完全没有能量或精神这一事实，我们的麻烦一点也没有减少。

已经伴随我们数日的美好天气在接下来的一天依旧在继续。这确实是令人吃惊的灿烂天气的延续。我们行军六个小时，然后停下来午餐，接着又一路步行六个小时。我们反复地路过熊和野兔的新鲜踪迹，还有许多狐狸的踪迹。除这些之外，这次行军平安无事，只有在两条狭窄水道，我们在薄薄的幼冰上通过。那一整天，太阳都是炙热和闪耀到一种几乎无法忍受的程度。面向太阳行进或许是不可能的，它的光线是如此强烈。然而这一整天气温在零下 18° 和零下 30° 之间起伏。

我们抵达海岸前的最后一天的旅行下午 5 点在同样明亮、晴朗和宁静的天气里开始。在离营地不远的距离，我们遇到了一条不能通行的水道，船长的路线正好跨过了它。在一次无果的通行尝试中，我们使我们的一队狗掉入水中。最终水道摆向东面，而我们发现了船长的路线，顺着它，绕过了水道的尽头。

再往前只有很短的距离，我们第一次在我们前面看见冰川边缘的峭壁，我们暂停行军很长一段时间来拍一些照片。在那一晚午夜之前，整支队伍抵达了格兰特地的冰川边缘。我们现在已经离开了极地海洋的冰面，事实上到了大地之上。当最后一把雪橇来到冰川边缘几乎垂直的峭壁

越过“冰川边缘”的表面靠近哥伦比亚角的山峰

哥伦比亚角的克兰城，回程中

下，我想我的爱斯基摩人已经发疯了。他们吼叫、呼喊、跳舞直到他们完全力竭而跌倒。当乌塔无力地瘫坐在他的雪橇上，他用爱斯基摩语评论道：“魔鬼睡着了或者跟他的老婆闹矛盾，否则我们绝不可能这么顺利地回来。”我们停留了很久，随意享用悠闲的午餐和茶，接着继续推进，直到抵达哥伦比亚角。

4月23日早晨差不多正好6点，我们抵达了位于哥伦比亚角“克兰城”的雪屋，任务完成了。这里我在日记里写下这些话：

“我毕生的工作完成了。从一开始就认定我应该做的事情，我相信可以做到而且是我能够做到的事情，我已经做到了。我用我的方式到达北极点，在23年的努力、艰苦工作、失望、磨难、穷困、或多或少的苦楚和些许危险之后。我已经赢得最后的重大地理奖赏，北极点，为了美国的荣誉。这项任务是接近400年的努力的终点、顶峰和高潮、生命的损失和世

背靠“冰川边缘”
（邻近哥伦比亚角的格兰特地岸冰，1909 年 4 月 23 日）

界上文明国度的财富的耗费，而且这是以一种道道地地的美国的方式完成的。我很满足。”

我们从北极点的返回在 16 次行军里完成，而从陆地到北极点然后再次返回的整个旅程占用了 53 天，或者说 43 次行军。作为我们的经验和完善衣物及装备的结果，跟之前几次相比，这是一次令人惊讶地舒适的回程，不过气候的少许不同可能会给我们一个不同的故事来讲述。最起码，我们队伍里没有人不为通过危险水道和那些初期薄冰的广阔区域而感到高兴，一阵狂风就会在我们和陆地之间安插一片开放的大海，使我们安全的回程变得险象丛生。

几乎可以肯定，那支小队伍里没有一位成员会忘记我们在哥伦比亚角的睡眠。我们事实上酣睡了两天，我们醒来的短暂间隔也全被进食和晾干衣物占据。

随后，目标是船。我们的狗跟我们自己一样，当我们到达时已经不感到饥饿，而仅仅是因疲乏而失去活力。它们现在是不同的动物了，而它们中状态较好的几条紧紧卷着尾巴、抬起头大步跑出去，它们强健的腿像活塞一样整齐地踩踏在雪上，它们黑色的鼻口每时每刻都在呼吸受欢迎的陆地的气味。

我们在一次 45 英里的行军中抵达赫克拉角，而另一次同样长度的行军带我们到罗斯福号。当绕过海角的尖端，我看见停靠在冰封泊位船头坚定直指北极点的黑色小船时，我的心震颤了一下。

而我想起三年前的另一次，在从格陵兰海岸出发的路上，当拖着我们枯瘦的身躯绕过劳森角时，我认为穿过灿烂北极阳光的罗斯福号细长帆桅是我曾见过的最美景色。当我们靠近船时，我看见巴特莱特翻过围栏。他

伊京瓦，雪橇旅行开始之前

伊京瓦，雪橇旅行返回之后

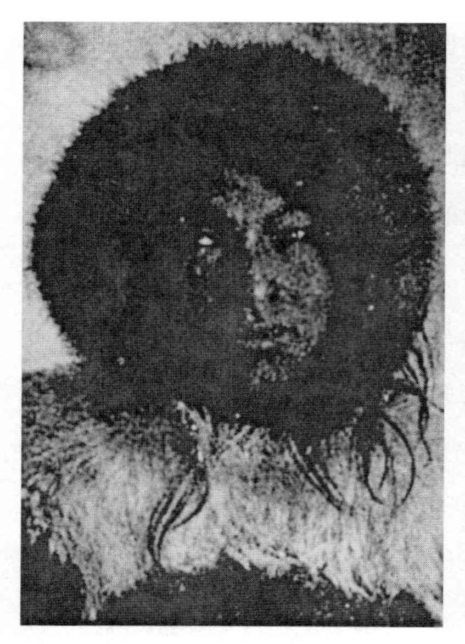

乌塔，雪橇旅行开始之前

乌塔，雪橇旅行返回之后

（左边的照片是在旅行前在罗斯福号上借助闪光灯拍摄的。右边的那是返回后抓拍的）

一路沿着冰足过来见我，他脸上的某种表情甚至在他开口前就告诉我他有坏消息。

“你听说可怜的马文的事了吗？”他问道。

“没有，”我回答。

接着他告诉我马文返回哥伦比亚角的途中在“大水道”被淹死了。这个消息让我吃惊，抹杀了所有在看到船及其船长时所感到的快乐。这的确是我们胜利酒杯中的苦涩。最初很难认识到在危险和困乏的条件下曾在我身边工作如此多乏味月份的人永远不会再站到我的身边，探险队成功的很大一部分应归功于他的努力和榜样。甚至他死的方式将永远不为人确切所知。当他闯入只是新近才在一道未结冰水面上闭合的危险幼冰时，没有人的视线在关注他。在由他指挥的并且当他丧命时正跟着他一起返回陆地的支持队伍里，他是仅有的白种人。按照习惯，在拔营时，他已经在爱斯基摩人之前出发，留下本地人拔营、套狗然后跟随。当他来到“大水道”，新结的冰在边缘是安全和牢固的，很有可能是由于匆忙，他没有注意到向着水道中央逐渐变薄的浮冰，当他掉入水中一切已经太晚了。爱斯基摩人在后面离他太远，听不到他呼喊救命，而在那冰冷的水中，结局肯定来得非常快。在履行他的职责方面从不因孤单而畏缩的他最终独自面对死亡。

顺着路线上马文的足迹走过来之后，他队伍的爱斯基摩人来到碎冰给他们意外事故最初提示的地点。其中一名爱斯基摩人说，马文皮夹克的背面依旧可以在水面上方被看见，虽然在浮冰边缘的状况似乎暗示马文曾反复做出努力，试图把自己拉出水面，但是冰太薄了，以至于在他的体重下崩裂和破碎，重新使他陷入冰水中。他肯定在爱斯基摩人赶来之前一段时间就已经死了。救回尸体对他们来说当然不可能，因为他们没有任何方式可以靠近它。当然他们知道对马文发生了什么；不过由于他们种族特有的幼稚迷信，他们在那里露营了一会儿，期待他会回来的可能性。不过在一段时间之后，当他没有回来，“哈里根”变得害怕起来。他们意识到马文确实是淹死了，而他们处在对他灵魂的恐惧之中。于是他们从雪橇上扔下他们可以找到的属于他的每件东西，那样灵魂如果以那种方式返回，会发现这些个人物品而不再追逐这些人。然后他们以他们所能够跑的最快速度赶回陆地。

举止谦逊，体型修长，目光清澈，周遭环绕诚挚的氛围，罗斯·G. 马文曾是探险队中一名非常重要的成员。在罗斯福号起航前漫长炎热的几星期里，他不厌其烦地忙于照管我们装备中数不胜数的必备物品的收集和运送，直到他、巴特莱特和我自己几乎精疲力竭。在北向航行中，他总是心甘情愿地做好准备，无论是执行甲板上的观测还是在船舱里装载货物。当爱斯基摩人来到船上，他的幽默感、他的朴实直率以及他的强壮体魄使他立刻赢得他们的友谊和尊重。从一开始他就能够罕见地成功管理这些奇特的人。

后来，当与北极地区的生活和工作中的严峻问题面对面时，他平静、毫无怨言并以只能有一个结果的平稳而坚定的毅力应付它们，而我不久就了解到罗斯·马文是一个会把授予他的无论会是怎样的任务完成的人。探险队的潮汐和气象观测是他单独主管，然而，在漫长黑暗的冬夜里，他的数学训练使他能够在计算行军队形、运输和补给以及支持队伍的安排的难题里有重大的帮助。在1906年的春季雪橇行动里，他率领一支单独的分队。当大风暴横扫极地海洋，使我的队伍无望地散落在纷乱的碎冰上，马文的分队就像我自己的更远北方一样被赶向东方，并且在格陵兰海岸下来，从那里，他把他的队员安全地带回了船。从这次探险中，他带着对北极细节的训练有素和对在北方区域所有成功工作的根本原则的彻底精通而回来，所以当他1908年跟着我们去向北方，他就像一名在紧急状况下绝对可以依赖的老兵。

罗斯·G.马文的尸骨停留在比那些任何其他人类的更远的北方。在格兰特地北岸我们竖起一座石冢，在它的顶端我们放上一块简陋的墓碑，刻着："纪念康奈尔大学的罗斯·G.马文，享年34岁。1909年4月10日在从北纬86°38′途中，溺亡在哥伦比亚角以北45英里处。"这个纪念碑从那片荒凉海岸朝北望向马文丧生的地点。他的名字置顶在那份北极英

为纪念罗斯·G.马文教授在谢里登角竖立的纪念碑

雄的光荣名录，其中包括威洛比（Willoughby）、富兰克林、桑塔格、霍尔、洛克伍德以及其他死在这片荒野上的人，而那些缅怀他的人必定会感到些许安慰的是，他的名字不可分地跟那最后伟大胜利的赢取联系在一起，为了它，延续接近四个世纪，来自各个文明国度的人曾受苦、搏斗和死亡。

马文率领的爱斯基摩人在他牺牲的时候把他的物品扔到了冰面上，幸运的是他们忽略在雪橇支架上的一个包含一些他的笔记的帆布包，在其中有很可能是他最后写下的内容。那是如此典型的男人对他职责的智慧奉献，所以在此附上他所写的内容。可以看出那是写于我在他生前最后一次看见他的那一天，他从他的最远北方折返向南的那一天。

兹证明，我从这个地点带着第三支持队伍折返，皮里中校带着队伍中的九名队员、标准负载的七把雪橇以及60条狗前进。人和狗都处在最佳状态。船长跟第四支并且是最后的支持队伍一起预计在另五次行军结束时折返。通过3月22日以及今天3月25日再一次的观测确定了我们的纬度。观测和计算的拷贝随函附上。观测的结果如下：3月22日正午的纬度，北纬85°48′。3月25日正午的纬度，北纬86°38′。在三次行军里距离完成出色，50分的纬度，每次行军平均16又2/3海里。天气晴朗，路面状况良好并且每天都在改善。

罗斯·G. 马文

康奈尔大学土木工程学院

1909年3月25日

带着悲伤的心情，我走到罗斯福号上我的船舱里。尽管有我们完成这次回程借助的好运气，马文之死强调了我们都曾经历的危险，因为我们中不止一个人曾在旅行期间的某个时候掉入水道的海水里。

尽管有关可怜的马文的可怕消息导致了精神压抑，我返回的24小时之后，我感觉身体跟以前一样强健，如果需要，已准备好再次出发。不过在24小时结束时，反应来了，那是突然发生的。当然那是食物和空气完全转变的必然结果，也是迟钝取代持续努力的交替。我没有能量或欲望做任何事。我几乎不能停止睡足够长时间然后吃东西，或者吃足够长时间然后睡觉。我贪婪的食欲并不是饥饿或给养短缺的结果，因为我们在从北极点返回的途中都有足够的东西吃。它仅仅是因为似乎没有一种船上的食品具有干肉饼那样令人满足的效果，而我看来不足以满足我的胃口。然而，我还不至于蠢到让自己暴食，折中的办法是，一次不吃太多而是增加吃的频度。

说来也奇怪，这次没有脚或脚踝的肿胀发生，三四天之内，我们都开始感觉身体情况正常。任何观看过在雪橇旅程之前和之后拍摄的爱斯基摩人对比照片的人或许都会意识到前往北极点并返回的旅程带来的某种程度的身体劳损，并且凭想象在我们进展的逐日记述中加上折磨心灵的劳苦的所有细节，而在那时我们被迫坚忍地认为为了赢得我们的目标是我们日常工作的一部分。

在抵达船并且补上我们的睡眠之后所做的最初几件事情之一是奖赏曾如此忠诚地服务于我们的爱斯基摩人。他们都配备了步枪、霰弹枪、弹药筒、子弹、装弹工具、短柄小斧、小刀等，而他们表现得就像许多刚收到无限量玩具的孩子一样。在我在不同时间给他们的物件中，没有一件比望远镜更重要，那使他们能够分辨远处的猎物。在北极点站在我身边的四个人将获得捕鲸船、帐篷和其他贵重物品，那将是在罗斯福号向南旅程中我把他们放在他们沿格陵兰海岸的家庭定居点的时候。

第35章 在谢里登角的最后几天

现在离这个故事的结束已经不远了。在返回罗斯福号后我得知，麦克米兰和医生在3月21日抵达船，波鲁普在4月11日，马文队伍中的爱斯基摩幸存者在4月17日，而巴特莱特在4月24日。麦克米兰和波鲁普在我回来前出发前往格陵兰海岸，为我存放贮藏物，以备像1906年那样，我由于冰块的漂浮而被迫从那条路线返回的情况发生。[波鲁普在他返回陆地时，曾在哥伦比亚角以西大约80英里的格兰特地海岸上的范肖·马丁角（Fanshawe Martin Cape）为我存放贮藏物，由此为两个方向的漂浮做准备。]

波鲁普还在爱斯基摩人的协助下，在哥伦比亚角建造了一座永久纪念碑，它由围绕用雪橇支架制成的指示标堆放的石堆构成，四根指示臂指向正北、正南、正东和正西——整体由无数测深粗线缆的绞股而支撑和固定。在每根指示臂上是一块铜牌，里面打上印记。东向指示臂上是，“莫里斯·K.杰塞普角，1900年5月16日，275英里”；南向指示臂上是，“哥伦比亚角，1906年6月6日”；西向指示臂上是，“托马斯·H.哈伯德角，1906年7月1日，225英里”；北向指示臂上，“北极点，1909年4月6日，413英里”。这些指示臂的下面，在一块用玻璃保护它以免天气影响的框架里，包含如下的记录：

在哥伦比亚角竖立的永久纪念碑，
标示着北极雪橇队的出发和返回点

皮里北极俱乐部北极点探险队，1908年
罗斯福号汽轮，1909年6月12日

此纪念碑标识皮里北极俱乐部的雪橇探险队出发和返回地点，他们在1909年的春天到达北极点。

参与雪橇工作的探险队成员是皮里、巴特莱特、古塞尔、马文、[3] 麦克米兰、波鲁普、亨森。

不同的雪橇分队在2月28日和3月1日离开这里，并在3月18日到4月23日之间返回。

俱乐部的汽轮罗斯福号在此地以东73英里的谢里登角过冬。

R.E. 皮里

美国海军

R.E. 皮里，美国海军中校，
探险队指挥官
R.A. 巴特莱特船长，
罗斯福号船长
轮机长乔治·A. 沃德威尔
船医J·W. 古塞尔
罗斯·G. 马文教授，助手
D.B. 麦克米兰教授，助手
乔治·波鲁普，助手
M.A. 亨森，助手
查尔斯·珀西，膳务员
大副托马斯·古舒
水手长约翰·康纳斯
水手约翰·科迪
水手约翰·巴恩斯
水手丹尼斯·墨菲
水手乔治·珀西
大管轮班克斯·斯科特
消防员詹姆斯·本特利
帕特里克·乔伊斯
帕特里克·斯金斯
约翰·怀斯曼

莫里斯·K.杰塞普角的皮里石堆
麦克米兰和波鲁普摄

18日，麦克米兰和波鲁普已经带着5名爱斯基摩人和6把雪橇动身前往格陵兰海岸，建立补给站点以备我会跟1906年一样被迫在那里登陆，还要在莫里斯·杰塞普角完成潮汐读数。因此我立刻派两名爱斯基摩人带着一套测深设备和一封知会麦克米兰和波鲁普我们最终胜利的信前往格陵兰。曾有计划让巴特莱特做出从哥伦比亚到8号营地的间隔10英里或5英里的一条线测深，来给出大陆架的断面以及沿着它的深水通道，而巴特莱特也已经为此目的准备好他的装备。然而，我决定不派他去，理由是他并不处在最佳的身体状况，他的脚和脚踝都相当肿胀，此外他同时还遭受若干毒疮之苦。在我们停留在北方的余下时间里，我自己的身体状况却保持完美，除了一颗坏牙在持续三个星期的时间里或多或少使我遭罪。

在我全部的北极探险中，这是第一次从5月到6月我都呆在指挥部里。在此之前，在野外似乎总有更多的一些事情要去完成；不过现在主要的工作已经完成，余下的只是整理成果。与此同时，爱斯基摩人的能量大部分被运用在周遭的短途旅行里，其中大多数的目的是巡视在船到哥伦比亚角之间建立的不同补给站，把未使用的补给移到船上。在他们中间，这些不同的小探险确实是一些有意思的工作。大多数这类在野外的辅助工作都由探险队的其他成员完成，不过我在罗斯福号船上有充足的工作要做。一直到大约5月10日，我们开始进入真正的春季。在那天，巴特莱特和我自己开始春季大扫除。我们彻底检查了船舱，清理了暗角，并且弄干每件需要弄干的东西，一整天后甲板都堆满了各式各样的物品。在同一天，船上的春季工作也开始了，冬季覆盖物被从罗斯福号的烟囱和通风机上拿走，蒸汽机运转的准备工作正在完成。

几天之后，一只美丽的白狐来到船边，并且试图跑到甲板上。其中一名爱斯基摩人杀死了它。这动物的行为方式非常特别，实际上，表现的就像失去控制时的爱斯基摩犬。爱斯基摩人说，在鲸鱼海峡地区，狐狸经常看上去以相同的方式发狂，有时候会试图闯入雪屋。这类北极地区的狗和狐狸遭受的折磨，尽管从外表看是一种形式的狂犬病，却似乎又跟狂犬病没有任何联系，因为它似乎并不具有传染性。

春天无疑是真的到来了，天气总的来说却是变幻无常。例如在5月16日星期天，太阳炙热而且气温很高，我们四周的积雪几乎像变魔术一样消失，船周围形成了水池；但是随后的一天，我们遇上了夹带着雨雪的猛烈东南风。总的来说，这是非常讨厌的天气。

18日，轮机队伍开始认真地在锅炉上工作。四天之后，两名爱斯基摩人从留在格陵兰莫里斯·杰塞普角的麦克米兰那里回来。他们带来提供他在那儿工作的一些细节的纸条。31日，麦克米兰和波鲁普他们自己从格陵兰返回，完成从相距270英里的莫里斯·杰塞普角起的回程旅行，用了八次行军，平均每次行军34英里。麦克米兰汇报他最远曾到过杰塞普角以北纬度84°17′的地方，曾作出一次显示90英寻深度的测深，并且获得了10天的潮汐观测。他们带回了他们所捕杀的52头麝牛中雪橇可以携带的大量兽皮和肉。

6月初，波鲁普和麦克米兰继续他们的工作；麦克米兰在康格堡做潮汐观测；而波鲁普在哥伦比亚角竖立起前面已经描述过的纪念碑。

麦克米兰在富兰克林夫人湾的康格堡进行潮汐观测，将我们在谢里登角、哥伦比亚角、布莱恩特角和杰塞普角的工作跟1881—1883年富兰克林夫人湾探险队的观测关联的同时，还发现了1881—1884年损失惨重的格里利探险队的一些剩余补给。它们包括罐装蔬菜、土豆、碎玉米、大黄、干肉饼、茶和咖啡。说来奇怪，在四分之一世纪的流逝之后，这些补给中许多仍旧状况良好，其中的一些被我们队伍的不同成员作为美食而享用。

其中一个发现是属于跟着格里利的队伍一起牺牲的基斯林布里（Kislingbury）上尉的一本课本。在它的扉页上，留有这样的字迹："致我亲爱的父亲，来自他深情的儿子，哈里·基斯林布里。愿上帝与你同在并让你安全地回到我们中间。"格里利的旧外套也被发现平放在地上。这同样处在良好的状况，而且我相信麦克米兰曾穿了几天。

全体队员现在都开始盼望罗斯福号再次掉转船头朝向南方并且回家

的时刻。紧接着我们自己的大扫除，爱斯基摩人也在6月12日做了一次。每件可移动的物品都从他们的住处取出，墙壁、天花板和地板都被擦洗、消毒和粉饰。回归夏日的其他迹象在方方面面都被观察到。大浮冰的表面正在变成蓝色，河流的三角洲完全裸露，而岸上裸露土地的斑块几乎每小时都变得更大。甚至罗斯福号看来都感到了变化，逐渐开始从冬季早期在冰块压迫下她所保持的明显倾斜中摆正自己。6月16日，我们遇上了第一场夏雨，尽管第二天早上所有的水池都被冻结。同一天，波鲁普在克莱门茨·马卡姆内湾附近活捉了一头麝牛犊。他设法使稀罕的捕获物活着回到船上，但是这头小动物第二天晚上死了，尽管膳务员细心照料它，试图要救活它。

6月22日夏至日，北极夏日的正午和一年中最长的一天，雪下了整夜；不过一周之后，气候似乎差不多是热带的，而我们都遭受酷热之苦，这么说似乎有点奇怪。谢里登角以外星星点点的未结冰水面在出现频率和大小上都在增加，7月2日，我们可以看见就在这座海角的尖端外面又一片相当大的水面。7月4日，在我们看来，它会取悦"安静四日"的倡议。由于新近的马文之死和那天是星期天的事实，除了用旗帜装点船之外，没有做超出日常程序的事情，并且几乎没有足够的风力来展示我们的旗布。三年前的同一天，罗斯福号在猛烈的南风里从她在几乎相同地点的冬季营地出发；不过在那种场合的经验使我确信，最好留在我们当前的位置尽可能到7月晚期，以此给罗伯逊海峡和肯尼迪海峡的浮冰更多时间去解冻。

罗斯福号看上去好像与我们分享了对迅速返回的期待，因为她继续在逐渐回到船身平稳，四五天之内，她已经自动完成这项作业。8日，我们放出了八英寸粗缆，在船头和船尾使船固定，为了防止在我们准备好离开之前她遭受任何压力而把她固定在位置上。同一天，我们开始切实地为起程返航做准备。这项工作以煤炭的装载为开始，我们记得当我们进入冬季营地时它们曾连同大量其他补给一起被转移到岸上，为的是预先安排以免在冬季的过程中由于火灾、冰压或诸如此类的情况而造成船的失事。使船准备好她归航的过程无须赘述。一言以蔽之就是整支队伍整整十天都在为它而辛苦工作。

在那段时间结束时，巴特莱特汇报船已准备好航行。离岸条件的观察显示罗伯逊海峡可以通航的事实。我们的工作完成了，成功奖赏了我们的努力，船准备好了，我们都准备好了，只有对马文令人惋惜的牺牲的悲痛回忆减弱我们的高昂志气。7 月 18 日，罗斯福号缓缓驶出海角，再一次把船头转向南方。

在联合角外面，罗斯福号特意冲入浮冰，依照我预先设计的计划，在海峡的中央闯出一条路来。

对于罗斯福号这个等级的船，这是最好和最快的返回路径——远比沿海岸航行更可取。

前往巴特尔港（Battle Harbor）的航行相对平淡。那当然包括如在那些水面上的任何旅程甚至在有利条件下都一样的不间断警觉和冰面巡航的技巧，不过这次旅程没有明显的危险。8 月 8 日，罗斯福号出现在冰面上并通过了萨宾角，经验以及新的用推动船顺着海峡中央而下取代沿岸而行的航行方式的价值，从我们尽管比以前迟了相当多天离开谢里登角，现在却比我们 1906 年前一次从谢里登角回航时候的纪录提前 39 天的事实，将得到很好的体现。从谢里登角到萨宾角的航行在 53 天里完成，比 1906 年用时更少。

我们在索马里兹角（爱斯基摩人的内尔克）停留，有一船的人员上了岸。就在那里我第一次听说了弗雷德里克·库克博士在前一年不在阿诺拉托克期间的活动。我们在 8 月 17 日抵达伊塔。在那里，我了解到更多有关库克博士在那个地区逗留期间活动的细节。

在伊塔，我们带上了哈里·惠特尼，他在那附近在北极狩猎中度过了冬天。还是在这里，我们为爱斯基摩人捕杀了 70 多头海象，前一个冬天我们把他们带走时曾在他们的故乡分发过这种猎物。

他们都像孩子一样，然而他们曾很好地服务于我们。有时候他们曾考验我们的脾气，耗费我们的忍耐力；不过归根结底他们是忠诚和胜任的。此外，一定不能忘记的是，我已经认识这个宗族的每位成员有接近四分之一个世纪，直到我开始以和善的个人利益来看待他们，关于曾习惯于在他大部分成年生活期间尊敬并依赖他的任何劣等民族的成员，任何人肯定会有如此感觉。我们留给他们所有人比他们以前曾有过的更好的北极生活简单必需品的供应，而那些曾参与雪橇旅行以及格兰特地北岸的冬季和春季工作的人的确由于我们的礼物而变得富裕，他们具有了北极百万富翁的重要性和身份。当然，我明白很有可能我将永远不会再见到他们。这种情绪由对成功的了解来缓和；但是当我最后一次望着这些曾对我意味很多的奇怪而忠诚的人时，不可能没有强烈的遗憾。

我们在 8 月 26 日从约克角通过，9 月 5 日，我们驶入印度港（Indian Harbor）。在这里从线路上发出的第一封电报是给皮里夫人的："已最终成功。我到了北极点。我很好。吾爱"。紧接着的是一条巴特莱特给他母亲的；在其他几条中间还有一条给皮里北极俱乐部的秘书 H. L. 布里奇曼："太阳"，一条暗语，意为"已抵达北极点。罗斯福号安全。"

三天之后，罗斯福号抵达巴特尔港。9月13日，远洋拖船道格拉斯·H.托马斯号从布雷顿角的悉尼抵达，航距475英里，带来了联合通讯社的里根和杰弗兹，我迎接他们的言语是，“这是报业中的新纪录，我感谢你们的赞扬。”三天之后，由迪克逊船长指挥的加拿大政府锚索汽轮提尔人号（Tyrian）抵达，带来了我们第一封电报到达纽约后立刻赶到北方的23位特别通讯员，9月21日，当罗斯福号正在接近布雷顿角的小镇悉尼，我们看见一艘美丽的海上游艇正在靠近我们。那是主人为詹姆斯·罗斯先生的希拉号（Sheelah）正带着皮里夫人和我们的孩子们来迎接我。沿着海湾再往下，我们遇见了一整支小型舰队，彩旗招展，锣鼓齐鸣。当我们靠近城市，整条岸线挤满了人。我曾在许多次失败之后返回的这座小镇在罗斯福号再一次回到她身边时给了我们盛大的欢迎，在星条旗和我们的加拿大主人及好伙伴的旗帜旁边，在罗斯福号的桅顶飘扬着历史上从未进入任何港口的一面旗帜——北极点旗。

剩下来要说的话并不多。

这次胜利归功于经验；归功于探险队成员的勇气、忍耐力和专注，他们将他们的一切倾注于这项工作中；还归功于提供了经费的皮里北极俱乐部的官员、成员和伙伴始终不渝的信任和忠诚，没有经费什么都做不成。

附录 I

海深、潮汐和气象观测汇总[4]

R.A. 哈里斯

海岸与大地测量局，华盛顿特区

水深点：在皮里探险之前，人们对于位于格陵兰和格兰特地以北的那部分北冰洋的深度所知甚少。1876 年，马卡姆和帕尔在靠近约瑟夫·亨利角以北的地点，纬度 83°20 1/2′，西经 63°，发现了 72 英寻的深度。1882 年，洛克伍德和布雷纳德在位于五月角（Cape May）以北的地点，北纬约 82°38′，西经约 51 1/4°，测深 133 英寻而没有触及海底。

北极冰块的移动由洛克伍德从一条由五月角延伸到博蒙特岛（Beaumont Island）的潮汐裂缝的存在而推断。皮里 1900 年沿格陵兰北海岸以及 1902 年和 1906 年在北极冰块上的旅行坚定地证实了洛克伍德所推测的移动。1902 年和 1906 年的 4 月，他发现了因西风或西北风而引起的冰块向西的漂浮。此外，沿两块冰原的分离线，北面的冰原具有比分离线以南的冰原更显著的向东移动。这些事实，与 1900 年在莫里斯·杰塞普角以北观察到的水照云光一起，强烈地暗示了格陵兰和北极点之间深水的存在。

尽管数量较少，1909 年在哥伦比亚角和北极点之间执行的水深探测使地理学者产生极大兴趣。

附带的简图展示了所获得的结果。

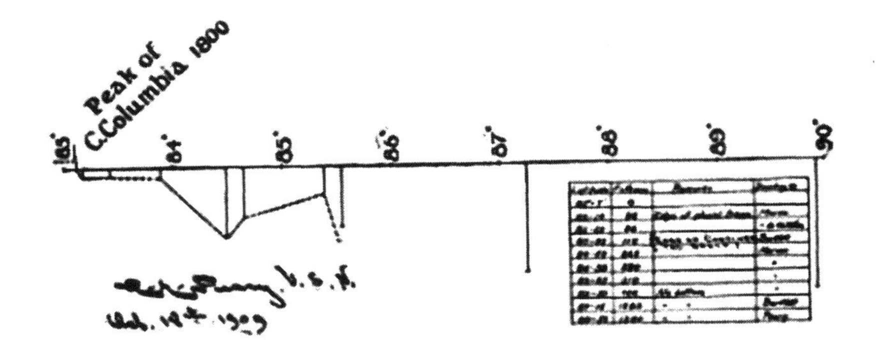

这些水深探测证实了一块被大约 100 英寻深海水覆盖的大陆架的存在，而它在哥伦比亚角北面的边缘坐落在离海岸约 46 海里的地方。在 84°29′ 纬度，深度被发现是 825 英寻，而在 85°23′ 纬度，它被发现只有 310 英寻。这一深度上的减少是就西面陆地的可能存在而言相当有意思的一个事实。

在相对浅海的地点和北极点之间进行的这三次水深探测未能触及海底。在北极点 5 海里之内完成的这一次证实那里的深度至少是 1500 英寻。这跟弗拉姆号在弗朗兹·约瑟夫地以北的一个地点，大约 85°20′ 的纬度，执行的最北水深探测，也就是 1640 英寻、未及海底并无不符。

潮汐：有关格兰特地和格陵兰的北极海岸的潮汐观测是在海岸与大地测量局的指令下执行的，该部门是由罗斯福总统通过商务和劳工部部长下令负责执行这项工作。

目标是促成沿格兰特地和格陵兰北海岸足够数量的地点的观测，来确定这一地区的潮汐；据信这样的观测可能会弄清“北冰洋未知区域里可观大陆块”的存在可能性。

系统的潮汐和气象观测白天和夜晚在谢里登角、奥德里奇岬（Point Aldrich）（靠近哥伦比亚角）、布莱恩特角、莫里斯·杰塞普角和康格堡被执行——在这些地点覆盖的时间段分别是大约231、29、28、10和15天。[5]

潮汐在竖直的柱子和杆子上被测量，它们通过在沿岸浅海底用石头放置在底部的方式固定在位置上。在谢里登角、奥德里奇岬和布莱恩特角，雪屋被建在潮汐杆上。这些通常通过油炉的方式加热，观测者能够相对容易地保持开放的井孔。

为了保证固定的参考数据，永久的水准点被建立在陆地上离雪屋或潮汐杆不远处。

水面上的冰盖几乎消除了通常会影响在未结冰水面里所做的水准尺读数准确性的所有风浪。随着井孔里水面的升降，水准尺上水面高度的测量能够以最大的准确性进行，观测结果的绘图已经很好地阐明了这一事实。观测每小时进行一次；而且在大部分的时间里，这些被辅以更加频繁执行的观测，经常是每十分钟一次的间隔。

与潮汐观测工作关联使用的精密计时计在前往北极的巡航之前和之后在纽约与真正的格林尼治时间进行比较。两次比较显示在这461天期间，精密计时计平均每天走快2.2秒。

平均的月潮间隔和平均潮汐幅度以及观测地点的大致地理位置如下：

地点	纬度		经度		高潮间隔		低潮间隔		平均升降
	°	′	°	′	时	分	时	分	英尺
谢里登角	82	27	61	21	10	31	4	14	1.76
奥德里奇岬	83	07	69	44	7	58	1	50	0.84
布莱恩特角	82	21	55	30	0	03	6	22	1.07
莫里斯·杰塞普角	83	40	33	35	10	49	4	33	0.38
康格堡	81	44	64	44	11	35	5	15	4.06
康格堡 [6]	81	44	64	44	11	33	5	20	4.28

这些地点的潮汐调和常数会在即将由海岸与大地测量局刊发的有关北极潮汐的文件中给出。

正如它的名称所暗示，“月潮间隔”是月亮通过观测点天顶和高或低潮出现之间流逝的时间。如果两个地点具有相同的经度，那么这两个地点之间的月潮间隔意味着潮汐出现的时间差。如果它们不在相同的经度上，那么间隔必须被转换为月亮时（1 月亮时 =1.035 太阳时），并且加上用时间表示的地点的西经。这个结果将作为用格林尼治月亮时表示的各站点的潮时。两个地点之间的潮时差将作为用月亮时表示的潮汐出现时间的差异。

探险队的潮汐观测带来的最重要成果之一是高潮在哥伦比亚角比在谢里登角早两个小时（以绝对时间）出现的事实。哥伦比亚角的潮水甚至比沿斯匹次卑尔根群岛北海岸的潮水更早。这些事实证明哥伦比亚角的潮水来自西面。它是由巴芬湾的潮水传递的，首先，西北方向通过北极群岛东部到达北冰洋，然后向东沿着格兰特地北海岸达到哥伦比亚角。潮汐波在通过这种类型的通道后应该被感觉到，而不是事实上在进入北冰洋后消失，这是一条通往格兰特地西北的有限宽度的水道存在的一条论据。这提示了1906年6月24日由皮里从大约2000英尺的海拔首先发现的克罗克地可能形成这条通道或水道的北部边界的一部分。

沿格陵兰北海岸的潮水主要归因于出现在巴芬湾顶端的大起大落。在半日潮被考虑的范围之内，北冰洋就其自身而言是一个接近无潮汐的主体，当人们通过史密斯海峡、凯恩湾、肯尼迪海峡和罗伯逊海峡时，它遵循潮汐的时间变化而变化，但是很细微；换句话说，在这条水道里存在着平稳的震动。皮里地（Peary Land）在罗伯逊海峡那一边东北走向的海岸线以及由于地球自转产生的偏向力趋于部分以传输的自由波形式保留起因于海峡中的平稳震动的扰动，并且一直向东北远播。潮汐观测显示，这种扰动远在莫里斯·杰塞普角也可以被感觉到，在那里半日潮差只有0.38英尺。在罗伯逊海峡东北的布莱恩特角，潮差是1.07英尺。与罗伯逊海峡扰动关联获取的这些数值暗示，当某人从布莱恩特角向东旅行时，沿皮里地海岸的潮汐时间将变晚。

由于布莱恩特角和莫里斯·杰塞普角之间相对短的距离，很有可能从西南方向传播过来波峰在后一地点会显得比在斯匹次卑尔根群岛和格陵兰之间通过的波峰早很多时间到达。以这种方式，莫里斯·杰塞普角的小型半日潮及其出现的时间都可以被部分解释。

一个没有潮汐的地点无疑存在于皮里地之外的林肯海上。

半日潮汐力在北极点消失，并且遍及整个北冰洋来说非常小。作为结果，这些地区里的潮汐波的半日部分几乎完全源自大西洋里的潮汐。单日潮汐力在北极点达到最大，并且在更深的北冰洋海水里产生可感觉的潮汐。这样的潮汐对于这片几乎封闭的海水体来说本质上是平衡潮。巴芬湾潮汐的单日部分产生了史密斯海峡、凯恩湾和肯尼迪海峡里的潮水的单日部分。在从康格堡通过前往北冰洋的途中，人们可能合理地预期在通过的相对较短的距离内发现单日潮出现时间的巨大变化；换句话说，对于单日波潮汐时间的变化很有可能在巴芬湾潮水汇合北极潮水的地方变得相当可观。

皮里的观测显示情况正是如此。它们显示布莱恩特角、谢里登角、奥德里奇岬和莫里斯·杰塞普角的单日潮后继于康格堡分别是3½、5、6和8小时的间隔。它们还显示从康格堡向北去到奥德里奇岬，这两个主要的单日潮成分的比率越来越接近理论比率，即到达这两个相关潮汐力之间的比率。这就是人们期待从一个具有源自巴芬湾不规则潮汐的单日潮的地区到一个平衡的北极单日潮变得重要的地区通过时所发现的。

在奥德里奇岬出现的单日潮的幅度和时间，跟基于从格兰特地和北极群岛延伸至位于新西伯利亚群岛以东的那部分西伯利亚海岸以外的沿海极地深海盆假设而得到的均衡值差别不大。不过德隆的队伍1881年在贝内特岛（Bennett Island）观测过潮汐。从这些观测可以看出，单日潮具有比刚才提到的北极海盆的部分深水假设所允许的幅度小很多。如下面所注明的，在皮特尔卡（Pitlekaj）、巴罗岬（Point Barrow）和弗拉克斯曼岛（Flaxman Island）的单日潮相对于这个假设所允许的也太小了。在这些案例中引证的单日潮的小规模很有可能被北冰洋未知区域的相当大部分遍布阻塞大陆块的假设最好地解释。

在此不会有进一步的尝试做出来证明现在的北极群岛和西伯利亚之间大片陆地、一个群岛或者一片非常浅水的区域的必然性。这一问题的简短讨论跟一幅北极地区的潮汐地图一起可以在将由海岸与大地测量局刊发的文件里找到，并且之前已经引用过。然而，一些相关的事实会在此提及。

(1) 在阿拉斯加的巴罗岬，涨潮流来自西面而不是像一个广而深的极地海盆暗示的假设那样来自北面。

(2) 贝内特岛的半日潮汐差是 2.5 英尺，然而在阿拉斯加的巴罗岬只有 0.4 英尺，弗拉克斯曼岛是 0.5 英尺。这暗示在弗拉姆号曾穿越的深海湾或海峡和阿拉斯加北海岸之间存在堵塞陆块。

(3) 已观测的潮时和潮差显示，半日潮并不是从格陵兰海直接穿越深邃的连续极地海盆扩展到阿拉斯加海岸的。

(4) 在弗朗兹·约瑟夫地的特普利茨湾（Teplitz)、西伯利亚东北部的皮特尔卡以及巴罗岬和弗莱克斯曼岛观测到的单日潮差不及基于连续的极地深海盆假设的理论均衡值的一半。

除了这些事实之外，以下条目对于这片未知陆地的形状和大小有关联：

珍妮特号的向西漂浮。

由米克尔森（Mikkelsen）和莱芬韦尔（Leffingwell）观测到的阿拉斯加北部的向西漂移。

克罗克地的存在。

由北纬 85°23′ 的一次 310 英寻水深探测暗示的浅水作用。

如奥德里奇岬、谢里登角和布莱恩特角的观测所显示，潮汐波沿格兰特地北海岸的东进。

在波弗特海（Beaufort Sea）发现的高龄冰块。

在此关联中有一定重要性但不能被当作已确认的事实的项目是：

从巴罗岬和巴瑟斯特角入水漂流的木桶很可能选择的向西路线，其中一个在冰岛东北海岸被找回，另一个在挪威北海岸；

由哈里森提出的问题，是否有足够多的冰块从北冰洋逸出，累积到倘若人们接受一个畅通无阻的极地海盆假设所必须在那里形成的总量。

综合考虑不同的实情，似乎一个差不多相当于50万法定平方英里的障碍物（陆地、群岛或浅滩）很有可能存在。其一角位于贝内特岛以北；另一个在巴罗岬以北；另一个靠近班克斯地（Banks Land）和帕特里克王子岛（Prince Patrick Island）；还有另一个在克罗克地或者附近。

气象：每小时一次的温度计和气压计观测在白天和夜晚由潮汐观测者执行。

所获结果的简略摘要在下面给出，还有一些摘自由A.W.格里利上尉（现为上将）所做的前往富兰克林夫人湾的美国探险队的行动报告。

气 温

谢里登角				康格堡[7]
日 期	最高	最低	中间值	平均值
	°	°	°	°
11月14—30日	−7	−39	−23.96	
1908年12月	−5	−53	−29.22	−28.10
1909年1月	−6	−49	−30.61	−38.24
1909年2月	−7	−49	−31.71	−40.13
1909年3月	+13	−52	−20.87	−28.10
1909年4月	+13	−37	−15.63	−13.55
1909年5月	+46	−15	+18.00	+14.08
1909年6月	+52	+15	+31.51	+32.65

（续表）

谢里登角				康格堡 [7]
日　期	最高	最低	中间值	平均值
1908 年 11 月 17 日—12 月 18 日	−7	−39	−25.75	
1909 年 1 月 16 日—2 月 12 日	−21	−48	−35.48	
1909 年 5 月 17 日—5 月 22 日	+37	+12	+22.97	
1909 年 6 月 11 日—6 月 25 日	+50	+25	+34.17	

气　温

地　点	日　期	最高	最低	平均值
		°	°	°
靠近哥伦比亚角的奥尔德里奇角	1908 年 11 月 17 日—12 月 13 日	−14	−46	−31.96
布莱恩特角	1909 年 1 月 16 日—2 月 12 日	−12	−55	−36.68
莫里斯・杰塞普角	1909 年 5 月 17 日—5 月 22 日	+35	+16	+27.92
康格堡	1909 年 6 月 11 日—6 月 25 日	+54	+28	+34.44
康格堡 [7]	1882 年 6 月 11 日—6 月 25 日	+44.4	+26.7	+34.883
康格堡 [8]	1883 年 6 月 11 日—6 月 25 日	+39.6	+26.4	+33.393

从这些测量值我们可以看出从 1908 年 11 月 17 日到 12 月 13 日，奥德里奇岬的平均气温比同一时段谢里登角的气温低 6.21°；从 1909 年 1 月 16 日到 2 月 12 日，布莱恩特角的平均气温比谢里登角低 1.20°；从 1909 年 5 月 17 日到 5 月 22 日，莫里斯・杰塞普角的平均气温比谢里登角高 4.95°；还有从 1909 年 6 月 11 日到 6 月 25 日，康格堡的平均气温与谢里登角这一期间的气温几乎一样。

气压计读数（未修正）

地　点	日　期	最大值	最小值	平均值	平均值
		°	°	°	° 康格堡[9]
谢里登角	1908年11月13—30日	30.42	28.96	29.899	
	1908年12月	30.27	29.28	29.749	29.922
	1909年1月	30.42	29.18	29.752	29.796
	1909年2月	30.59	29.03	29.772	29.672
	1909年3月	30.89	29.69	30.282	29.893
	1909年4月	30.58	29.20	29.991	30.099
	1909年5月	30.60	29.39	30.105	30.066
	1909年6月	30.21	29.37	29.804	29.878
	1908年11月17日—12月13日	30.42	29.26	29.866	
	1909年1月16日—2月4日	30.40	29.18	29.691	
	1909年5月14日—5月22日	30.52	30.04	30.304	
	1909年6月11日—6月25日	30.10	29.47	29.834	
奥德里奇岬	1908年11月17日—12月13日	30.51	29.35	29.998	
布莱恩特角	1909年1月16日—2月4日	30.10	29.83	29.976	
莫里斯·杰塞普角	1909年5月14日—5月22日	30.70	30.24	30.469	
康格堡	1909年6月11日—6月25日	30.19	29.74	30.013	
康格堡[10]	1882年6月11日—6月25日	30.129	29.416	29.817	
康格堡[10]	1883年6月11日—6月25日	30.218	29.590	29.949	

上面的表格显示在一个月的时间里，谢里登角的气压计平均波动总计为 1.2 英寸，2 月份最大而 6 月份最小。

月度方式的检查显示谢里登角的气压计在 12 月份和 1 月份最低，或者说是在 1 月 1 日前后，而在 4 月 1 日前后最高，起伏的范围大约是 0.5 英寸。这些结果相当吻合于那些由格里利在康格堡获取并且在他报告第二卷第 166 页的图表上说明的数据。

从一个根据这天的各个时间点制成但没有在这里给出的表格里，可以看出谢里登角的每日起伏总计只比1/100英寸稍多一点。这种起伏的最小值从 11 月到 4 月被相当好地限定，并且出现在凌晨和下午的 2 点左右。

在 1908 年 8 月 17 日离开伊塔之后，直到 1909 年 6 月 12 日的向北航行中，以此为间隔的涉及 5½ 个月的热分析图和涉及 9 个月气压记录图从自记录仪器上被获取。这些是除了由潮汐观测者所做的温度计和气压计原始小时读数之外的记录，并由此推测出上面的结果。

附录 II

前往北极点的雪橇旅行期间，分别由马文、巴特莱特和皮里所做的原始观测以及由马文和巴特莱特所做的原始凭证。

I. 马文的观测，1909 年 3 月 22 日。

II. 马文的观测，1909 年 3 月 25 日。

III. 马文对 1909 年 3 月 25 日探险队位置的凭证。

IV. 巴特莱特的观测，1909 年 4 月 1 日。

V. 巴特莱特对 1909 年 4 月 1 日探险队位置的凭证。

VI. 皮里的观测，1909 年 4 月 6 日。

［注：原件都是用铅笔在笔记本里写下。在本书附录中排列印刷的图版是按照原始手稿仔细描摹的稍稍缩减尺寸的复制品。每一实例中的封闭线条暗示原始作品所写在的页面的边缘。

这一页的大小在整个系列中实际上是一致的，4 英寸 × 6¾ 英寸。1909 年 4 月 7 日皮里观测的复印件，（参见）第 292 和 293 页，用类似方式制成不过是以原件的确实尺寸。——出版者］

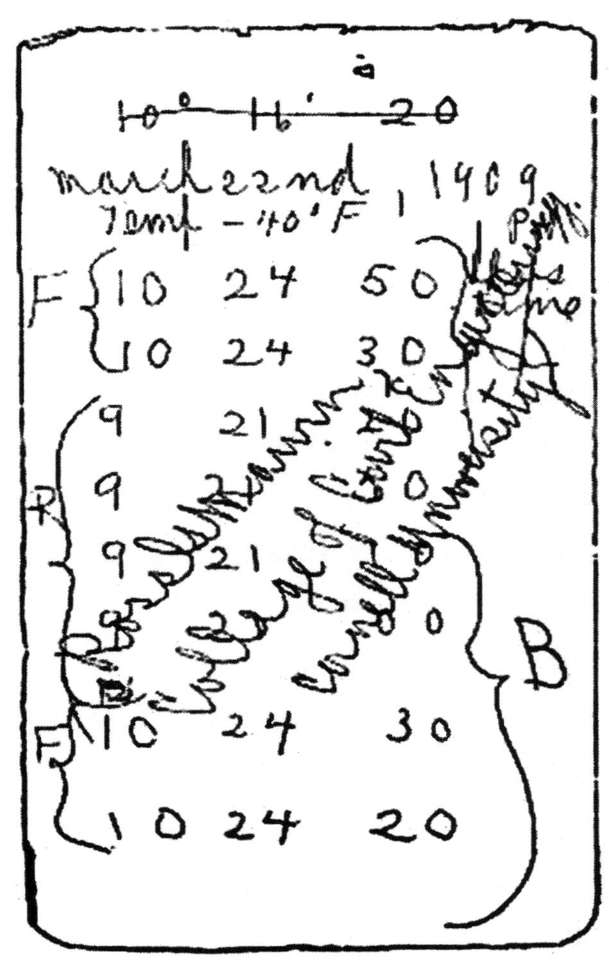

I.（a）复印件，尺寸略有缩减，1909 年 3 月 22 日马文的观测

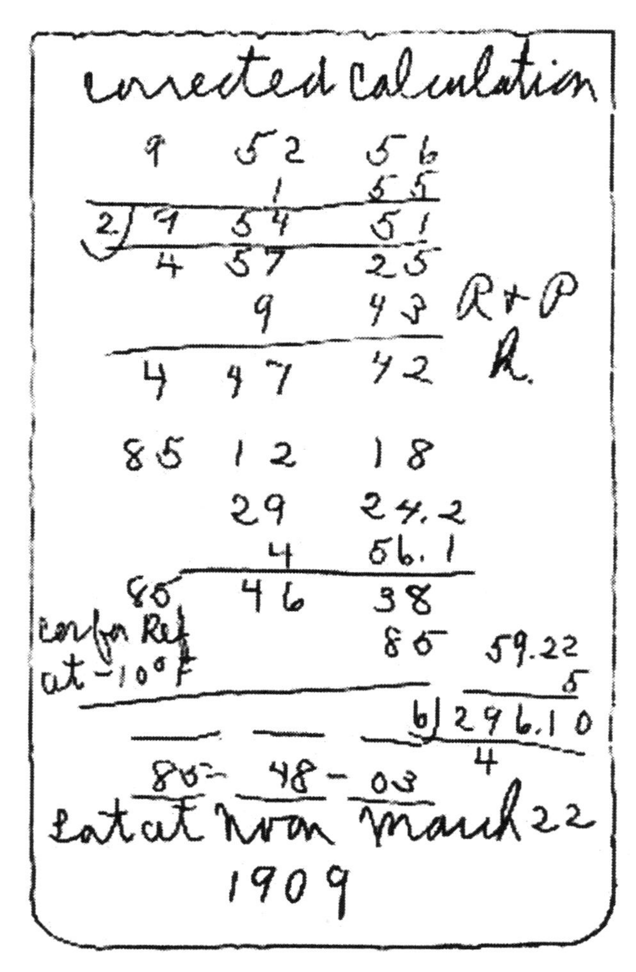
corrected calculation
9 52 56
1 55
2) 9 54 51
4 57 25
9 43 R + P
4 47 42 R.
85 12 18
29 24.2
4 56.1
85 46 38
cor for Ref at -10°F
85 59.22
5
6) 296.10
4
85 48 03
Lat at noon March 22
1909

I.（b）复印件，尺寸略有缩减，1909 年 3 月 22 日马文的观测

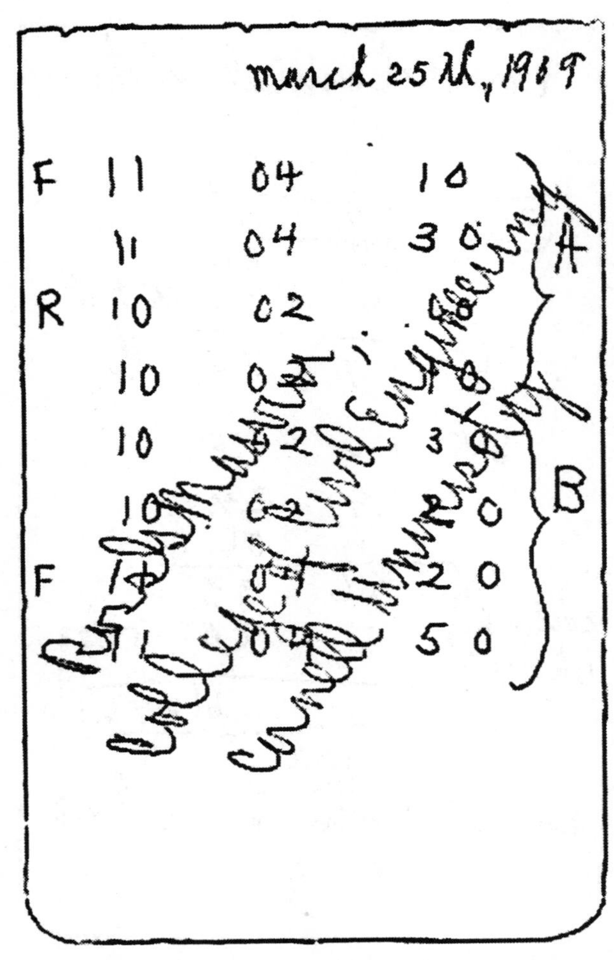

II.（a）复印件，尺寸略有缩减，1909 年 3 月 25 日马文的观测

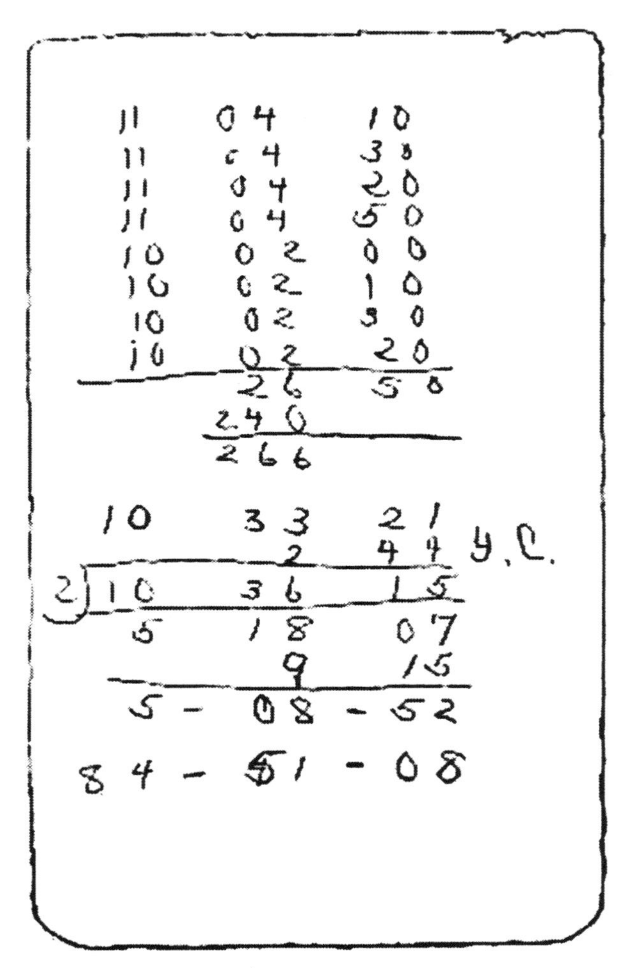
11 04 10
11 04 30
11 04 20
11 04 50
10 02 00
10 02 10
10 02 30
10 02 20
26 50
240
266
10 33 21
2 44 Y.C.
2) 10 36 15
5 18 07
9 15
5 - 08 - 52
84 - 51 - 08

II.（b）复印件，尺寸略有缩减，1909 年 3 月 25 日马文的观测

84 51 08
1 45 16
86 - 36 - 24
85
Ref Corctn
10 deg. 86 - 37 - 49
86° - 38'
Lat at Noon March
25th, 1909.

1 - 40 - 20.9
4 54.95
1 - 45 - 15.9

58.99
5
294.95
4

II.（c）复印件，尺寸略有缩减，1909 年 3 月 25 日马文的观测

March 25th, 1909.

This is to certify that I turn back from this point with the 3rd supporting party Commander Peary advancing with nine men in the party seven sledges with the standard loads, and 60 dogs, men and dogs all in first class condition The captain with the 4th and last supporting party expects to turn back at the end of five more marches Determined our latitude by observation on

III.（a）复印件，尺寸略有缩减，1909 年 3 月 25 日马文的凭证

March 22nd and again
today, March 25th. A copy
of the observations and
computations is herewith
enclosed. Results of
observations were as
follows.
Lat at noon March 22nd
85° 48' north
Lat at noon March 25th
86° 38' north
Distance made good in
three marches 50 minutes
of latitude, an average
of 16 2/3 nautical miles
per march.

III.（b）复印件，尺寸略有缩减，1909 年 3 月 25 日马文的凭证

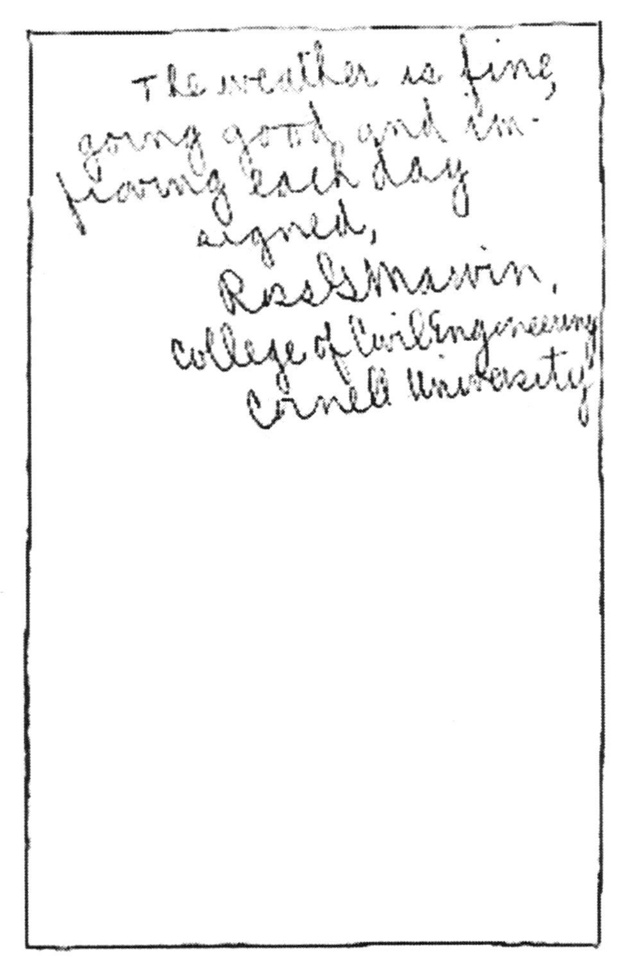

The weather is fine, going good and improving each day
signed,
RossGMarvin,
College of Civil Engineering
Cornell University

III.（c）复印件，尺寸略有缩减，1909 年 3 月 25 日马文的凭证

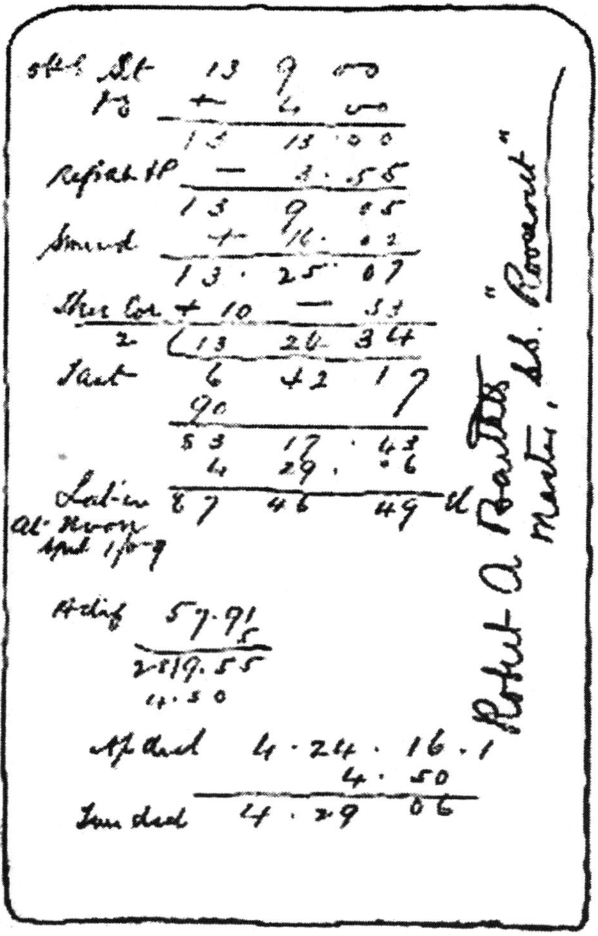

IV. 复印件，尺寸略有缩减，1909 年 4 月 1 日巴特莱特的观测

Arctic Ocean, Apr. 1. 09.
I have today personally
determined our latitude to be
by sextant observations:—
Lat. in 87. 46. 49 N.
I return from here in command
of the 4th. Supporting Party.
I leave Commander Peary
with 5 men, 5 sledges with
full loads, and 40 picked
dogs.
Men & dogs are in good
condition, the going fair,
the weather good
at the same average as our

V.（a）复印件，尺寸略有缩减，1909 年 4 月 1 日巴特莱特的凭证

last eight marches
Commander Peary should
reach the Pole in
eight days
Robert A. Bartlett,
Master, S.S. "Roosevelt"

V.（b）复印件，尺寸略有缩减，1909 年 4 月 1 日巴特莱特的凭证

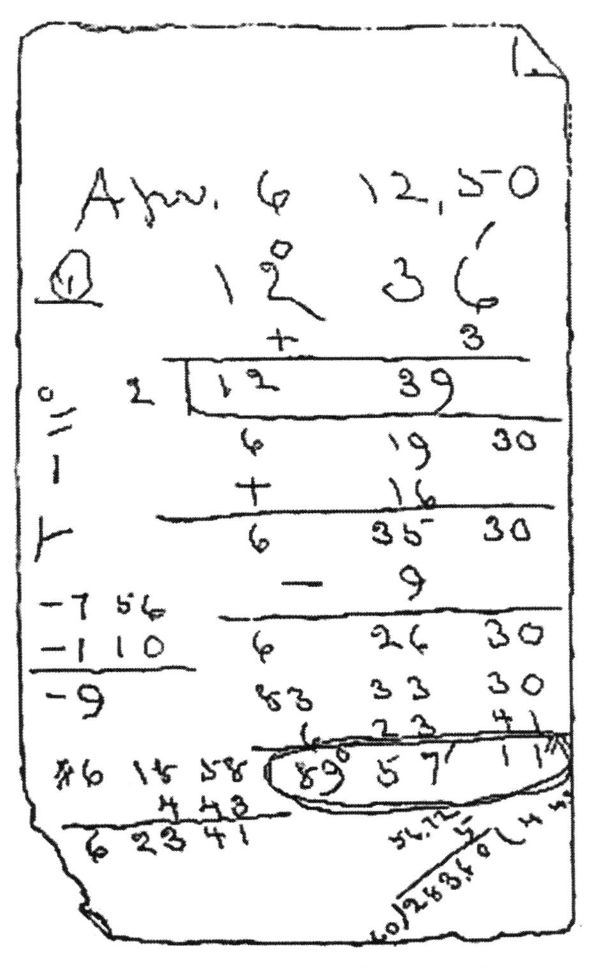

VI. 复印件，尺寸略有缩减，1909 年 4 月 6 日皮里的观测

附录Ⅲ

国家地理学会有关皮里记录的小组委员会的报告以及奖励到达北极点的一些荣誉。

国家地理学会的理事会1909年11月4日在哈伯德纪念馆举办的一次会议上收到以下报告：

"被委派调查证明皮里中校曾抵达北极点的记录之任务的小组委员会恳请汇报他们已经完成了他们的任务。

"皮里中校已经把他的原始日记和观测记录并同他的所有仪器和设备递交给他的小组委员会，并且确认他的探险的最重要科学成果。这些都已由您的小组委员会仔细核查，并且他们的一致观点是，皮里中校于1909年4月6日抵达北极点。

"他们还感到有保证于申明，这次探险的组织、计划和管理，它的完全成功，以及它的科学成果，反映了对罗伯特·E. 皮里中校能力的最高赞誉，并且宣布他配得上国际地理学会能够授予他的最高荣誉。"

（签名）亨利·加内特[11]

C. M. 切斯特[12]

O. H. 提特曼[13]

前面的报告被一致通过。

此决定之后，以下决议立即被一致采纳：

“鉴于罗伯特·E. 皮里中校已经抵达北极点，数个世纪以来被寻求的目标；

并鉴于这是一项本学会可以授予荣誉的最伟大地理成就：

故决定，将一枚特别奖章授予皮里中校。”

以下是国内外授予到达北极点成就的荣誉：

华盛顿的国家地理学会的特别金质奖章。

费城地理学会的特别金质奖章。

芝加哥地理学会的海伦·卡尔弗奖章。

鲍德温学院的法学博士荣誉学位。

伦敦的皇家地理学会的特别大金质奖章。

德意志帝国地理学会的夜莺金质奖章。

皇家意大利地理学会的亨伯特国王金质奖章。

奥地利帝国地理学会的豪尔奖章。

匈牙利地理学会的金质奖章。

皇家比利时地理学会的金质奖章。

皇家安特卫普地理学会的金质奖章。[14]

皇家苏格兰地理学会的特别奖品——哈得逊、巴芬和戴维斯用过船只的银质复制品。

爱丁堡大学的法学博士荣誉学位。

曼彻斯特地理学会的荣誉会员资格。

阿姆斯特丹的皇家荷兰地理学会的荣誉会员资格。

华盛顿的国家地理学会的特别金质奖章
（这枚奖章的直径为 4 英寸）

伦敦的皇家地理学会的特别金质奖章（实际尺寸）
（由1901—1904年和1910—1912年英国南极探险队领队
皇家海军上尉罗伯特·F. 斯科特的妻子设计）

注　释

[1] 进行纬度观测中使用的仪器可能是一个六分仪和人工地平仪，或者是一个小的经纬仪。这些仪器在雪橇旅行中都被带上；不过由于太阳高度较低，经纬仪并未使用。假使探险队在回程中被延误到5月或6月，经纬仪在确定位置和磁针变化方面将会具有其价值。

在极地雪橇旅行中用六分仪和人工地平仪进行经线观测的方法如下：如果有风，要放置一个两层高的半圆形防风雪块。如果没有风，就没有必要。

仪表箱被稳固地安置在雪中，箱子被夯实在一个稳固的支承上，并且四周堆上积雪。接着通常是毛皮的某件东西被盖在雪上，部分是为了避免来自太阳的任何可能的热量融化积雪并且移动箱子的方位；部分是为了保护观测者的双眼，避开来自白雪的强烈的反射眩光。

人工地平仪的水银槽被放置在水平箱子的顶上，在雪屋中被完全加热的水银被注入槽中直到全满。在最后一次探险中被设计和使用的特殊木槽的情况下，有可能使水银的表面与木槽边缘对平，这样使我们能够读取非常接近于地平线的角度。

水银槽由被称作屋顶的东西覆盖——带有两块非常精确的磨砂玻璃的金属框架，它们被倾斜设立，就像房子屋顶相对的两侧。这个屋顶的目标是阻止任何最轻微的风吹动水银的表面，并由此扭曲太阳在其中的倒影，同时也隔绝可能在空气中存在的任何细雪或雾晶。在放置水银槽和屋顶到仪表箱顶部时，水银槽更长口径的一端会直接对着太阳。

一块毛皮随后被盖在靠近箱子北侧的雪面上，观测者头向着南方趴在上面，而且头和六分仪都贴近人工地平仪。他的双肘都放在雪面上，用双手紧紧握住六分仪，并且移动他的头和仪器直到太阳的倒影或其一部分被看见在水银表面上反射。

有关从太阳在正午的高度获取观测者的纬度的原则非常简单。这就是：观测者的纬度等于太阳中心点到天顶的距离，加上太阳在那天和那个时间的赤纬。

任意地点在任意时间的太阳赤纬可以从预先为此目的准备的表格中获取，它们提供格林尼治子午线上每天正午的赤纬及其每小时的变化。

2 月、3 月、4 月、5 月、6 月和 7 月份的这样的表格，跟华氏 −10° 的普通折射表一起，我都从《航海年鉴和航海者》上撕下并带在身边。

[2] 对所有极地事项的无知和误解似乎非常普遍而全面，看来在此引入一些基础知识段落是可取的。任何有兴趣的人可以通过阅读任何优质小学的地理或天文课程来补充这些知识。

北极点（换言之，作为区别于磁极的地理极点，并且这似乎是首当其冲的无知者的普遍绊脚石）只是作为地球轴心——即地球每天自转所绕的那根线——的假想线条穿过地球表面的点。

最近的一些有关北极点大小的严肃讨论，它是否如 25 分硬币、草帽或小镇一般大，是极其荒谬的。

精确地说，北极点只是一个数学上的点，因而，依照点的数学定义，它既没有长度、宽度，也没有厚度。

如果被问到这样的问题，北极点如何可以被最接近地确定（这是已经搞晕某些自作聪明的蠢人的论点），回答将是：那取决于使用仪器的特性、使用它们的观测者的能力以及执行观测的次数。

如果在北极点有陆地，并且如在世上最好的天文台里所使用的那样具有极高精度的强大仪器被架设在那里的合适地基之上，再被经过多年反复观测的熟练观测者使用，那么才有可能以最高的精度确定北极点的位置。借助普通的野外仪器，转镜经纬仪、经纬仪或者六分仪，由专业观测者进行持续的一系列观测应该在完全令人满意的限度内允许了北极点的确定，但不可能有第一种方式那样相同的精确性。

跟一艘船的船长通常采取的一样，在海上借助六分仪和自然地平线的简单观测在令人满意的一般状况下假定提供一英里范围内的观测者方位。

对于在北极地区进行观测的困难，我已经发现由一些自身不具有在北极地区实际经验的专家表现出的倾向，高估和夸大由于寒冷而给这些观测带来的困难和缺陷。

我的个人经验是，对于一名有经验的观测者来说，穿着皮衣，在气温不低于比方说华氏零下 40° 的平稳气候里进行观测，单单由寒冷所致的工作困难并不严重。由于寒冷对仪器的影响而产生的误差数量和特征或许是讨论和完全不同的观点的主题。

我的个人经验是，我最严重的困难是关乎眼睛。

对于已经经受数天甚至数周灿烂而不间断日光和不断用罗盘设定一条路线并在这样的光线下朝一个固定点行进带来的重负的双眼来说，一系列观测的执行通常是一场噩梦；而在只有那些曾经在北极地区茫茫雪原上的耀眼阳光下执行观测的人才能形成任何概念的所有这一切，包括聚焦、获取太阳影像的精确触点和读取游标的压力通常使眼睛在此后的几小时里都充血和刺痛。

如上所述的在北极点附近的连续一系列观测，使我的双眼在两三天里无法做任何需要精细视觉的事情，而且假使需要我在我们回程的最初两三天里设定路线，我会发现这是极其费劲的。

我们在行进期间不间断地戴着的雪地护目镜尽管有所帮助，并不能彻底从压力中舒缓双眼，并且在一系列观测中变得极度疲劳，偶尔还会模糊不清。

不同的专家会对在北极点进行的观测中可能出现的误差给出不同的估计。我个人倾向于认为 5 英里的限额是合理的。

除了那些完全忽视这样事实的人，没有人曾幻想有一刻我能用我的仪器确定北极点的精确位置，不过在大致确定它的位置之后，接着为这些仪器和作为观测者我自己的可能误差设定大约 10 英里的强制限额，再接着在不同的方向一而再、再而三地跨越这 10 英里区域，除了最无知者之外没有人会对此留有怀疑，在某个时刻，我曾在精确地点附近通过，并且也许恰好在其上方经过。

[3] 从北纬 86°38′ 返回途中，在 4 月 10 日溺亡。

[4] 由海岸与大地测量局负责人 O.H. 提特曼传递。

[5] 这些观测由马文和麦克米兰所做，分别由波鲁普、水手巴恩斯和锅炉工怀斯曼协助。

[6] 来自格里利观测的结果，1881—1883 年，跨越接近两年的时间段。

[7] 1875—1876 年和 1881—1883 年做的观测。格里利的报告，第二卷，第 230 页。

[8] 格里利的报告，第二卷，第 196、197、220、221 页。每小时的读取启用。

[9] 1881—1883 年做的观测。格里利的报告，第二卷，第 166 页。

[10] 格里利的报告，第二卷，第 122、123、146、147 页。每小时的读取被降低到海平面。

[11] 亨利 · 加内特（Henry Gannett），有关皮里中校观测报告的委员会主席，在 1882 年起担任美国地质调查局首席地理学家；他是《地形测量手册》、《第十和十一次人口普查的统计地图集》、《高度词典》、《美国的地磁偏移》、斯坦福的《地理纲要》以及很多政府报告的作者。加内特先生是国家地理学会的副会长，1888 年学会的创建者之一。

[12] 美国海军少将科尔比 · M. 切斯特（Colby M. Chester），1863 年毕业于美国海军学院。他实际持有海军部的每一个重要指挥权，包括美国海军气象天文台的负责人、大西洋中队的总司令、美国海军学院的负责人、美国海军水文部门的首长。切斯特将军多年来一直作为现役的最佳和最特殊的航海家之一而出名。

[13] O.H. 提特曼（O. H. Tittmann），自 1900 年起担任美国海岸与大地测量局的负责人。他是美国阿拉斯加边界委员会的成员并且是国家地理学会的创始人之一。

[14] 在爱丁堡，在向皇家苏格兰地理学会的致辞结束后，伯利的贝尔福勋爵（Lord Balfour of Burleigh）授予皮里中校一个仿造古代杰出北极航海家使用的船的银质船模。这艘船是一艘张满帆的三桅船复制品，跟

16世纪后半叶所使用的一样。模型是银匠技艺的优美样品。在其中一面帆上刻着皇家苏格兰地理学会的徽章，同时另一面上刻有W. B. 布莱基先生书写的拉丁文铭文，译文如下："这艘船模，跟古代杰出北极航海家约翰·戴维斯、亨利·哈得逊和威廉·巴芬使用的一样，由皇家苏格兰地理学会当作它对美国公民罗伯特·埃德温·皮里的祝贺、钦佩和赞誉的表示而授予他，他是一位冰封北极的探险者，与他英勇的前辈一样勇敢，是首位到达那个被无数勇敢的航海者梦寐以求的显耀目标——北极点。爱丁堡，1910年5月24日。"

图书在版编目(CIP)数据

征服北极点 / (美)罗伯特·E.皮里(Robert E. Peary)著；陈静译. —北京：商务印书馆，2017
(极地探险家自述丛书)
ISBN 978-7-100-13027-1

Ⅰ. ①征…　Ⅱ. ①罗…　②陈…　Ⅲ. ①北极-探险　Ⅳ. ①N816.62

中国版本图书馆 CIP 数据核字(2017)第 047722 号

征服北极点
〔美〕罗伯特·E.皮里　著
陈　静　译

商　务　印　书　馆　出　版
(北京王府井大街36号　邮政编码100710)
商　务　印　书　馆　发　行
山东临沂新华印刷物流集团
有　限　责　任　公　司　印　刷
ISBN 978-7-100-13027-1

2017年5月第1版　　开本 890×1240　1/32
2017年5月第1次印刷　印张 11.75
定价：38.00 元